付録 とりはずしてお使いください。

計算スタートアップドリル

5年

JN131613

このドリルでは、
４年生で学習した
計算問題を
おさらいします。

年　　組

1 1けたでわるわり算の筆算

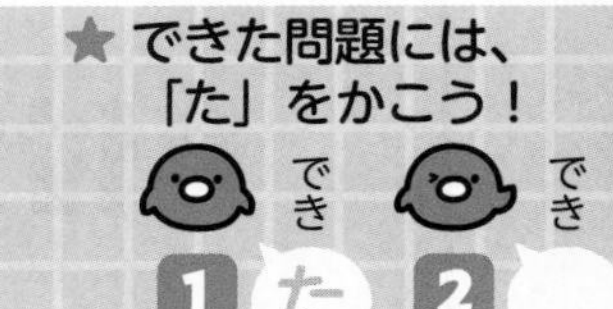

1 次の計算をしましょう。　　月　　日

① 7)98　② 4)64　③ 2)53　④ 3)95

⑤ 6)144　⑥ 3)801　⑦ 4)633　⑧ 7)556

2 次の計算を筆算でしましょう。　　月　　日

① 67÷5　② 592÷8　③ 479÷4

2 3けたの数をかける 筆算

★できた問題には、「た」をかこう！

できた 1　できた 2

1 次の計算をしましょう。　月　日

① $\begin{array}{r} 162 \\ \times 324 \\ \hline \end{array}$　② $\begin{array}{r} 392 \\ \times 618 \\ \hline \end{array}$　③ $\begin{array}{r} 227 \\ \times 493 \\ \hline \end{array}$　④ $\begin{array}{r} 605 \\ \times 427 \\ \hline \end{array}$

⑤ $\begin{array}{r} 59 \\ \times 778 \\ \hline \end{array}$　⑥ $\begin{array}{r} 184 \\ \times 825 \\ \hline \end{array}$　⑦ $\begin{array}{r} 690 \\ \times 384 \\ \hline \end{array}$　⑧ $\begin{array}{r} 823 \\ \times 456 \\ \hline \end{array}$

2 次の計算を筆算でしましょう。　月　日

① 527×263　② 98×764　③ 476×309

④ 215×317　⑤ 624×358　⑥ 43×720

3 小数のたし算・ひき算の筆算

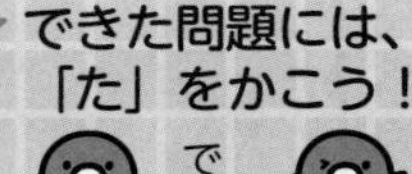

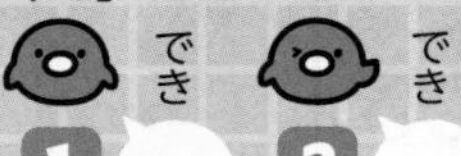

1 次の計算をしましょう。

月　　日

① $\begin{array}{r} 2.56 \\ +3.73 \\ \hline \end{array}$　② $\begin{array}{r} 5.42 \\ +4.93 \\ \hline \end{array}$　③ $\begin{array}{r} 7.28 \\ +3.92 \\ \hline \end{array}$　④ $\begin{array}{r} 4.9 \\ +8.77 \\ \hline \end{array}$

⑤ $\begin{array}{r} 9 \\ +5.86 \\ \hline \end{array}$　⑥ $\begin{array}{r} 3.92 \\ +6.08 \\ \hline \end{array}$　⑦ $\begin{array}{r} 2.97 \\ -1.84 \\ \hline \end{array}$　⑧ $\begin{array}{r} 9.45 \\ -7.67 \\ \hline \end{array}$

⑨ $\begin{array}{r} 6.05 \\ -3.45 \\ \hline \end{array}$　⑩ $\begin{array}{r} 8 \\ -4.73 \\ \hline \end{array}$　⑪ $\begin{array}{r} 2.5 \\ -1.64 \\ \hline \end{array}$　⑫ $\begin{array}{r} 0.924 \\ -0.475 \\ \hline \end{array}$

2 次の計算を筆算でしましょう。

月　　日

① 4.7＋6.48　② 15.3＋8.94

③ 3.08－1.9　④ 7.5－0.66

4 2けたでわるわり算の筆算

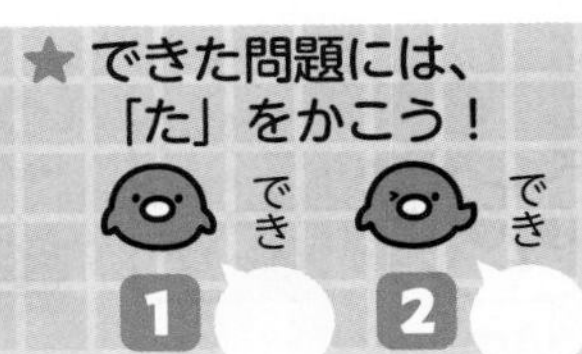

1 次の計算をしましょう。③、④、⑥〜⑧は商を一の位まで求め、あまりも出しましょう。

① 18)72　② 23)138　③ 25)81　④ 34)256

⑤ 43)774　⑥ 12)269　⑦ 67)5416　⑧ 19)2874

2 次の計算を筆算でしましょう。①は商を一の位まで求め、あまりも出しましょう。

① 512÷31　② 864÷24

5 3けたでわるわり算の筆算

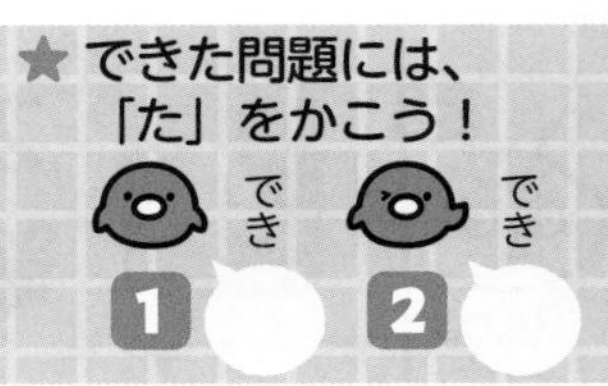

1 次の計算をしましょう。④～⑥は商を一の位(くらい)まで求め、あまりも出しましょう。

① $187\overline{)935}$　② $234\overline{)702}$　③ $206\overline{)2472}$

④ $115\overline{)546}$　⑤ $122\overline{)1981}$　⑥ $265\overline{)6948}$

2 筆算で商を一の位まで求め、あまりも出しましょう。

① $850 \div 169$　② $9584 \div 382$

③ $2847 \div 142$

6 式とその計算の順じょ

★できた問題には、「た」をかこう！

1 でき　2 でき

1 次の計算をしましょう。

月　日

① $25+16\div4$

② $36-8\times3$

③ $63\div7+40\div5$

④ $48\div6-4\times2$

⑤ $71-(52-18)$

⑥ $(39+15)\div6$

⑦ $(27-16)\times3$

⑧ $(8+9)\times(20-14)$

2 次の計算をしましょう。

月　日

① $36\div9+3\times2$

② $36\div(9+3)\times2$

③ $(5\times9-3)\div6$

④ $5\times(9-3)\div6$

7 小数×整数　の筆算

★できた問題には、「た」をかこう！

1 でき　2 でき

1 次の計算をしましょう。

月　日

① 1.7×8

② 4.2×5

③ 6.8×9

④ 3.4×7

⑤ 0.9×23

⑥ 5.4×18

⑦ 3.6×75

⑧ 7.3×58

2 次の計算をしましょう。

月　日

① 2.16×4

② 0.65×5

③ 1.08×7

④ 5.97×3

⑤ 0.41×17

⑥ 3.62×94

⑦ 8.56×45

⑧ 4.77×53

8 小数÷整数　の筆算

1 次の計算をしましょう。　　月　　日

① 3）4.8　　② 4）13.6　　③ 5）5.45　　④ 2）0.92

⑤ 12）8.4　　⑥ 34）95.2　　⑦ 54）1.62　　⑧ 62）8.68

2 商を一の位（くらい）まで求め、あまりも出しましょう。　　月　　日

① 5）64.3　　② 16）39.2　　③ 68）86.5

わり進むわり算の筆算

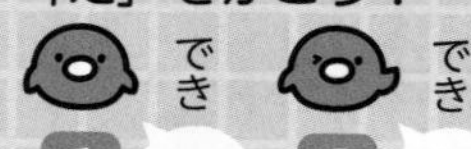

★できた問題には、「た」をかこう！

1 でき　2 でき

1 次のわり算を、わり切れるまで計算しましょう。　　月　　日

① 5)8.4　　② 4)39　　③ 16)37.6　　④ 20)65

2 次のわり算を、わり切れるまで計算しましょう。　　月　　日

① 8)4.2　　② 32)60　　③ 8)70.6

10 商をがい数で表すわり算の筆算

月　日

1 商を四捨五入(ししゃごにゅう)して、$\frac{1}{10}$の位までのがい数で表しましょう。

① 8) 3.9

② 4) 21.3

③ 32) 150

2 商を四捨五入して、上から 2 けたのがい数で表しましょう。

① 3) 9.5

② 7) 52

③ 21) 16

11 仮分数の出てくる分数のたし算・ひき算

★できた問題には、「た」をかこう！

でき 1　でき 2

1 次の計算をしましょう。

月　日

① $\frac{2}{3}+\frac{2}{3}$　② $\frac{4}{7}+\frac{5}{7}$

③ $\frac{4}{5}+\frac{2}{5}$　④ $\frac{6}{8}+\frac{5}{8}$

⑤ $\frac{3}{9}+\frac{7}{9}$　⑥ $\frac{4}{5}-\frac{2}{5}$

⑦ $\frac{10}{9}-\frac{8}{9}$　⑧ $\frac{5}{3}-\frac{1}{3}$

⑨ $\frac{11}{7}-\frac{5}{7}$　⑩ $\frac{15}{6}-\frac{8}{6}$

2 次の計算をしましょう。

月　日

① $\frac{3}{2}+\frac{4}{2}$　② $\frac{7}{4}+\frac{2}{4}$

③ $\frac{8}{7}+\frac{2}{7}$　④ $\frac{5}{6}+\frac{8}{6}$

⑤ $\frac{7}{3}+\frac{4}{3}$　⑥ $\frac{13}{4}-\frac{2}{4}$

⑦ $\frac{9}{2}-\frac{7}{2}$　⑧ $\frac{16}{5}-\frac{3}{5}$

⑨ $\frac{14}{8}-\frac{2}{8}$　⑩ $\frac{13}{3}-\frac{7}{3}$

12 帯分数のたし算・ひき算

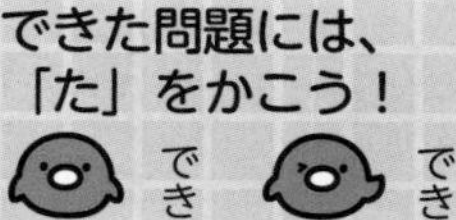

1 次の計算をしましょう。

月　　日

① $3\frac{1}{4}+\frac{2}{4}$

② $1\frac{2}{5}+\frac{1}{5}$

③ $\frac{4}{8}+4\frac{3}{8}$

④ $2\frac{4}{6}-\frac{3}{6}$

⑤ $5\frac{3}{5}-\frac{4}{5}$

⑥ $1\frac{5}{7}-\frac{6}{7}$

2 次の計算をしましょう。

月　　日

① $3\frac{2}{5}+2\frac{1}{5}$

② $4+1\frac{3}{8}$

③ $2\frac{3}{4}+1\frac{2}{4}$

④ $3\frac{2}{9}-1\frac{4}{9}$

⑤ $3\frac{2}{7}-1\frac{2}{7}$

⑥ $5-2\frac{3}{5}$

答え

1 1けたでわるわり算の筆算

1 ①14　②16　③26 あまり1
④31 あまり2　⑤24　⑥267
⑦158 あまり1　⑧79 あまり3

2

①
```
    13
5)67
  5
  17
  15
   2
```

②
```
    74
8)592
  56
   32
   32
    0
```

③
```
   119
4)479
  4
   7
   4
   39
   36
    3
```

2 3けたの数をかける筆算

1 ①52488　②242256
③111911　④258335
⑤45902　⑥151800
⑦264960　⑧375288

2

①
```
     527
    ×263
    1581
   3162
  1054
  138601
```

②
```
      98
    ×764
     392
    588
   686
   74872
```

③
```
     476
    ×309
    4284
  1428
  147084
```

④
```
     215
    ×317
    1505
    215
   645
   68155
```

⑤
```
     624
    ×358
    4992
   3120
  1872
  223392
```

⑥
```
      43
    ×720
     860
    301
   30960
```

3 小数のたし算・ひき算の筆算

1 ①6.29　②10.35　③11.2　④13.67
⑤14.86　⑥10　⑦1.13　⑧1.78
⑨2.6　⑩3.27　⑪0.86　⑫0.449

2

①
```
   4.7
 +6.48
 11.18
```

②
```
  15.3
 + 8.94
  24.24
```

③
```
   3.08
 -1.9
   1.18
```

④
```
   7.5
 -0.66
   6.84
```

4 2けたでわるわり算の筆算

1 ①4　②6　③3 あまり6
④7 あまり18　⑤18
⑥22 あまり5　⑦80 あまり56
⑧151 あまり5

2

①
```
      16
31)512
    31
    202
    186
     16
```

②
```
      36
24)864
    72
    144
    144
      0
```

5 3けたでわるわり算の筆算

1 ①5　②3　③12
④4 あまり86　⑤16 あまり29
⑥26 あまり58

2

①
```
        5
169)850
    845
      5
```

②
```
        25
382)9584
    764
    1944
    1910
      34
```

③
```
        20
142)2847
    284
       7
```

6 式とその計算の順じょ

1 ①25＋16÷4＝25＋4＝29
②36－8×3＝36－24＝12
③63÷7＋40÷5＝9＋8＝17
④48÷6－4×2＝8－8＝0
⑤71－(52－18)＝71－34＝37
⑥(39＋15)÷6＝54÷6＝9
⑦(27－16)×3＝11×3＝33
⑧(8＋9)×(20－14)＝17×6＝102

2 ①36÷9＋3×2＝4＋6＝10
②36÷(9＋3)×2＝36÷12×2＝6
③(5×9－3)÷6＝(45－3)÷6
＝42÷6＝7
④5×(9－3)÷6＝5×6÷6＝5

7 小数×整数の筆算

1 ①13.6　②21　③61.2　④23.8
⑤20.7　⑥97.2　⑦270　⑧423.4

2 ①8.64　②3.25　③7.56
④17.91　⑤6.97　⑥340.28
⑦385.2　⑧252.81

8 小数÷整数の筆算

1 ①1.6　②3.4　③1.09　④0.46
⑤0.7　⑥2.8　⑦0.03　⑧0.14

2 ①12 あまり 4.3　②2 あまり 7.2
③1 あまり 18.5

9 わり進むわり算の筆算

1 ①
```
     1.68
 5 ) 8.4
     5
     34
     30
      40
      40
       0
```
②
```
      9.75
 4 ) 39
     36
      30
      28
       20
       20
        0
```
③
```
       2.35
 16 ) 37.6
      32
       56
       48
        80
        80
         0
```
④
```
       3.25
 20 ) 65
      60
       50
       40
       100
       100
         0
```

2 ①
```
     0.525
 8 ) 4.2
     40
      20
      16
       40
       40
        0
```
②
```
       1.875
 32 ) 60
      32
      280
      256
       240
       224
        160
        160
          0
```
③
```
     8.825
 8 ) 70.6
     64
      66
      64
       20
       16
        40
        40
         0
```

10 商をがい数で表すわり算の筆算

1 ①約 0.5　②約 5.3

```
      0.4 8
8 ) 3.9
    3 2
    ----
      7 0
      6 4
      ----
        6
```

```
       5.3 2
4 ) 2 1.3
    2 0
    ------
      1 3
      1 2
      ----
        1 0
          8
        ----
          2
```

③約 4.7

```
          4.6 8
3 2 ) 1 5 0
      1 2 8
      ------
        2 2 0
        1 9 2
        ------
          2 8 0
          2 5 6
          ------
            2 4
```

2 ①約 3.2　②約 7.4

```
      3.1 6
3 ) 9.5
    9
    ----
      5
      3
      ----
      2 0
      1 8
      ----
        2
```

```
        7.4 2
7 ) 5 2
    4 9
    ----
      3 0
      2 8
      ----
        2 0
        1 4
        ----
          6
```

③ 約 0.76

```
          0.7 6 1
2 1 ) 1 6 0
      1 4 7
      ------
        1 3 0
        1 2 6
        ------
            4 0
            2 1
            ----
            1 9
```

11 仮分数の出てくる分数のたし算・ひき算

1 ①$\frac{4}{3}\left(1\frac{1}{3}\right)$　②$\frac{9}{7}\left(1\frac{2}{7}\right)$　③$\frac{6}{5}\left(1\frac{1}{5}\right)$

④$\frac{11}{8}\left(1\frac{3}{8}\right)$　⑤$\frac{10}{9}\left(1\frac{1}{9}\right)$　⑥$\frac{2}{5}$

⑦$\frac{2}{9}$　⑧$\frac{4}{3}\left(1\frac{1}{3}\right)$　⑨$\frac{6}{7}$

⑩$\frac{7}{6}\left(1\frac{1}{6}\right)$

2 ①$\frac{7}{2}\left(3\frac{1}{2}\right)$　②$\frac{9}{4}\left(2\frac{1}{4}\right)$　③$\frac{10}{7}\left(1\frac{3}{7}\right)$

④$\frac{13}{6}\left(2\frac{1}{6}\right)$　⑤$\frac{11}{3}\left(3\frac{2}{3}\right)$　⑥$\frac{11}{4}\left(2\frac{3}{4}\right)$

⑦$1\left(\frac{2}{2}\right)$　⑧$\frac{13}{5}\left(2\frac{3}{5}\right)$　⑨$\frac{12}{8}\left(1\frac{4}{8}\right)$

⑩$2\left(\frac{6}{3}\right)$

12 帯分数のたし算・ひき算

1 ①$\frac{15}{4}\left(3\frac{3}{4}\right)$　②$\frac{8}{5}\left(1\frac{3}{5}\right)$　③$\frac{39}{8}\left(4\frac{7}{8}\right)$

④$\frac{13}{6}\left(2\frac{1}{6}\right)$　⑤$\frac{24}{5}\left(4\frac{4}{5}\right)$　⑥$\frac{6}{7}$

2 ①$\frac{28}{5}\left(5\frac{3}{5}\right)$　②$\frac{43}{8}\left(5\frac{3}{8}\right)$　③$\frac{17}{4}\left(4\frac{1}{4}\right)$

④$\frac{16}{9}\left(1\frac{7}{9}\right)$　⑤$2\left(\frac{14}{7}\right)$　⑥$\frac{12}{5}\left(2\frac{2}{5}\right)$

★ ふろくの「がんばり表」に使おう！
★ はじめに、キミのおとも犬を選んで、がんばり表にはろう！
★ 学習が終わったら、がんばり表に「はなまるシール」をはろう！
★ 余ったシールは自由に使ってね。

キミのおとも犬

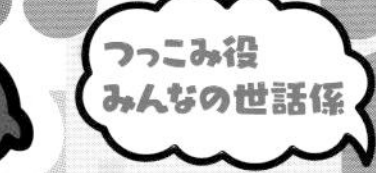

はなまるシール

ごほうびシール

教科書ぴったりトレーニング

計算５年 がんばり表

シールの中から好きなぴた犬を選ぼう。

いつも見えるところに、この「がんばり表」をはっておこう。
この「ぴたトレ」を学習したら、シールをはろう！
どこまでがんばったかわかるよ。

おうちのかたへ

がんばり表のデジタル版「デジタルがんばり表」では、デジタル端末でも学習の進捗記録をつけることができます。１冊やり終えると、抽選でプレゼントが当たります。「ぴたサポシステム」にご登録いただき、「デジタルがんばり表」をお使いください。LINE または PC・ブラウザを利用する方法があります。

LINE用

PC・ブラウザ用

★ ぴたサポシステムご利用ガイドはこちら ★
https://www.shinko-keirin.co.jp/shinko/news/pittari-support-system

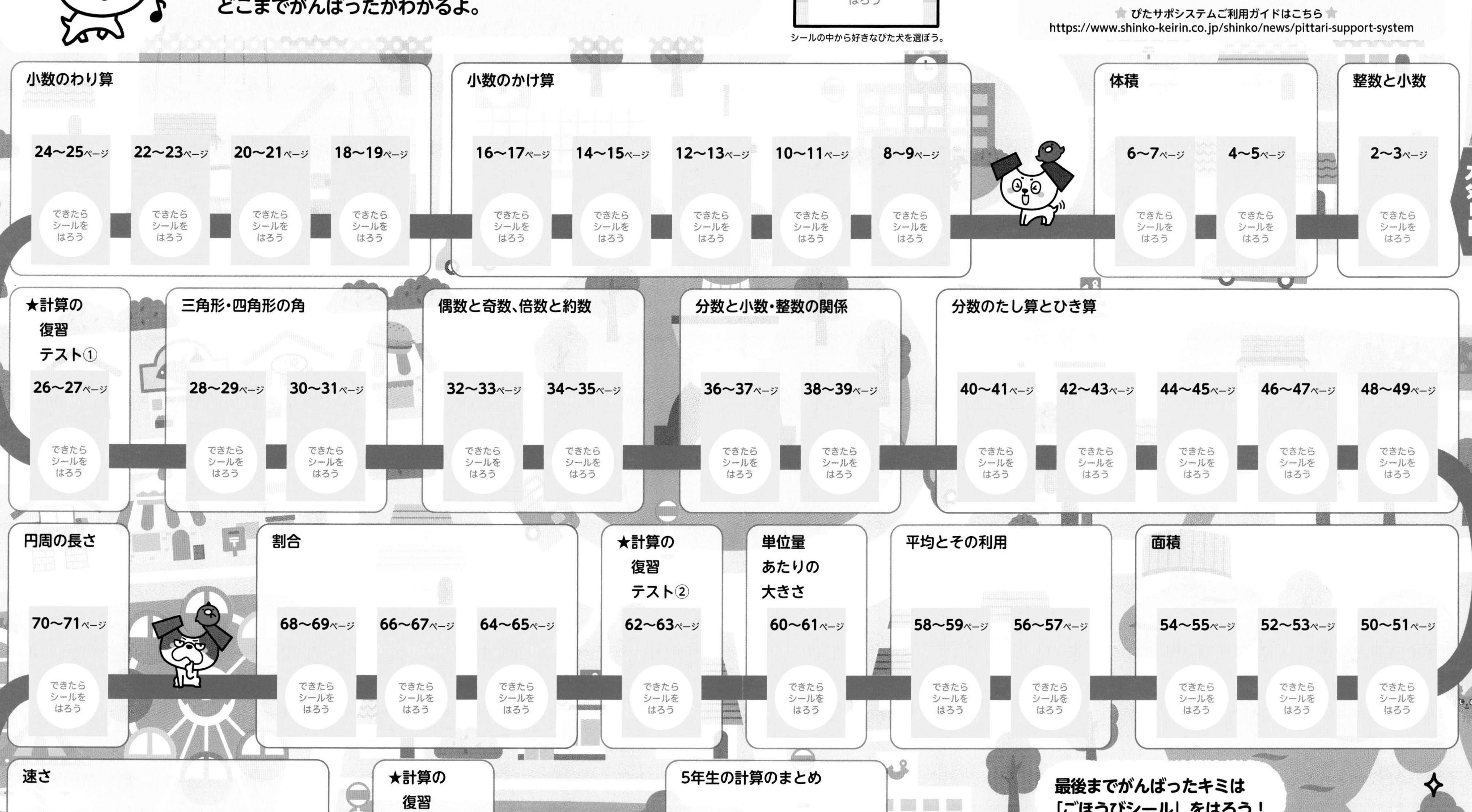

最後までがんばったキミは「ごほうびシール」をはろう！

ごほうびシールをはろう

教科書ぴったりトレーニングの使い方

ぴた犬たちが勉強をサポートするよ。

ふだんの学習

練習

まず、計算問題の説明を読んでみよう。
次に、じっさいに問題に取り組んで、とき方を身につけよう。

確かめのテスト

「練習」で勉強したことが身についているかな？
かくにんしながら、取り組もう。

実力チェック

復習テスト

まとめのテスト

夏休み、冬休み、春休み前に使いましょう。
学期の終わりや学年の終わりのテスト前に
やってもいいね。

5年 チャレンジテスト

すべてのページが終わったら、
まとめのむずかしいテストに
ちょうせんしよう。

ふだんの学習が終わったら、「がんばり表」にシールをはろう。

別冊

丸つけラクラク解答

問題と同じ紙面に赤字で「答え」が書いてあるよ。
取り組んだ問題の答え合わせをしてみよう。まちがえた問題やわからなかった問題は、右のてびきを読んだり、教科書を読み返したりして、もう一度見直そう。

おうちのかたへ

本書『教科書ぴったりトレーニング』は、「練習」の例題で問題の解き方をつかみ、問題演習を繰り返して定着できるようにしています。「確かめのテスト」では、テスト形式で学習事項が定着したか確認するようになっています。日々の学習（トレーニング）にぴったりです。

「単元対照表」について

この本は、どの教科書にも合うように作っています。教科書の単元と、この本の関連を示した「単元対照表」を参考に、学校での授業に合わせてお使いください。

別冊『丸つけラクラク解答』について

おうちのかたへ では、次のようなものを示しています。

- 学習のねらいやポイント
- 他の学年や他の単元の学習内容とのつながり
- まちがいやすいことやつまずきやすいところ

お子様への説明や、学習内容の把握などにご活用ください。

内容の例

> おうちのかたへ
> 小数のかけ算についての理解が不足している場合、4年生の小数のかけ算の内容を振り返りさせましょう。

（キリトリ線）
教科書ぴったりトレーニング　計算　5年　折込①（ウラ）

活用 がついているところでは、基礎的・基本的な知識をいかして考える問題を扱っています。チャレンジしてみましょう。

学習日　　月　　日

練習 1 整数と小数

答え 2ページ

例題

★52.392 を 10 倍、100 倍、1000 倍した数をかきましょう。
245.7 を $\frac{1}{10}$、$\frac{1}{100}$、$\frac{1}{1000}$ にした数をかきましょう。

解き方

5	2.	3	9	2
5	2	3.	9	2
5	2	3	9.	2
5	2	3	9	2

10倍、10倍、10倍（100倍、1000倍）

	2	4	5.	7
	2	4.	5	7
	2.	4	5	7
0.	2	4	5	7

$\frac{1}{10}$、$\frac{1}{10}$、$\frac{1}{10}$（$\frac{1}{100}$、$\frac{1}{1000}$）

52.392 を 10 倍すると 523.92、100 倍すると 5239.2、1000 倍すると 52392 になります。

245.7 の $\frac{1}{10}$ は 24.57、$\frac{1}{100}$ は 2.457、$\frac{1}{1000}$ は 0.2457 となります。

◀小数も整数と同じように、10 倍、100 倍、1000 倍すると、小数点は右に 1 つずつ移(うつ)ります。また $\frac{1}{10}$、$\frac{1}{100}$、$\frac{1}{1000}$ にすると、小数点は左に 1 つずつ移ります。

1 次の数を 10 倍、100 倍、1000 倍した数をかきましょう。

① 3.276

10 倍（　　　）　100 倍（　　　）　1000 倍（　　　）

② 0.07

10 倍（　　　）　100 倍（　　　）　1000 倍（　　　）

0.07 を 1000 倍すると 0.070 となるよ。

2 次の数を $\frac{1}{10}$、$\frac{1}{100}$、$\frac{1}{1000}$ にした数をかきましょう。

① 124.5

$\frac{1}{10}$（　　　）　$\frac{1}{100}$（　　　）　$\frac{1}{1000}$（　　　）

② 56

$\frac{1}{10}$（　　　）　$\frac{1}{100}$（　　　）　$\frac{1}{1000}$（　　　）

3 次の数は（　）の中の数の何倍ですか。

① 314（31.4）　（　　　）

② 20（0.2）　（　　　）

4 次の数は（　）の中の数の何分の 1 ですか。

① 0.28（28）　（　　　）

② 0.712（712）　（　　　）

ヒント

2 ① 小数点は $\frac{1}{10}$ にすると 1 つ左へ、$\frac{1}{100}$ にすると 2 つ左へ、$\frac{1}{1000}$ にすると 3 つ左へ移るよ。

確かめのテスト

2 整数と小数

答え 2ページ

1 ①は 10 倍、100 倍、1000 倍した数、②は $\frac{1}{10}$、$\frac{1}{100}$、$\frac{1}{1000}$ にした数をかきましょう。

各6点(36点)

① 0.027

10 倍 (　　　)　100 倍 (　　　)　1000 倍 (　　　)

② 19.2

$\frac{1}{10}$ (　　　)　$\frac{1}{100}$ (　　　)　$\frac{1}{1000}$ (　　　)

2 次の数は、3.14 を何倍した数ですか。または、何分の 1 にした数ですか。

各6点(18点)

① 314 (　　　)　② 0.0314 (　　　)　③ 3140 (　　　)

3 次の計算をしましょう。

各6点(36点)

① 1.63×10

② 0.25×100

③ 9.4×1000

④ 2.8÷10

⑤ 35÷100

できたらスゴイ!

⑥ 10.5÷1000

4 活用　0、1、2、3 のカードを 1 まいずつ使い、下の□にあてはめて、小数をつくります。

各5点(10点)

① いちばん小さい数をかきましょう。

(　　　)　□.□□□

② いちばん大きい数をかきましょう。

(　　　)　□.□□□

学習日　　月　　日

練習 3 直方体・立方体の体積

答え 3ページ

例題

★１辺が１cm の立方体の積み木を、右のように、直方体の形に積みました。

① この直方体には、立方体の積み木が何個使われていますか。

② この直方体の体積は何 cm³ ですか。

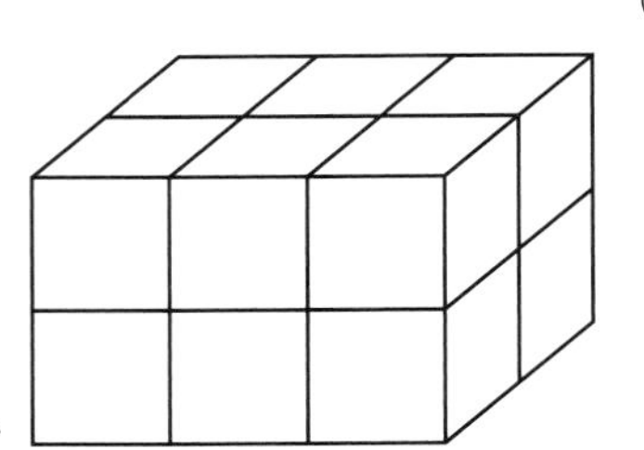

◀かさのことを体積といいます。

◀１辺が１cm の立方体の体積を１立方センチメートルといい、１cm³ とかきます。

◀cm³ は体積の単位です。

解き方 ① １だんには、立方体が、たてに２個、横に３個で６個、６個ずつのだんが２だんで、１２個　　　<u>１２個</u>

② 立方体の積み木１個の体積は１cm³ だから、体積は１２cm³　　　<u>１２cm³</u>

1 １辺が１cm の立方体の積み木を、下のように積みました。体積は、それぞれ何 cm³ ですか。

①

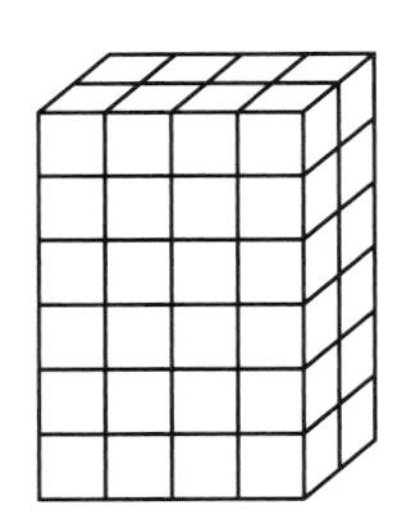

（　　　　）

②

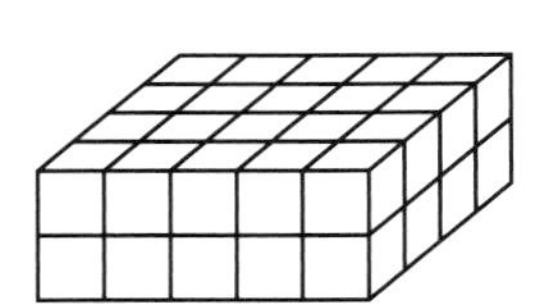

（　　　　）

③

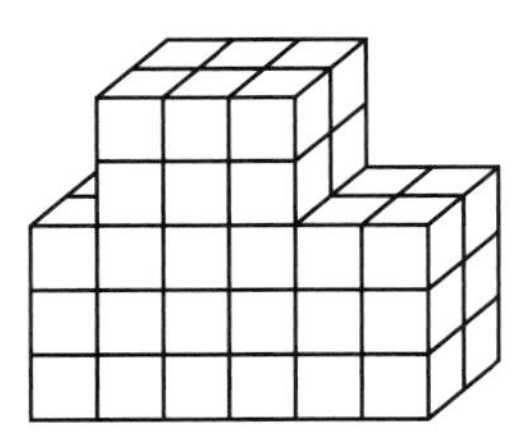

（　　　　）

2 次の体積を求めましょう。

① たて８cm、横７cm、高さ１０cm の直方体の体積

（　　　　）

② １辺が９cm の立方体の体積

（　　　　）

体積を求める公式は、
直方体の体積
＝たて×横×高さ
立方体の体積
＝１辺×１辺×１辺
だよ。

3 下の直方体や立方体の体積を求めましょう。

①

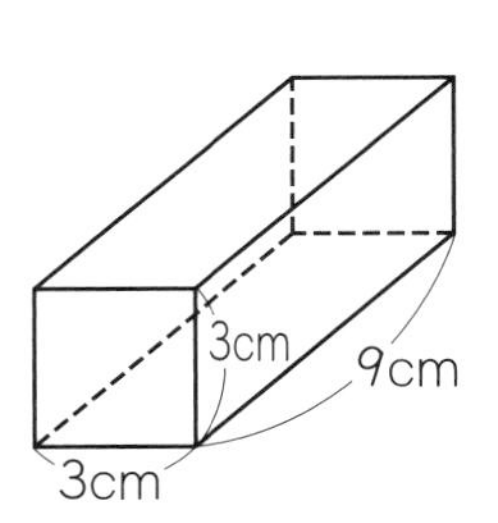

（　　　　）

②

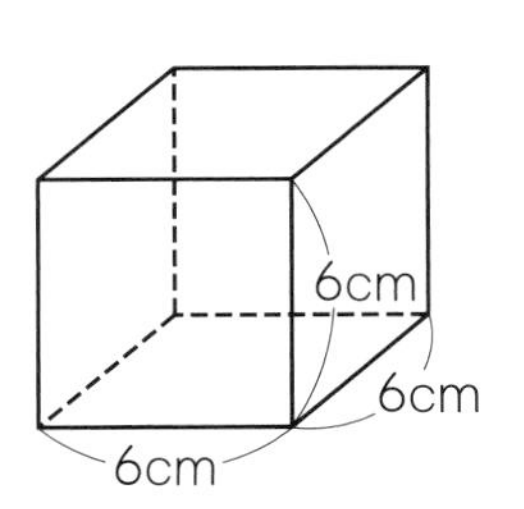

（　　　　）

ヒント

1 ③ 上と下に分けて考えるよ。上は立方体がたてに２個、横に３個が２だんで、下はたてに２個、横に６個が３だんあるよ。

学習日　月　日

練習 4 体積の求め方のくふうと大きな体積

答え 3ページ

例題

★次の体積(たいせき)を求めましょう。

① たて4m、横5m、高さ3mの直方体(ちょくほうたい)の体積

② 1辺が3mの立方体(りっぽうたい)の体積

解き方 ① 直方体の体積は、たて×横×高さの公式にあてはめて、

$4\times5\times3=60$　　答え　60 m^3

② 立方体の体積は、1辺×1辺×1辺の公式にあてはめて、

$3\times3\times3=27$　　答え　27 m^3

◀1辺が1mの立方体の体積を1立方メートルといい、1 m^3 とかきます。

◀m^3 は体積の単位です。

よくみて

1 下のような図形の体積を、くふうして求めましょう。

① 2つの直方体を組み合わせたものとみて、体積を求めましょう。

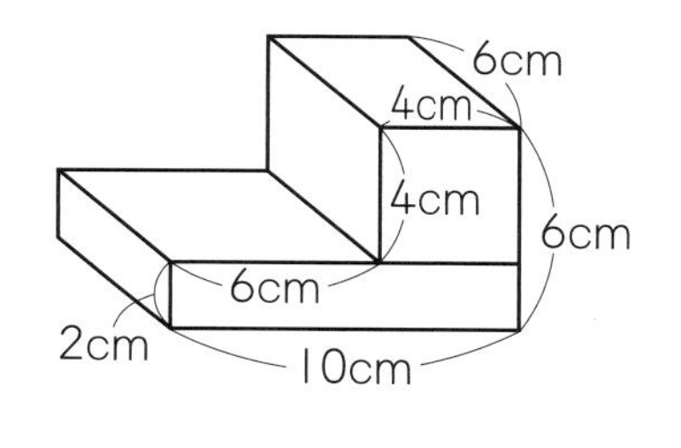

(　　　　　　)

② 大きな直方体から小さな直方体を切りとったものとみて、体積を求めましょう。

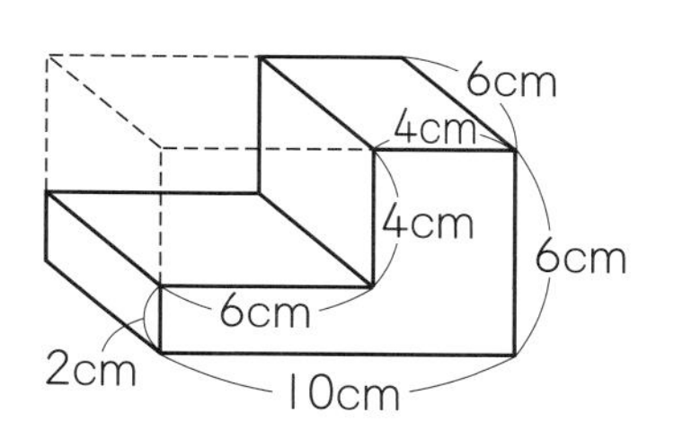

(　　　　　　)

2 右のような直方体があります。

直方体の体積は、何 m^3 ですか。また、何 cm^3 ですか。

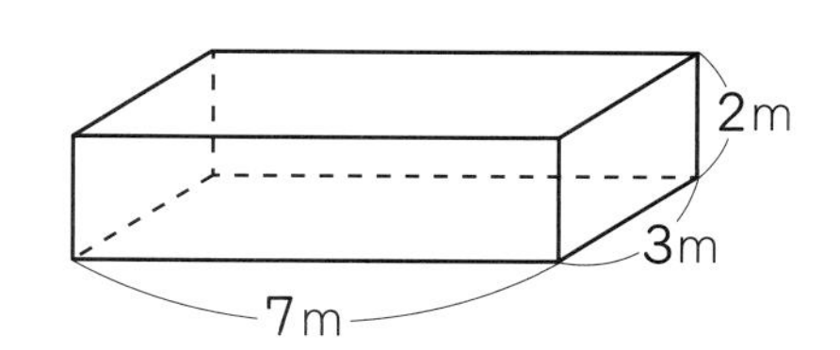

(　　　　　　m^3)

(　　　　　　cm^3)

1 m^3 は、1000000 cm^3 だよね。

3 □にあてはまる数をかきましょう。

① 1mL →(□倍)→ 1L →(□倍)→ 1kL

② 1辺が1cmの立方体の体積 →(□倍)→ 1辺が10cmの立方体の体積 →(□倍)→ 1辺が1mの立方体の体積

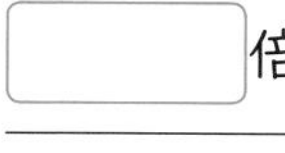

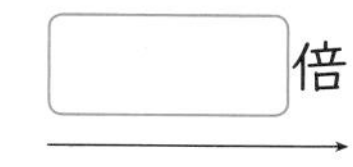

ヒント 1 ② 大きな直方体の体積から小さな直方体の体積をひいて求めるよ。大きな直方体の体積は、$6\times10\times6$ で 360 cm^3、小さな直方体の体積は、$6\times6\times4$ で 144 cm^3 だね。

確かめのテスト 5 体　積

1 次の図形の体積を求めましょう。
各5点(20点)

① たて5cm、横6cm、高さ7cmの直方体の体積

(　　　　)

② 1辺が5cmの立方体の体積

(　　　　)

③ たて10m、横4m、高さ5mの直方体の体積

(　　　　)

④ 1辺が12mの立方体の体積

(　　　　)

2 次の直方体や立方体の体積を求めましょう。
各5点(15点)

①
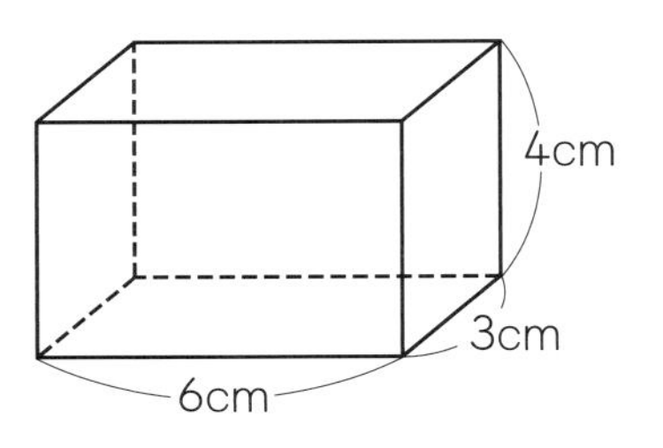

②
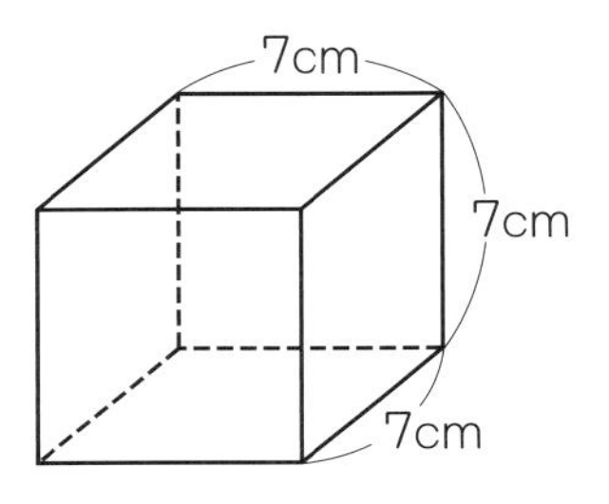

③
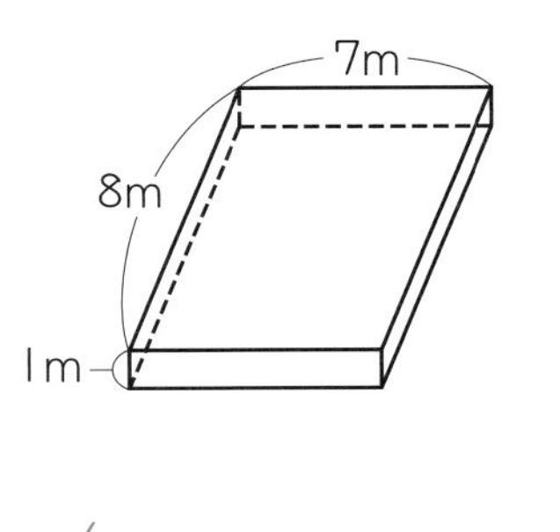

(　　　　)　(　　　　)　(　　　　)

3 □にあてはまる数をかきましょう。
各4点(32点)

① 1 cm^3 は、1辺が□cmの立方体の体積です。

② 1 m^3 は、1辺が□mの立方体の体積です。

③ 4 m^3＝□ cm^3

④ 0.3 m^3＝□ cm^3

⑤ 24000000 cm^3＝□ m^3

⑥ 7200000 cm^3＝□ m^3

⑦ 0.8 L＝□ cm^3

⑧ 5 mL＝□ cm^3

4 次の問いに答えましょう。

各5点(15点)

① 横6m、高さ7mで、体積が63 m^3 の直方体のたての長さは何cmですか。

(　　　　　　)

② 1辺が6cmの立方体があります。この立方体と同じ体積で、たて3cm、横9cmの直方体の高さは何cmですか。

(　　　　　　)

③ たて25m、横10mで、容積(ようせき)が500 m^3 のプールがあります。このプールの深さは、何mですか。

(　　　　　　)

5 次のような図形の体積を求めましょう。

各5点(10点)

①

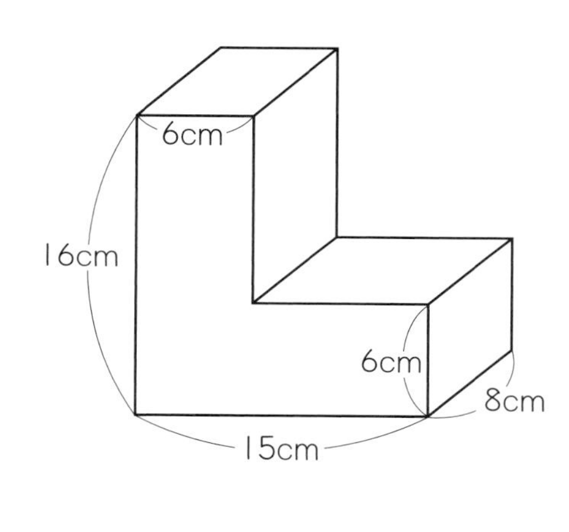

(　　　　　　)

できたらスゴイ!

②

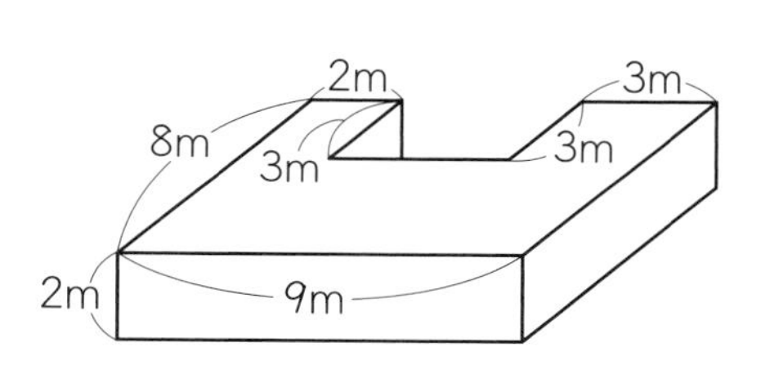

(　　　　　　)

6 たて4cm、横6cmの直方体をつくっています。

各4点(8点)

① 体積を120 cm^3 にするには、高さを何cmにすればよいですか。

(　　　　　　)

② 活用　体積を①でつくった直方体の3倍にするには、高さを何cmにすればよいですか。

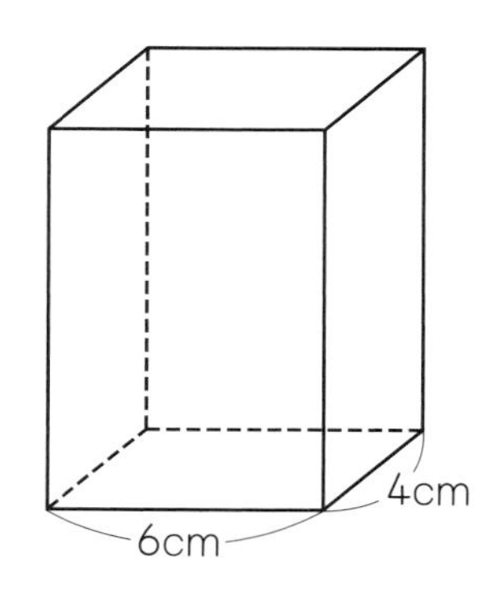

(　　　　　　)

学習日　　月　　日

6 整数×小数

答え　5ページ

例題

★1m 70円のリボンを買います。3m買ったときの代金、0.3m買ったときの代金をそれぞれ求めましょう。

解き方 1mのねだん × 長さ ＝ 代金 にあてはめて、

- 3mの代金　70×3＝210　　答え　210円
- 0.3mの代金　70×0.3

0.3mは3mの10分の1だから、0.3mの代金は3mの代金を求めたあと10でわって、70×0.3＝70×3÷10＝21

答え　21円

◀1mのねだん、長さ、代金の間の関係は、
代金
＝1mのねだん×長さ

◀小数をかけるときは、10倍した数をかけて、あとで、10でわります。

1 □にあてはまる数をかきましょう。

① 5×0.7

0.7は7の□分の1だから、

5×0.7＝5×7÷□

＝□

② 30×1.2

1.2は12の□分の1だから、

30×1.2＝30×12÷□

＝□

2 次の計算をしましょう。

① 2×0.4　　② 7×0.3

かける数を10倍しておいて、最後に10でわればいいんだね。

③ 9×0.8　　④ 5×0.6　　⑤ 8×0.5

⑥ 20×2.3　　⑦ 40×1.2　　⑧ 30×3.2

ヒント　2 ⑥ 2.3を10倍すると、2.3×10＝23　20×23＝460　最後に10でわって求めるよ。

7 小数×小数

学習日　　月　　日

答え　5ページ

例題

★1 m の重さが 2.3 kg のパイプがあります。このパイプ2 m、0.2 m の重さをそれぞれ求めましょう。

解き方 1 m の重さ × 長さ ＝ 全体の重さ にあてはめて、

● 2 m の重さ　2.3×2＝4.6　　答え　4.6 kg

● 0.2 m の重さ　2.3×0.2

0.2 m は2 m の 10 分の1だから、0.2 m の重さは2 m の重さを求めてから 10 でわって、

2.3×0.2＝2.3×2÷10＝0.46　　答え　0.46 kg

◀1 m の重さ、長さ、全体の重さの関係は、
全体の重さ
＝1 m の重さ×長さ

◀小数をかけるときは、10 倍した数をかけて、あとで、10 でわります。

1 □にあてはまる数をかきましょう。

① 0.3×0.8＝0.3×8÷□
＝□÷□
＝□

② 1.2×0.03＝1.2×3÷□
＝□÷□
＝□

0.03 は、
3の 100 分の1と
考えるといいね。

2 次の計算をしましょう。

① 0.3×0.5　　② 0.7×0.4　　③ 0.5×0.9

④ 1.4×0.2　　⑤ 2.4×0.3　　⑥ 3.2×0.2

⑦ 4.6×0.02　　⑧ 2.7×0.05　　**まちがい注意** ⑨ 0.6×0.03

ヒント

2 ⑨ 0.03 に 100 をかけて、0.03×100＝3　0.6×3＝1.8　1.8 を 100 でわって求めるよ。

学習日　月　日

練習 8 筆算のしかた

答え 6ページ

例題

★5.6×3.7 を筆算でしましょう。

解き方

```
  5.6         5.6          5.6……1けた
 ×3.7   →    ×3.7   →     ×3.7……1けた
              392          392
             168          168
             2072         20.72……2けた
```

整数と同じように計算します。

小数点をうちます。

◀小数点がないものとみて、計算します。

◀積の小数点は、かけられる数とかける数の小数点の右にあるけた数の和だけ、右から数えてうちます。

1 次の計算をしましょう。

① 2.3 × 1.2

② 4.3 × 3.2

③ 1.8 × 4.1

④ 0.42 × 7.3

⑤ 0.94 × 2.8

⑥ 0.75 × 1.7

⑦ 0.83 × 2.9

⑧ 5.7 × 0.36

⑨ 9.6 × 0.52

⑩ 4.8 × 0.47

⑪ 7.6 × 0.84

＋－計算に強くなる！×÷

小数の筆算

- たし算・ひき算→小数点の位置をそろえて計算
- かけ算→右にそろえて計算

小数点に気をつけよう！

2 次の計算を筆算でしましょう。

① 4.2×2.8　② 0.56×7.3　③ 4.8×0.66

ヒント

1 ⑨ 整数と同じように計算するよ。96×52 の答えに、9.6 の1けたと 0.52 の2けたの和だけ、小数点を右から数えてうとう。

学習日　　月　　日

練習 9 小数のかけ算の筆算

答え 6ページ

例題

★3.5×0.48、0.32×0.13 を筆算でしましょう。

解き方

```
   3.5 …… 1けた
× 0.4 8 …… 2けた
   2 8 0
 1 4 0
 1.6 8 0 …… 3けた
```

右はしの0はとって、1.68 とします。

```
   0.3 2 …… 2けた
×  0.1 3 …… 2けた
     9 6
   3 2
 0.0 4 1 6 …… 4けた
```

0をつけたして、0.0416 とします。

◀小数点をうったとき、右はしに0があるときは、0はななめの線で消して、0をとります。

◀小数点をうったとき、小数点の左や小数点までに数字がないときは、0をつけたします。

1 次の計算をしましょう。

① 4.2 × 0.15

② 0.45 × 3.8

③ 0.16 × 8.5

④ 0.04 × 6.5

⑤ 0.18 × 0.34

⑥ 0.25 × 0.13

⑦ 0.27 × 0.02

⑧ 0.06 × 0.23

⑨ 74 × 1.18

⑩ 3.8 × 4.09

⑪ 0.05 × 2.44

0をとったり、
0をつけたしたり、
しますよ。

2 次のかけ算を筆算でしましょう。

① 0.47×2.6

② 7.9×0.88

よくみて

③ 36×1.25

ヒント ２ ③ 36×125 の答え 4500 に右から2けたのところに小数点をうつよ。0をとるのをわすれないようにしよう。

学習日　月　日

練習 10 積の大きさ、小数倍

答え 7ページ

例題

★1m 120円のリボンがあります。次の長さを買ったときの、それぞれの代金を求めましょう。代金が120円より少なくなるのは、㋐～㋔のうちどれとどれですか。

長さ	0.3m	0.5m	1m	1.5m	2m
代金	㋐	㋑	㋒	㋓	㋔

解き方 1mのねだん × 長さ ＝ 代金 にあてはめて、計算します。

㋐ 120×0.3＝36　36円
㋑ 120×0.5＝60　60円
㋒ 120×1＝120　120円
㋓ 120×1.5＝180　180円
㋔ 120×2＝240　240円
120円より少なくなるのは㋐、㋑

◀かけ算では、積とかける数との大きさの関係は、
かける数＞1のとき
　積＞かけられる数
かける数＜1のとき
　積＜かけられる数
となります。

1 次のかけ算の式で、積をⓐ、ⓘ、ⓤに分けましょう。

① 57×0.8　② 57×1.09　③ 57×1　④ 57×0.98

ⓐ 積＞57
(　　　　)

ⓘ 積＝57
(　　　　)

ⓤ 積＜57
(　　　　)

2 次の答えを求めましょう。

① 25kgの1.2倍の重さ

(　　　　)

② 4.3mの0.8倍の長さ

(　　　　)

3 赤、青、黄の3本のテープがあります。赤のテープの長さは5m、青のテープの長さは7m、黄のテープの長さは赤のテープの長さの1.2倍です。

○の□倍を求めるとき、
□の数が小数でも
○×□で求められるよ。

① 黄のテープの長さは何mですか。

(　　　　)

② 青のテープの長さは、赤のテープの長さの何倍ですか。

(　　　　)

ヒント ③ ① 黄のテープの長さは、赤のテープの長さの1.2倍だから、5×1.2で求められるよ。

学習日　　月　　日

練習 11 面積と体積の公式

答え 7ページ

例題

★たて 0.8 m、横 2.5 m の長方形の面積を求めましょう。

解き方 長方形の面積 ＝ たて × 横 の公式にあてはめます。

●たて、横の長さを cm の単位で表して計算すると、
80×250＝20000
1 m^2＝10000 cm^2 だから　20000 cm^2＝2 m^2　　答え　2 m^2

●たて、横の長さを m の単位のまま計算すると、
0.8×2.5＝2　　答え　2 m^2

◀面積や体積を求めるとき、辺の長さが小数であっても、公式を使って求めることができます。

1 次の面積を求めましょう。

① たてが 2.8 cm、横が 4.6 cm の長方形の面積

(　　　　)

② たてが 8.6 m、横が 3.5 m の長方形の面積

(　　　　)

③ 1 辺が 5.2 cm の正方形の面積

(　　　　)

辺の長さが小数でも、面積を求める公式が使えるよ。

2 次の体積を求めましょう。

① たて 1.4 m、横 2.8 m、高さ 3 m の直方体の体積

(　　　　)

② たて 10.5 cm、横 6 cm、高さ 0.8 cm の直方体の体積

(　　　　)

③ 1 辺 3.2 cm の立方体の体積

(　　　　)

④ 1 辺 0.7 m の立方体の体積

(　　　　)

ヒント 2 ① 直方体の体積はたて×横×高さで求められるから、式は、1.4×2.8×3 になるよ。

学習日　月　日

練習 12 計算のきまり

答え 8ページ

例題

★□にあてはまる数を求めましょう。たしかめもしましょう。

① 1.8×2.24
＝2.24×□

② 0.6×8＋0.4×8
＝(0.6＋□)×8

解き方 整数のときの計算のきまりにあてはめます。

① 1.8
たしかめ 1.8×2.24＝4.032　2.24×1.8＝4.032

② 0.4
たしかめ 0.6×8＋0.4×8＝8　(0.6＋0.4)×8＝8

◀整数で成り立つ計算のきまりは、小数でも成り立ちます。

□＋○＝○＋□
(□＋○)＋△＝□＋(○＋△)
□×○＝○×□
(□×○)×△＝□×(○×△)
(□＋○)×△
＝□×△＋○×△
(□－○)×△＝□×△－○×△

1 □にあてはまる数をかきましょう。

① 3.8＋7.6＝7.6＋□

② 6.2×3.9＝□×6.2

③ (4.7＋2.6)＋3.4＝4.7＋(□＋3.4)＝□

④ (5.9×2.5)×4＝5.9×(2.5×□)＝□

⑤ 4.6×23＋5.4×23＝(□＋□)×23＝□

⑥ 11.3×45－10.3×45＝(□－□)×45＝□

2 くふうして計算しましょう。とちゅうの式もかきましょう。

① 5.6＋2.7＋1.3

② 2.5×12

③ 102×0.5

④ 99×0.9

どのきまりが
使えるかな？

ヒント 2 ① 2.7＋1.3を先に計算すると、計算がかんたんになるよ。

学習日　　月　　日

練習 13 割合を表す小数

答え 8ページ

例題

★色のちがう5種類のリボンがあります。長さが、黄のリボンの1.5倍になっているのは、どのリボンですか。

リボン	赤	青	白	黄	黒
長さ	25 cm	15 cm	30 cm	20 cm	40 cm

解き方 [1とした大きさ]×[割合(わりあい)]=[1.5にあたる大きさ]にあてはめて、
黄のリボンの長さが20 cmなので、20×1.5=30　30 cm
30 cmの長さのリボンは白

答え　白

◀黄のリボンの長さ(20 cm)を1としたとき、1.5にあたる長さは、
1とした大きさ×割合

1 8 mのロープがあります。

① このロープの0.5倍の長さは何mですか。

(　　　　　)

② 12 mは、このロープの長さの何倍ですか。

(　　　　　)

2 赤、青、黄、白の4本のテープがあります。赤のテープの長さは15 cm、青のテープの長さは24 cm、黄のテープの長さは36 cm、白のテープの長さは16 cmです。

① 赤のテープの1.6倍の長さは何cmですか。

(　　　　　)

② 黄のテープの長さは青のテープの長さの何倍になっていますか。

(　　　　　)

③ 白のテープの1.5倍の長さになっているのはどのテープですか。

(　　　　　)

3 さくらさんの身長は、弟の身長110 cmの1.3倍にあたります。さくらさんの身長は何cmですか。

(　　　　　)

ヒント　3 弟の身長を1としたとき1.3にあたる大きさは、110×1.3で求められるよ。

14 小数のかけ算

答え 9ページ

1 次の計算をしましょう。　各3点(18点)

① 9×0.3　② 5×0.8　③ 0.3×0.3

④ 4.7×0.2　⑤ 2.5×0.03　⑥ 52×0.04

2 次の計算をしましょう。　各3点(48点)

① 3.8×5.2　② 1.9×2.9　③ 0.42×3.6　④ 0.17×3.7

⑤ 7.5×0.35　⑥ 0.38×0.52　⑦ 6.6×0.45　⑧ 0.44×2.5

⑨ 0.08×0.31　⑩ 0.52×0.09　⑪ 18×2.35　⑫ 0.26×1.39

⑬ 3.42×5.2　⑭ 0.06×2.37　⑮ 0.07×3.07　⑯ 24×1.75

3 積が45より大きくなるものをすべて選んで、記号で答えましょう。 全部できて(4点)

㋐ 45×0.7　㋑ 45×1.01　㋒ 45×0.99　㋓ 45×1.2

(　　　　)

4 次の答えを求めましょう。 各3点(9点)

① 1m 150円のひも3.2mの代金

(　　　　)

② 1m 0.7kgのパイプ0.5mの重さ

(　　　　)

③ 1kg 2500円のぶた肉0.45kgの代金

(　　　　)

5 次の面積や体積を求めましょう。 各3点(9点)

① たて3.2cm、横4.8cmの長方形の面積

(　　　　)

② 1辺2.8mの正方形の面積

(　　　　)

③ たて3.8m、横2m、高さ7.5mの直方体の体積

(　　　　)

できたらスゴイ!

6 白のリボンの長さは36cmです。赤のリボンの長さは、白のリボンの長さの1.25倍で、青のリボン長さは、白のリボンの0.85倍です。 各6点(12点)

① 白のリボン、赤のリボン、青のリボンのうち、いちばん長いのは、どれですか。

(　　　　)

② いちばん短いリボンは何cmですか。

(　　　　)

練習 15 整数÷小数

学習日　　月　　日

答え 10ページ

例題

★3mで75円のリボン1mのねだんは何円ですか。また、0.3mで75円のリボン1mのねだんは何円ですか。

解き方 代金 ÷ 長さ ＝ 1mのねだん にあてはめて、

● 3mで75円のとき、75÷3＝25　　答え 25円

● 0.3mで75円のとき、75÷0.3

長さが10倍の3mになると、代金も10倍の750円になるから、

75÷0.3＝(75×10)÷(0.3×10)

＝750÷3

＝250　　答え 250円

◀代金、長さ、1mのねだんの間の関係は、代金÷長さ＝1mのねだん

◀小数でわる計算では、わる数とわられる数の両方に10をかけ、わる数を整数にして計算します。

1 □にあてはまる数をかきましょう。

① 28÷0.7＝(28×□)÷(0.7×□)

＝□÷□

＝□

② 9÷1.5＝(9×□)÷(1.5×□)

＝□÷□

＝□

わる数を整数にしてから計算するんだよ。

2 次の計算をしましょう。

① 4÷0.2　　② 12÷0.3　　③ 48÷0.6

④ 6÷1.5　　⑤ 20÷2.5　　⑥ 6÷1.2

ヒント

2 ② 12÷0.3＝(12×10)÷(0.3×10)として計算するよ。

⑥ 6÷1.2＝(6×10)÷(1.2×10)として計算するよ。

学習日　　月　　日

練習 16 小数÷小数

答え 10ページ

例題

★0.8 m の重さが 1.6 kg の鉄のパイプがあります。この鉄のパイプ 1 m の重さは何 kg ですか。

解き方　［重さ］÷［長さ］＝［1 m の重さ］にあてはめて、

1.6÷0.8

長さが 10 倍の 8 m になると、重さも 10 倍の 16 kg になるから、

1.6÷0.8＝(1.6×10)÷(0.8×10)

＝16÷8

＝2

答え　2 kg

◀重さ、長さ、1 m の重さの間の関係は、
重さ÷長さ
＝1 m の重さ

◀小数のわり算では、わる数とわられる数の両方に 10 などをかけ、わる数を整数にして計算します。

1 □にあてはまる数をかきましょう。

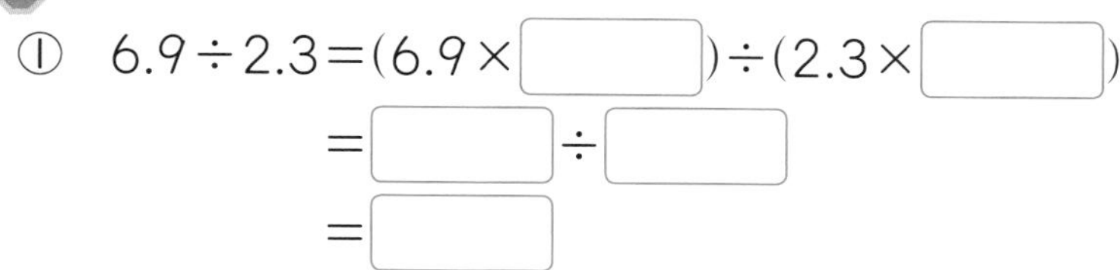

① 6.9÷2.3＝(6.9×□)÷(2.3×□)

＝□÷□

＝□

② 2.8÷0.07＝(2.8×□)÷(0.07×□)

＝□÷□

＝□

2.8 と 0.07 の両方に 100 をかけるといいね。

2 次の計算をしましょう。

① 8.4÷2.1

② 4.9÷0.7

③ 5.4÷0.9

④ 0.2÷0.5

⑤ 0.68÷0.4

⑥ 0.75÷2.5

⑦ 3.2÷0.08

⑧ 0.06÷0.02

⑨ 0.04÷0.05

ヒント

2 ④ 0.2÷0.5＝(0.2×10)÷(0.5×10) として計算するよ。

⑧ 0.06÷0.02＝(0.06×100)÷(0.02×100) として計算するよ。

学習日　月　日

17 筆算のしかた

答え 11 ページ

例題

★3.22÷1.4、3.15÷0.45 を筆算でしましょう。

解き方

1.4）3.22 → 1.4）3.22（わる数もわられる数も10倍します。）→ 14）32.2 商 2.3、28、42、42、0

商の小数点はわられる数の小数点にそろえてうちます。

0.45）3.15 → 0.45）3.15（わる数もわられる数も100倍します。）→ 45）315 商 7、315、0

◀わる数とわられる数の小数点を同じ数だけ右に移（うつ）し、わる数を整数になおして計算します。

◀商の小数点は、わられる数の移した小数点にそろえてうちます。

1 次の計算をしましょう。

① 2.3）7.13

② 4.7）40.42

③ 6.2）14.26

④ 5.3）19.08

⑤ 0.08）10.56

⑥ 0.36）5.76

⑦ 0.78）1.56

⑧ 1.7）91.8

＋－計算に強くなる！×÷

小数のわり算では、わる数が整数になるように小数点を移そう。

！まちがい注意

2 次の計算をしましょう。

① 0.06）14.4

② 0.25）3.5

③ 0.35）63

ヒント

❷ ① 0.06、14.4 を 100 倍して計算するよ。
② 0.25、3.5 を 100 倍して計算するよ。

学習日　　月　　日

18 わり進むわり算の筆算

答え 11ページ

例題

★2.66÷2.8 をわり切れるまで計算しましょう。

解き方

2.8）2.66 ➡ 2.8）2.66 ➡ 2.8）2.6.6

```
        0.95
2.8 ) 2.6.6
      2 5 2
        1 4 0
        1 4 0
            0
```

◀整数÷小数と同じようにわり切れないとき、わられる数に0をつけたしてわり算を続けることができます。

1 次のわり算を、わり切れるまで計算しましょう。

① 1.02÷1.2　　② 8.4÷2.4　　③ 1.68÷3.2

④ 3÷0.4　　⑤ 21÷8.4

2 例のように、商を四捨五入(ししゃごにゅう)で、$\frac{1}{10}$の位までの概数(がいすう)で表しましょう。

（例）

```
        5
      3.4̸6̸
1.3 ) 4.5
      3 9
        6 0
        5 2
          8 0
          7 8
            2
```

（ 3.5 ）

① 3.2÷0.6　（　　）

② 62÷0.9　（　　）

③ 1.61÷6.5　（　　）

④ 4.62÷0.18　（　　）

わり切れないときは、商を概数で表すこともあるよ。

ヒント

2 ① 小数点を移(うつ)して、32÷6 で計算するよ。わり切れないので、小数第2位を四捨五入して$\frac{1}{10}$の位を求めよう。

学習日　月　日

19 商と余り

答え 12ページ

例題

★28.7 m のひもを 3.1 m ずつに切っていきます。何本できて、何 m 余(あま)りますか。

解き方 28.7÷3.1 の計算を、商は一の位まで求めて、余りもだします。
28.7÷3.1 の計算は右のようになり、商は 9、余りは 0.8 だから、9 本できて、余りは 0.8 m です。

```
       9
3.1 ) 28.7
      27 9
      ----
       0.8
```

◀小数のわり算で、余りを考えるとき、余りの小数点は、わられる数のもとの小数点にそろえてうちます。

1 商を一の位まで求め、余りもだしましょう。

① 53.4÷4.2　（　　）

② 8.3÷0.7　（　　）

③ 14.9÷2.7　（　　）

④ 23÷4.7　（　　）

⑤ 17÷2.6　（　　）

⑥ 15÷1.8　（　　）

2 商を一の位まで求め、余りもだしましょう。また、商と余りの確(たし)かめもしましょう。

① 25.4÷8.2　（　　）

確かめ（　　）

② 16.1÷2.4　（　　）

確かめ（　　）

商と余りの確かめは、わる数×商＋余り＝わられる数だよ。

ヒント ❶ 余りは、わる数よりも必ず小さくなるよ。

学習日　　月　　日

20 商の大きさ、小数倍

答え 12ページ

例題

★200円で色のちがう5種類のリボンを買ったら、それぞれ次の長さだけ買えました。1mのねだんが200円より高いのはどのリボンですか。

リボン	赤	白	青	黒	茶
長さ	0.5m	0.8m	1m	1.6m	2m

解き方 代金÷長さ＝1mのねだん にあてはめて、

赤　200÷0.5＝400　400円　　白　200÷0.8＝250　250円

青　200÷1＝200　200円　　黒　200÷1.6＝125　125円

茶　200÷2＝100　100円

1mのねだんが200円より高いのは、赤と白　　答え　赤、白

◀わり算では、商とわる数との関係は、
わる数＞1のとき
　商＜わられる数
わる数＜1のとき
　商＞わられる数
となります。

1 次のわり算の式で商をⓐ、ⓘ、ⓤに分けましょう。

① 57÷0.4　　② 57÷1　　③ 57÷1.9　　④ 57÷0.98

ⓐ 商＞57　（　　）　ⓘ 商＝57　（　　）　ⓤ 商＜57　（　　）

2 3.6÷□の□に、下の5つの数をあてはめて計算します。

㋐ 1.8　㋑ 0.1　㋒ 1.2　㋓ 0.9　㋔ 1

① 商が3.6より大きくなるのはどれとどれですか。記号で答えましょう。

（　　）

よくみて

② 商がいちばん小さくなるのはどれですか。記号で答えましょう。

（　　）

3 そうたさんの体重は32.7kgで、先生の体重の0.6倍にあたります。先生の体重は何kgですか。

先生の体重を□kg
とすると
□×0.6＝32.7
と表せるよ。
だから、□＝…

（　　）

ヒント **2** ② わる数が大きくなるほど、商は小さくなるよ。

21 小数のわり算

答え 13ページ

1 次の計算をしましょう。

各3点(18点)

① 7÷3.5　② 5.6÷0.7　③ 9.6÷3.2

④ 0.15÷0.3　⑤ 1.5÷0.03　⑥ 0.03÷0.06

2 次の計算をしましょう。

各3点(36点)

① 1.8) 6.84　② 3.2) 6.08　③ 4.3) 9.89

④ 0.04) 5.28　⑤ 0.42) 6.72　⑥ 0.28) 9.52

⑦ 0.7) 18.9　⑧ 0.03) 19.5　⑨ 0.25) 18.5

⑩ 0.16) 80　⑪ 3.14) 125.6　⑫ 1.08) 37.8

3 次のわり算を、わり切れるまで計算しましょう。

各4点(12点)

① 2.5÷0.4　② 1.88÷0.25　③ 6.21÷7.5

4 商を四捨五入で、$\frac{1}{10}$の位までの概数で表しましょう。

各4点(12点)

① $0.7\overline{)3.1}$　② $3.8\overline{)2.07}$　③ $9.1\overline{)56}$

(　　　)　(　　　)　(　　　)

5 商を一の位まで求め、余りもだしましょう。

各4点(12点)

① 16÷4.3　② 73÷3.7　③ 52.6÷1.9

(　　　)　(　　　)　(　　　)

6 次の①〜④の中で、答えが 4.5 より大きくなるのはどれですか。番号ですべて答えましょう。

全部できて(4点)

① 4.5×0.9　② 4.5÷0.9　③ 4.5×1.5　④ 4.5÷1.5

(　　　)

7 赤、青、黄の3本のテープがあります。赤のテープの長さは4mで、青のテープの長さの 0.8 倍、黄のテープの 0.5 倍です。

各3点(6点)

① 青のテープの長さは何mですか。

(　　　)

できたらスゴイ!

② 黄のテープの長さは青のテープの長さの何倍ですか。

(　　　)

22 計算の復習テスト①

学習日　月　日

本文 2〜25ページ　答え 14ページ

1 □にあてはまる数をかきましょう。

□各2点(14点)

① 0.253 を 10 倍した数は □ で、100 倍した数は □ です。

② 4270 は 4.27 を □ 倍した数です。

③ 70 の $\frac{1}{100}$ は □ で、$\frac{1}{1000}$ は □ です。

④ 0.0246 は、24.6 の □ 分の 1 です。

⑤ 0.005 は □ の $\frac{1}{100}$ です。

2 次の計算をしましょう。

各2点(12点)

① 3.14×10　② 0.36×100　③ 2.06×1000

④ $5.18 \div 10$　⑤ $1.93 \div 100$　⑥ $49 \div 1000$

3 次の計算をしましょう。

各2点(28点)

① 4×0.4　② 60×1.3　③ 0.5×0.6

④ 4×0.02　⑤ 0.6×0.03　⑥ 13×0.05

⑦ 3.7×4.1　⑧ 5.6×2.4　⑨ 0.47×4.3　⑩ 0.62×2.9

⑪ 0.42×0.05　⑫ 0.25×0.08　⑬ 0.16×2.45　⑭ 72×1.15

4 次の計算をしましょう。
各2点(28点)

① $56 \div 0.7$　② $32 \div 0.4$　③ $5.5 \div 0.5$

④ $0.64 \div 0.8$　⑤ $0.1 \div 0.02$　⑥ $0.48 \div 2.4$

⑦ $2.8 \overline{)\,9.52}$　⑧ $1.9 \overline{)\,5.89}$　⑨ $0.28 \overline{)\,3.92}$　⑩ $0.96 \overline{)\,72}$

⑪ $3.4 \overline{)\,2.38}$　⑫ $7.3 \overline{)\,6.57}$　⑬ $8.4 \overline{)\,630}$　⑭ $0.35 \overline{)\,21}$

5 次のわり算を、わり切れるまで計算しましょう。
各2点(6点)

① $2.7 \div 0.25$　② $1.9 \div 7.6$　③ $4.14 \div 7.5$

6 次の商を、四捨五入(ししゃごにゅう)で、$\frac{1}{10}$の位までの概数(がいすう)で表しましょう。
各2点(6点)

① $22.4 \div 9.7$　② $7.4 \div 0.34$　③ $21.3 \div 6.7$

(　　　　)　(　　　　)　(　　　　)

7 次の式をくふうして計算しましょう。とちゅうの式もかきましょう。
各2点(6点)

① $0.18 + 3.45 + 0.82$　② $2.3 \times 6 + 2.7 \times 6$　③ 104×0.5

学習日　月　日

練習 23 三角形の角

答え 15ページ

例題

★あ、いの角度はそれぞれ何度ですか。計算で求めましょう。

◀三角形の3つの角の大きさの和は、180°です。

①

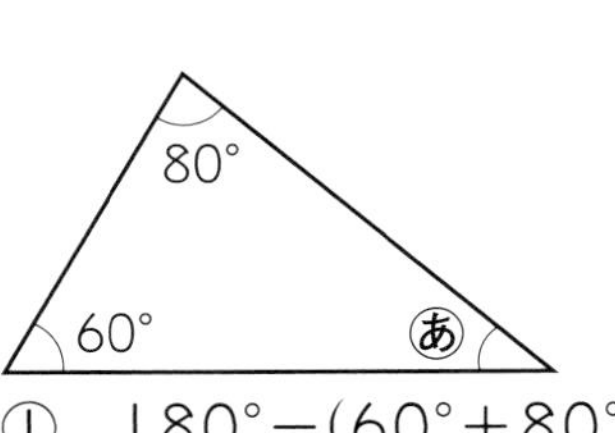

②

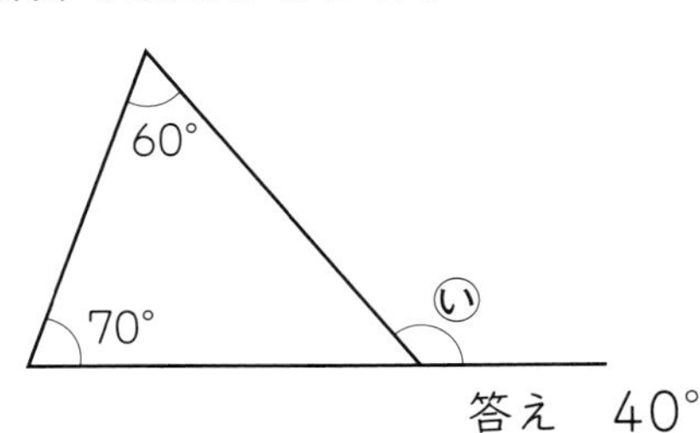

解き方 ① 180°−(60°+80°)=40°　　答え 40°

② 180°−(70°+60°)=50°

180°−50°=130°　　答え 130°

1 あ〜くの角度はそれぞれ何度ですか。計算で求めましょう。

①

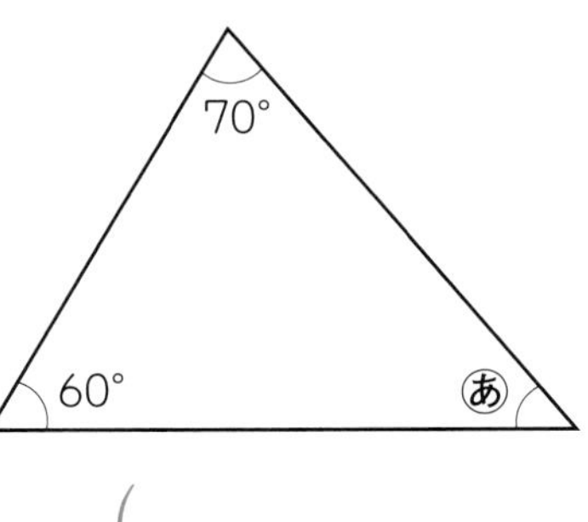

(　　　　)

②

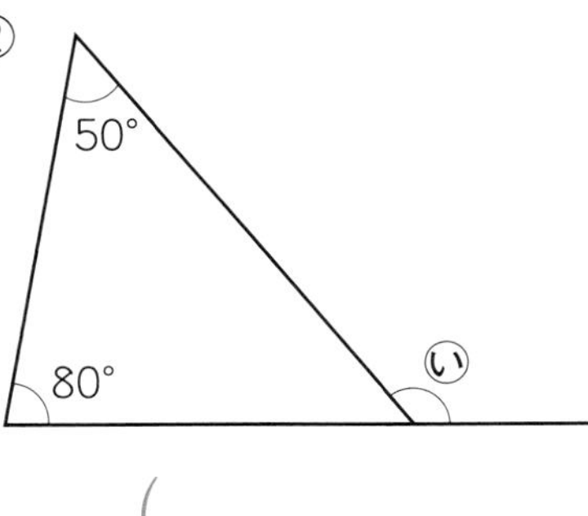

(　　　　)

③

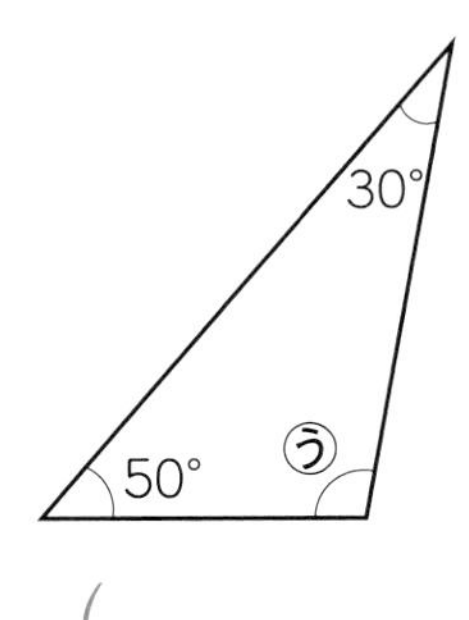

(　　　　)

④

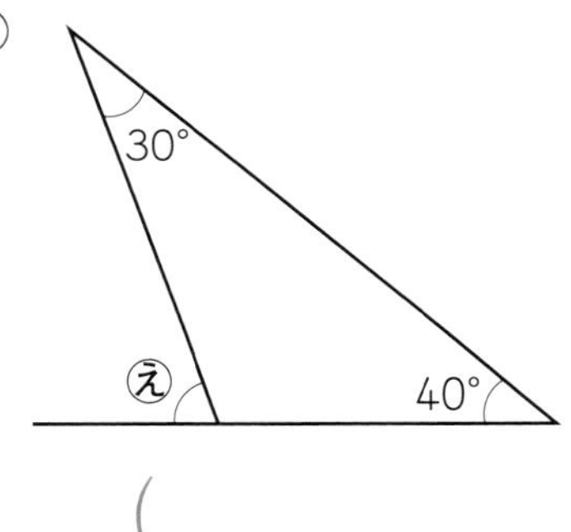

(　　　　)

⑤

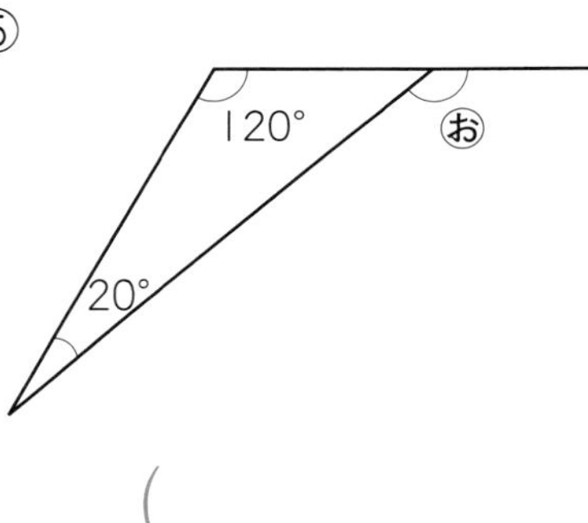

(　　　　)

よくみて

⑥ 正三角形

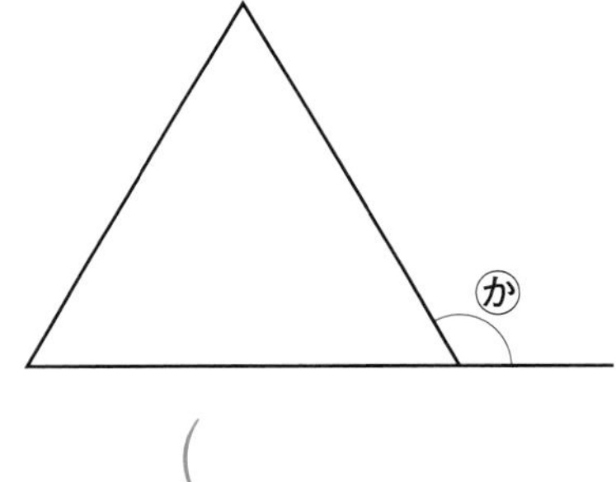

(　　　　)

⑦ 二等辺三角形

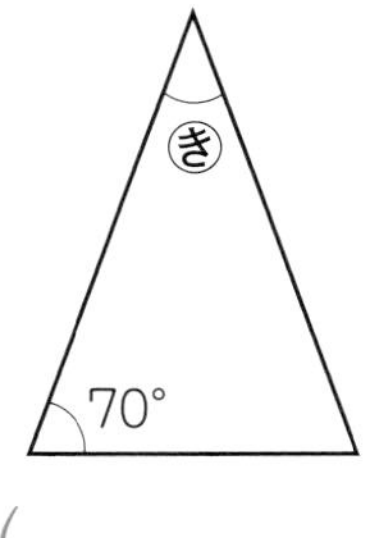

(　　　　)

⑧ 二等辺三角形

100°

く

(　　　　)

正三角形や二等辺三角形の角の大きさの関係については、知ってるね。

ヒント

1 ⑥ 正三角形の3つの角はすべて60°だね。

⑦ 二等辺三角形は2つの角が等しくなるよ。

学習日　　月　　日

練習 24 四角形の角

答え　15ページ

例題

★あ、いの角度はそれぞれ何度ですか。計算で求めましょう。

◀四角形の４つの角の大きさの和は、360°です。

①　②

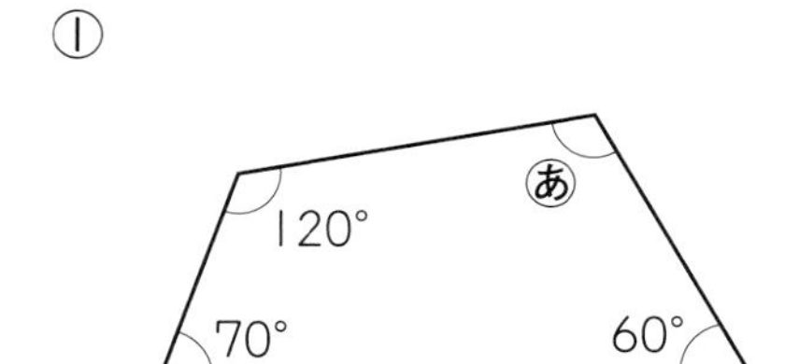

解き方 ①　$360° - (60° + 70° + 120°) = 110°$　　答え　110°

②　$360° - (90° + 120° + 70°) = 80°$

$180° - 80° = 100°$　　答え　100°

1 あ～うの角度はそれぞれ何度ですか。計算で求めましょう。

①

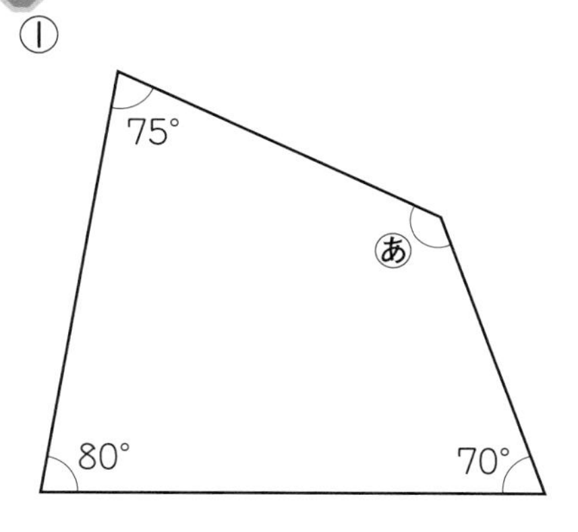

②

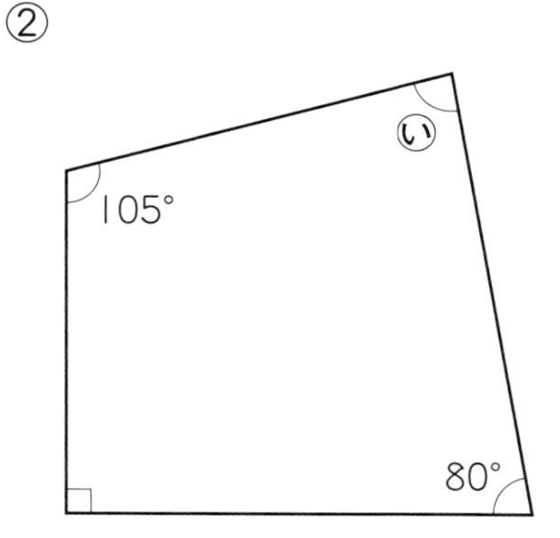

③

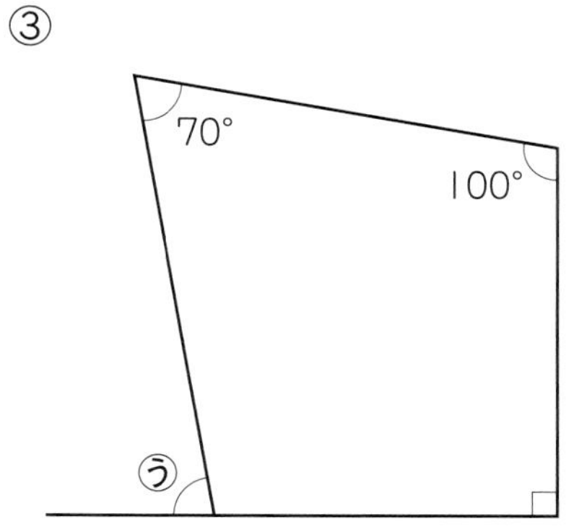

（　　　　　）（　　　　　）（　　　　　）

2 次の多角形の角の大きさの和を求めましょう。

①　五角形

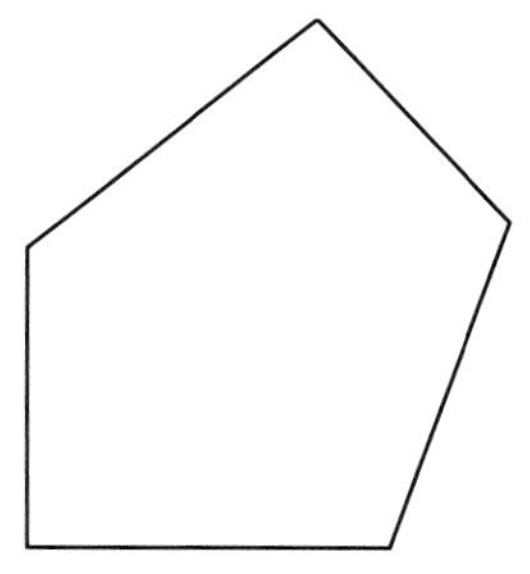

②　六角形

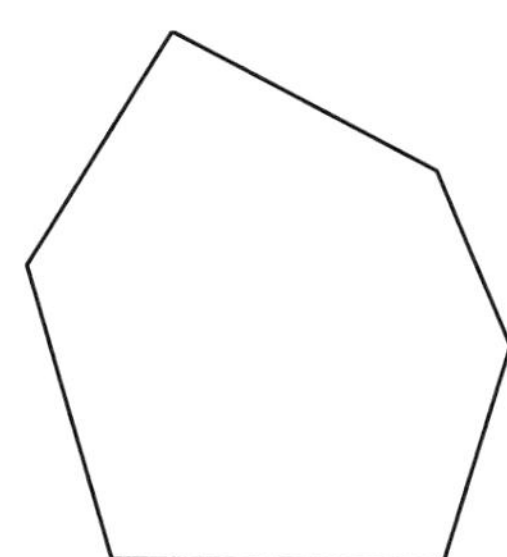

（　　　　　）（　　　　　）

ヒント　❷ ①　３個の三角形に分けられるから、180°×３で求められるよ。

確かめのテスト 25 三角形・四角形の角

学習日　月　日

時間30分　／100　合格80点

答え 16ページ

1 あ〜かの角度はそれぞれ何度ですか。計算で求めましょう。

各5点（30点）

①

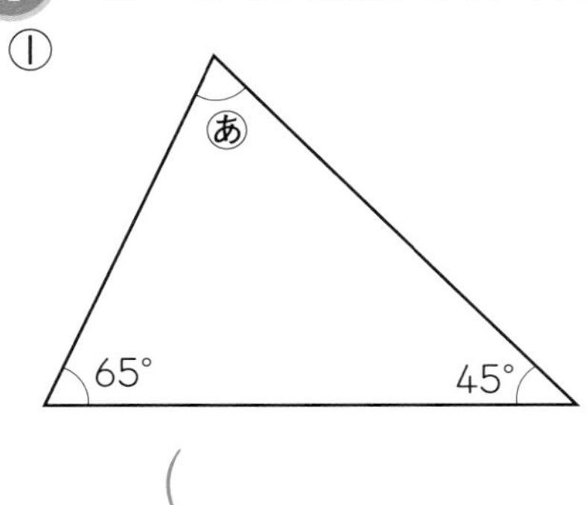

（　　　）

②

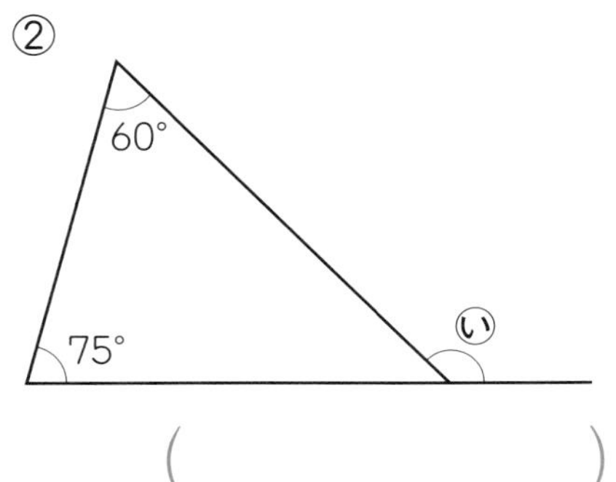

（　　　）

③

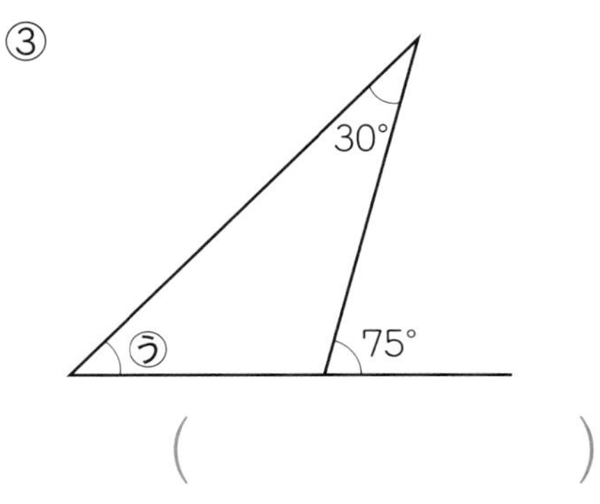

（　　　）

④

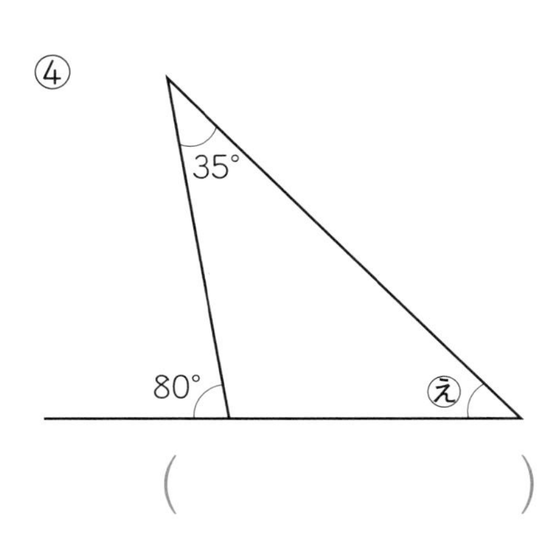

（　　　）

⑤

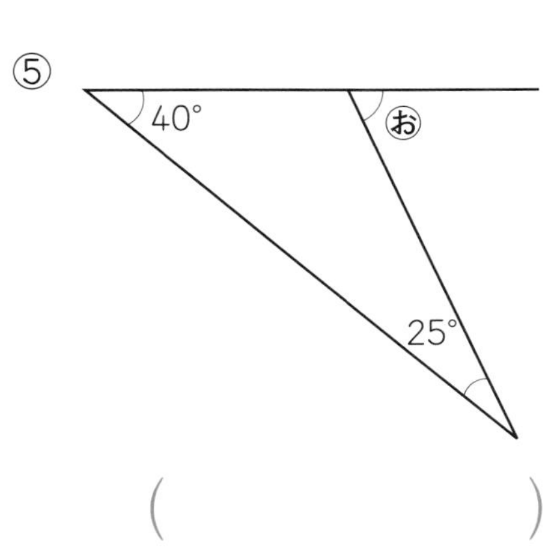

（　　　）

⑥　二等辺三角形

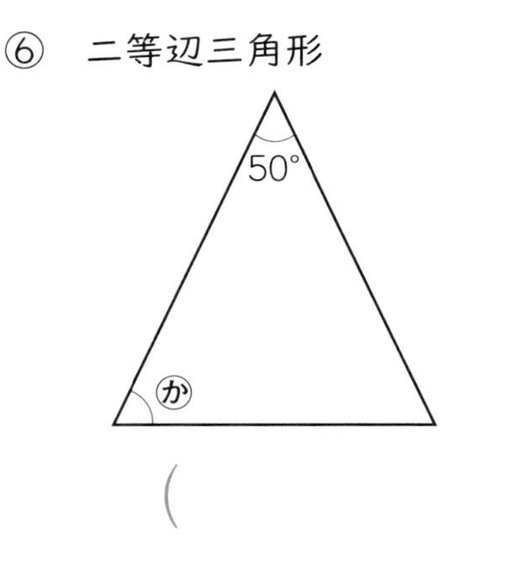

（　　　）

2 あ〜かの角度はそれぞれ何度ですか。計算で求めましょう。

各5点（30点）

①

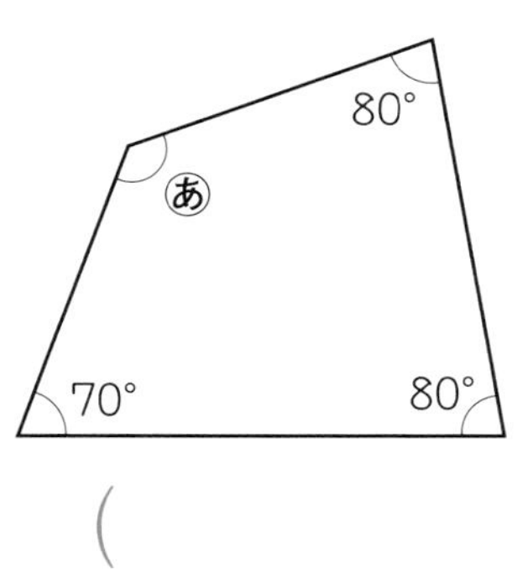

（　　　）

②

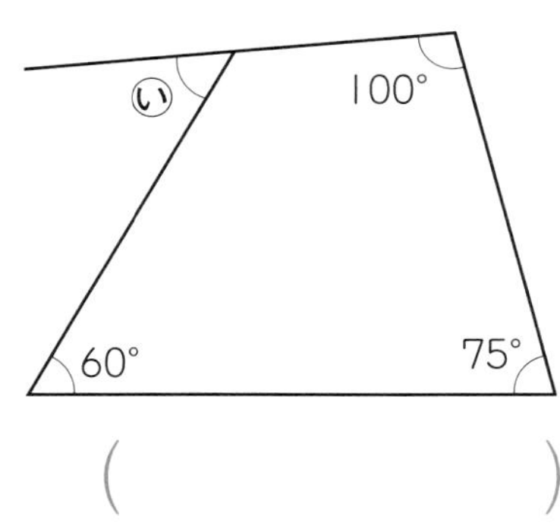

（　　　）

③

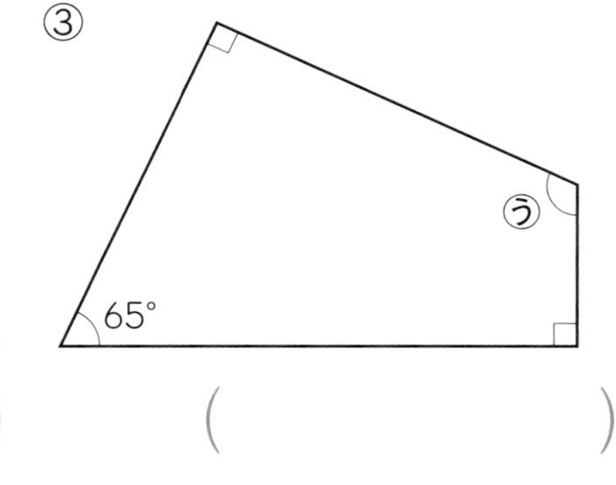

（　　　）

④

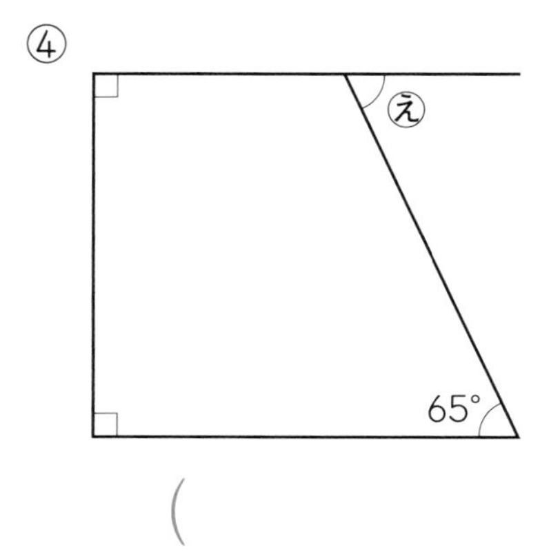

（　　　）

⑤　平行四辺形

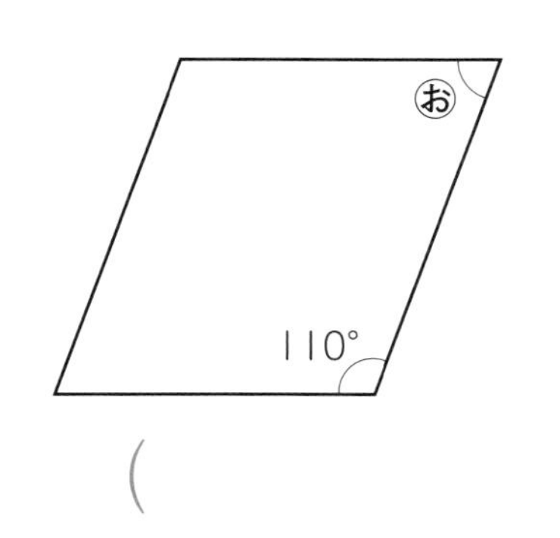

（　　　）

⑥　ひし形

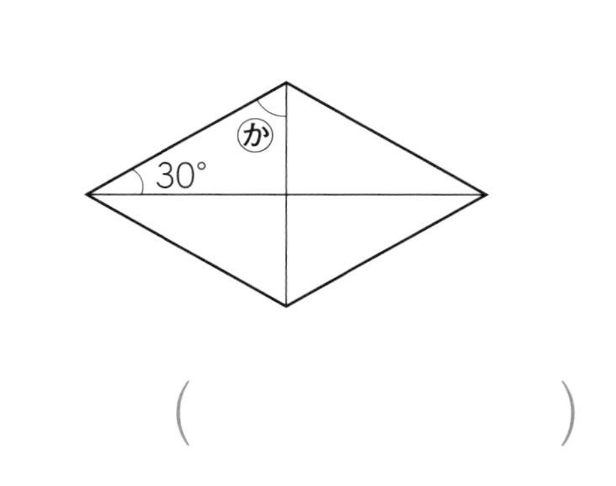

（　　　）

3 下の図は、１組の三角じょうぎを重ねたものです。
ⓐ〜ⓔの角度はそれぞれ何度ですか。計算で求めましょう。　　各5点(20点)

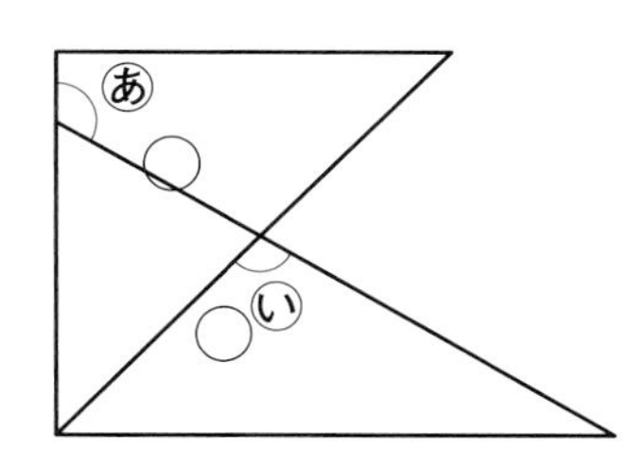

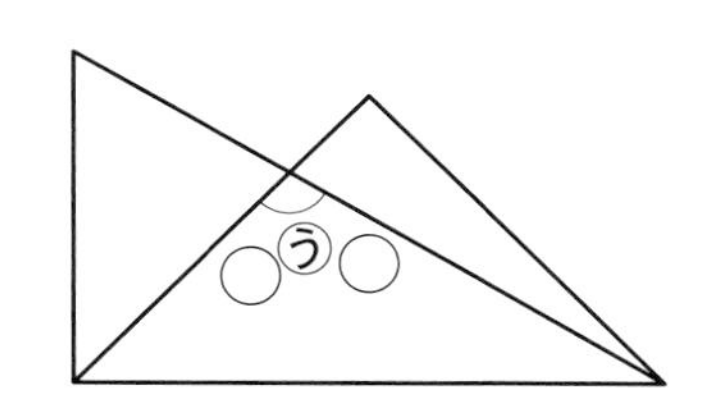

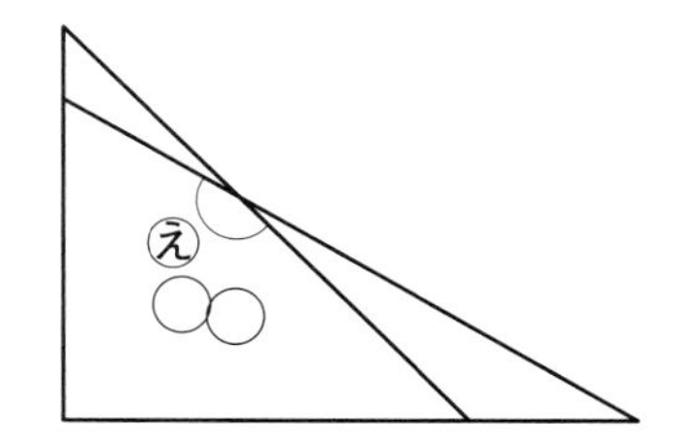

あ（　　　　）　い（　　　　）　う（　　　　）　え（　　　　）

4 **次の多角形の角の大きさの和を求めましょう。**　　各5点(10点)

① 七角形

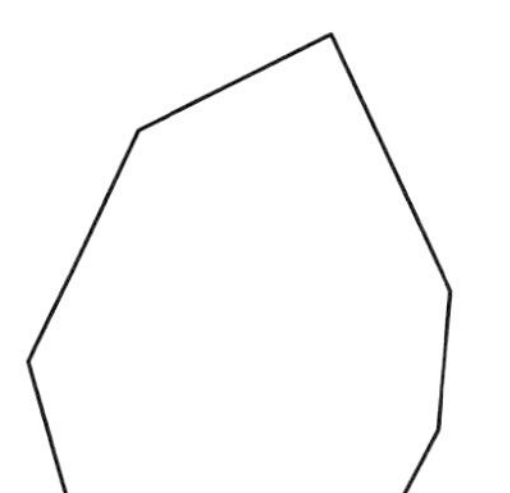

（　　　　）

② 八角形

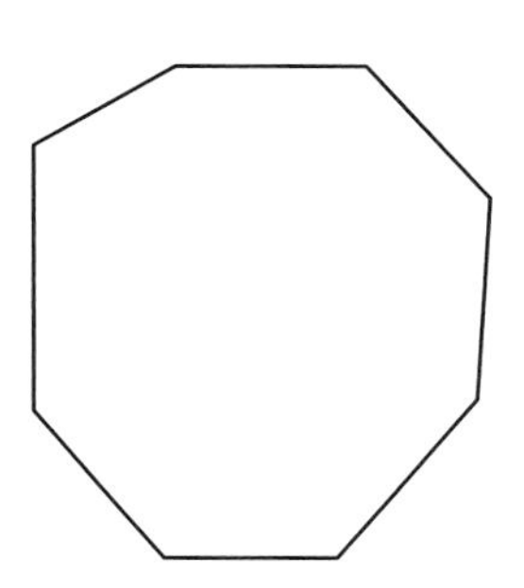

（　　　　）

5 **あ、いの角度はそれぞれ何度ですか。計算で求めましょう。**　　各5点(10点)

①

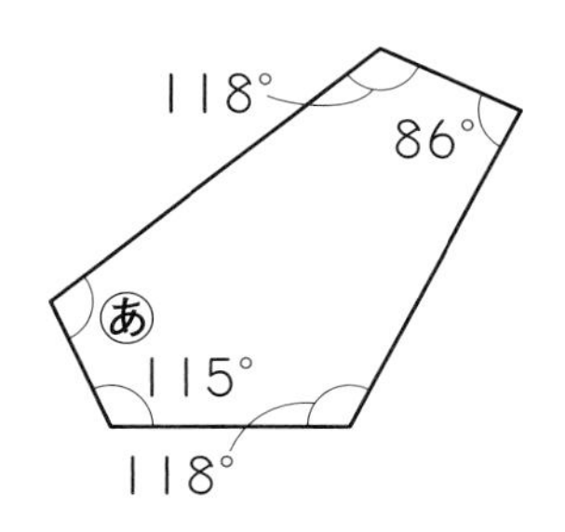

（　　　　）

②

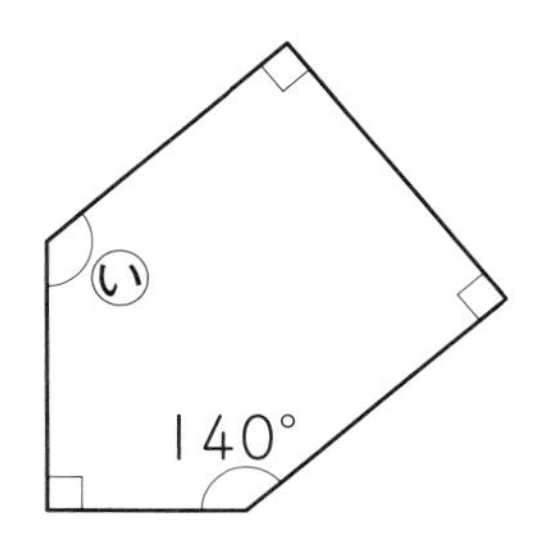

（　　　　）

学習日　　月　　日

練習 26 偶数と奇数

答え 17ページ

例題

★次の数を偶数（ぐうすう）と奇数（きすう）に分けましょう。

3	5	6	10	37	78
101	230	705	1000	2004	2005

◀２でわり切れる整数を偶数、２でわり切れない整数を奇数といいます。

解き方 それぞれの数を２でわって、わり切れるかどうか調べます。

偶数…6、10、78、230、1000、2004

奇数…3、5、37、101、705、2005

1 次の数を偶数と奇数に分けましょう。

1	2	4	14	15	17
100	163	504	678	777	999

偶数（　　　　　　　　　　　　　）

奇数（　　　　　　　　　　　　　）

2 24個（こ）のあめがあります。

① ゆづきさん、あんさん２人で分けるとき、ゆづきさんの個数が偶数ならば、あんさんの個数は、偶数、奇数のどちらですか。

（　　　　　）

② ゆづきさん、あんさん２人で分けるとき、ゆづきさんの個数が奇数ならば、あんさんの個数は、偶数、奇数のどちらですか。

（　　　　　）

! まちがい注意

③ ゆづきさん、あんさん、りんさん３人で分けるとき、３人とも個数が奇数になるように分けられますか。

（　　　　　）

3 色紙が35まいあります。

① ゆうまさん、いつきさん２人で分けるとき、ゆうまさんのまい数が偶数ならば、いつきさんのまい数は、偶数、奇数のどちらですか。

（　　　　　）

② ゆうまさん、いつきさん２人で分けるとき、ゆうまさんのまい数が奇数ならば、いつきさんのまい数は、偶数、奇数のどちらですか。

（　　　　　）

ヒント **2** ① 24は偶数だね。(偶数)＋(奇数)と(偶数)＋(偶数)のどちらが偶数になるかを考えよう。

学習日　　月　　日

練習 27 倍数と公倍数

答え 17ページ

例題

★6の倍数(ばいすう)、9の倍数を小さい順に6つかきましょう。その中から、6と9の公倍数(こうばいすう)をみつけましょう。また、最小公倍数(さいしょうこうばいすう)もかきましょう。

解き方
- 6の倍数……6、12、18、24、30、36
- 9の倍数……9、18、27、36、45、54
- 6と9の公倍数は、6の倍数にも9の倍数にもなっている数なので、　18、36
- 最小公倍数は公倍数のうちでいちばん小さい数なので、18

◀6に整数をかけてできる数を6の倍数といいます。
◀6の倍数にも、9の倍数にもなっている数を6と9の公倍数といいます。
◀公倍数のうち、いちばん小さい数を最小公倍数といいます。

1 次の数の倍数を、小さい順に5つかきましょう。

① 4
(　　　　)

② 7
(　　　　)

③ 10
(　　　　)

④ 15
(　　　　)

2 次の2つの数の公倍数を、小さい順に3つかきましょう。また、最小公倍数も求めましょう。

① 2と5

公倍数 (　　　　)
最小公倍数 (　　　　)

② 6と7

公倍数 (　　　　)
最小公倍数 (　　　　)

③ 3と8

公倍数 (　　　　)
最小公倍数 (　　　　)

④ 10と15

公倍数 (　　　　)
最小公倍数 (　　　　)

公倍数は
最小公倍数の
倍数だよ。

2 ① 2の倍数は、2、4、6、8、10、12、…、5の倍数は、5、10、15、20、25、30、…、2と5の最小公倍数は、2と5に共通する最小の倍数だよ。

学習日　　月　　日

28 約数と公約数

答え 18ページ

例題

★8と12の約数(やくすう)をすべてかき、公約数(こうやくすう)をみつけましょう。また、最大(さいだい)公約数(こうやくすう)も求めましょう。

解き方
- 8の約数……1、2、4、8
- 12の約数……1、2、3、4、6、12
- 8と12の公約数……1、2、4
- 最大公約数は、公約数の中でいちばん大きい数なので、4

◀8をわり切ることのできる整数を8の約数といいます。

◀8の約数にも12の約数にもなっている数を、8と12の公約数といいます。公約数の中で、いちばん大きい数を最大公約数といいます。

1 次の数の約数を、すべてかきましょう。

48÷2＝24
2も24も48
の約数だよ。

① 9

（　　　　　）

② 10

（　　　　　）

③ 16

（　　　　　）

④ 48

（　　　　　）

2 次の2つの数の公約数を、すべてかきましょう。また、最大公約数もかきましょう。

① 24と36

公約数（　　　　　）
最大公約数（　　　　　）

② 10と30

公約数（　　　　　）
最大公約数（　　　　　）

③ 9と15

公約数（　　　　　）
最大公約数（　　　　　）

④ 18と27

公約数（　　　　　）
最大公約数（　　　　　）

⑤ 7と35

公約数（　　　　　）
最大公約数（　　　　　）

⑥ 13と45

公約数（　　　　　）
最大公約数（　　　　　）

ヒント　**2** ④ 18の約数は、1、2、3、6、9、18となり、27の約数は、1、3、9、27となるね。

確かめのテスト 29 偶数と奇数、倍数と約数

学習日　月　日

時間30分　／100　合格80点

答え 18ページ

1 次の数を偶数と奇数に分けましょう。　全部できて(4点)
(47、18、86、0、105、214)

偶数(　　　　)
奇数(　　　　)

2 次の数の倍数を、小さい順に3つかきましょう。　各8点(16点)
① 8　② 13

(　　　　)　(　　　　)

3 次の数の公倍数を、小さい順に3つかきましょう。　各8点(16点)
① 4と5　② 6と14

(　　　　)　(　　　　)

4 次の数の最小公倍数を、かきましょう。　各8点(16点)
① 3と5　② 4と5と6

(　　　　)　(　　　　)

5 次の数の約数を、すべてかきましょう。　各8点(16点)
① 24　② 49

(　　　　)　(　　　　)

6 次の数の公約数を、すべてかきましょう。　各8点(16点)
① 16と24　② 18と36

(　　　　)　(　　　　)

7 次の数の最大公約数を、かきましょう。　各8点(16点)
① 12と16　② 7と35

(　　　　)　(　　　　)

学習日　　月　　日

30 わり算と分数、分数倍

答え 19ページ

例題

★2Lのジュースを7人で同じ量に分けようと思います。1人分は何Lになりますか。

◀整数どうしのわり算の商は、わられる数を分子、わる数を分母とする分数で表すことができます。

解き方 2÷7はわり切れないので、小数では正確(せいかく)に表せません。

そこで、分数を使って表します。$2\div7=\frac{2}{7}$　　答え $\frac{2}{7}$L

1 次の商を分数で表しましょう。

① 5÷7　　② 8÷9　　③ 7÷12

④ 1÷3　　⑤ 1÷6　　⑥ 1÷15

⑦ 8÷7　　⑧ 10÷9　　⑨ 14÷3

2 □にあてはまる数をかきましょう。

① $\frac{4}{5}=$□$\div5$　　② $\frac{5}{8}=5\div$□

③ $\frac{□}{9}=4\div9$

！まちがい注意

3 8mの赤いリボンと、4mの青いリボン、11mの白いリボンがあります。

赤いリボンの長さは、青いリボンの長さの何倍ですか。また、白いリボンの長さの何倍ですか。

青いリボンの長さの（　　　　）

白いリボンの長さの（　　　　）

赤いリボン÷青いリボン＝8÷4で、何倍かを求めることができるね。赤いリボンと白いリボンの場合も同じように考えてみよう。

ヒント ❷ ① わられる数が分子、わる数が分母になるよ。

学習日　月　日

31 分数と小数、整数の関係

答え 19ページ

例題

★分数は小数で、小数や整数は分数で表しましょう。

① $\frac{3}{4}$　② 0.41　③ 3

解き方 ① $\frac{3}{4}=3\div4=\underline{0.75}$

② 0.41 は 0.01 を 41 こ集めた数です。0.01 は $\frac{1}{100}$ なので $\underline{\frac{41}{100}}$

③ 整数は、1 を分母とする分数とみることができるので $\underline{\frac{3}{1}}$

◀分数を小数で表すときは、分子を分母でわります。わり切れないときは、てきとうな位で四捨五入(ししゃごにゅう)します。

◀小数は、分母が 10、100、1000 などの分数で表すことができます。

1 次の分数を小数で表しましょう。

① $\frac{1}{2}$　（　　）

② $\frac{3}{5}$　（　　）

③ $\frac{16}{25}$　（　　）

2 次の分数を $\frac{1}{1000}$ の位までの小数で表しましょう。

① $\frac{5}{6}$　（　　）

② $\frac{2}{9}$　（　　）

③ $\frac{4}{7}$　（　　）

④ $\frac{1}{6}$　（　　）

$\frac{1}{1000}$ の位までの小数にするときは、$\frac{1}{10000}$ の位を四捨五入すればいいよ。

3 次の小数や整数を分数で表しましょう。

① 0.3　（　　）

② 0.29　（　　）

③ 1.03　（　　）

④ 0.017　（　　）

⑤ 0.901　（　　）

⑥ 0.003　（　　）

⑦ 5　（　　）

⑧ 13　（　　）

⑨ 27　（　　）

ヒント 3 ⑥ $0.3=\frac{3}{10}$、$0.03=\frac{3}{100}$、0.003 の場合はどうなるかな。

学習日　　月　　日

確かめのテスト 32 分数と小数・整数の関係

時間 30 分　　/100　合格 80 点

答え 20ページ

1 次の商を分数で表しましょう。

各4点(12点)

① 3÷5　（　　　）

② 4÷7　（　　　）

③ 13÷6　（　　　）

2 ジュースが、Aのボトルには2L、Bのボトルには3Lはいっています。Aのジュースの量は、Bのジュースの量の何倍ですか。

(4点)

（　　　）

3 次の分数を小数で表しましょう。

各4点(16点)

① $\frac{3}{10}$　（　　　）

② $\frac{4}{5}$　（　　　）

③ $\frac{1}{8}$　（　　　）

④ $\frac{7}{5}$　（　　　）

4 次の分数を $\frac{1}{1000}$ の位までの小数で表しましょう。

各4点(16点)

① $\frac{1}{7}$　（　　　）

② $\frac{2}{13}$　（　　　）

③ $\frac{5}{3}$　（　　　）

④ $\frac{10}{11}$　（　　　）

5 次の小数や整数を分数で表しましょう。

各4点(24点)

① 0.7 ( )　② 0.37 ( )　③ 0.029 ( )

④ 1.7 ( )　⑤ 3.07 ( )　⑥ 24 ( )

6 次の数の大小を下の数直線を使って考え、大きい順に数をかきましょう。

全部できて(4点)

㋐ 1.3　㋑ 0.6　㋒ $\frac{4}{5}$　㋓ $\frac{5}{4}$　㋔ $1\frac{1}{2}$　㋕ 2.1

0　1　2

( )

7 次の2つの数のうち、大きいほうの数をかきましょう。

各4点(16点)

① $\frac{5}{8}$　0.6 ( )　② 1.3　$1\frac{1}{4}$ ( )

できたらスゴイ!

③ 0.31　$\frac{1}{3}$ ( )　④ 1.66　$1\frac{2}{3}$ ( )

8 右の表は、3つの建物の高さを表しています。

各4点(8点)

① 学校の高さは、デパートの高さの何倍ですか。小数で表しましょう。

( )

② 学校の高さは、銀行の高さの何倍ですか。分数で表しましょう。

( )

建物の高さ

	高さ(m)
学校	8
デパート	16
銀行	12

学習日　　月　　日

練習 33 等しい分数、約分

答え 21ページ

例題 ★ $\frac{16}{20}$ に等しい分数を2つかきましょう。また、$\frac{16}{20}$ を約分(やくぶん)しましょう。

解き方 ●等しい分数をつくるには、分母と分子に同じ数をかけたり、同じ数でわったりすればよいので、

分母と分子を2でわって　$\frac{16}{20} = \frac{8}{10}$（÷2）　　分母と分子に3をかけて　$\frac{16}{20} = \frac{48}{60}$（×3）

●約分するには、分母と分子を、それらの公約数(こうやくすう)でわっていきます。

分母と分子を2と3でわって　$\frac{12}{18} = \frac{6}{9} = \frac{2}{3}$

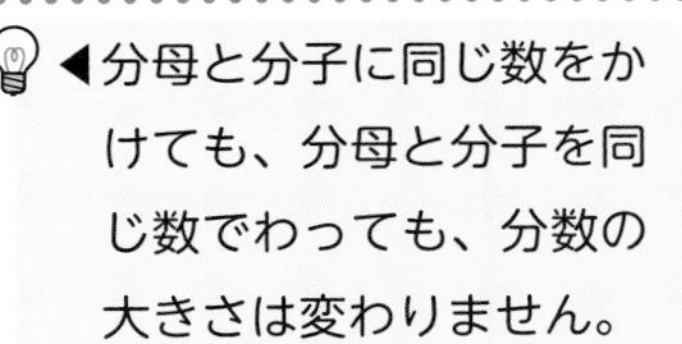

◀分母と分子に同じ数をかけても、分母と分子を同じ数でわっても、分数の大きさは変わりません。

◀分数の分母と分子を同じ数でわって、分母の小さな分数にすることを約分するといいます。

1 □にあてはまる数をかきましょう。

① $\frac{1}{5} = \frac{2}{\square} = \frac{3}{\square} = \frac{\square}{25} = \frac{\square}{40}$

② $\frac{\square}{36} = \frac{12}{18} = \frac{6}{\square} = \frac{4}{\square} = \frac{\square}{3}$

③ $\frac{5}{\square} = \frac{\square}{8} = \frac{15}{\square} = \frac{30}{24} = \frac{60}{\square}$

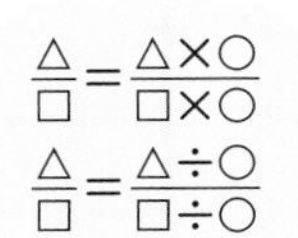

2 次の分数と等しい分数を、分母の小さいものから順に、2つずつかきましょう。

① $\frac{1}{4}$　（　　　）

② $\frac{5}{9}$　（　　　）

③ $\frac{20}{30}$　（　　　）

3 次の分数を約分しましょう。

① $\frac{3}{6}$　（　　　）

② $\frac{6}{10}$　（　　　）

③ $\frac{16}{18}$　（　　　）

④ $\frac{12}{20}$　（　　　）

⑤ $\frac{42}{60}$　（　　　）

⑥ $\frac{24}{56}$　（　　　）

⑦ $\frac{45}{63}$　（　　　）

⑧ $\frac{64}{48}$　（　　　）

よくみて ⑨ $\frac{72}{90}$　（　　　）

ヒント 3 ⑨ 分母と分子の最大公約数(さいだいこうやくすう)がすぐにわからないときは、両方でわることのできる数をさがそう。72は9×8、90は9×10だね。

学習日　月　日

34 通分、大きさくらべ

答え 21ページ

例題

★$\frac{2}{3}$と$\frac{1}{5}$、$\frac{5}{6}$と$\frac{7}{9}$の大きさをそれぞれ通分(つうぶん)してくらべましょう。

解き方 $\frac{2}{3}$と$\frac{1}{5}$

3と5の最小公倍数(さいしょうこうばいすう) 15 を分母とする分数になおします。

$\frac{2}{3}=\frac{2\times5}{3\times5}=\frac{10}{15}$

$\frac{1}{5}=\frac{1\times3}{5\times3}=\frac{3}{15}$

$\frac{2}{3}$のほうが大きい

$\frac{5}{6}$と$\frac{7}{9}$

6と9の最小公倍数 18 を分母とする分数になおします。

$\frac{5}{6}=\frac{5\times3}{6\times3}=\frac{15}{18}$

$\frac{7}{9}=\frac{7\times2}{9\times2}=\frac{14}{18}$

$\frac{5}{6}$のほうが大きい

◀分母がちがう分数を、分母が同じ分数になおすことを通分するといいます。
◀いくつかの分数を通分するには、ふつう、分母の最小公倍数をみつけて、それを分母とする分数になおします。

1 次の分数を通分しましょう。

① $\frac{3}{5}$と$\frac{2}{3}$ (　　　)

② $\frac{3}{4}$と$\frac{5}{6}$ (　　　)

③ $\frac{5}{12}$と$\frac{7}{8}$ (　　　)

④ $\frac{7}{12}$と$\frac{15}{24}$ (　　　)

⑤ $\frac{1}{5}$と$\frac{3}{4}$と$\frac{1}{10}$ (　　　)

⑥ $\frac{2}{7}$と$\frac{5}{6}$と$\frac{2}{3}$ (　　　)

2 次の2つの分数のうち、大きいほうの分数をかきましょう。

① $\frac{2}{3}$と$\frac{3}{4}$ (　　　)

② $\frac{3}{5}$と$\frac{4}{7}$ (　　　)

③ $\frac{8}{9}$と$\frac{13}{15}$ (　　　)

分数の大小は、
それぞれの分数を
通分して、くらべよう！

ヒント 1 ⑥　7と6と3の最小公倍数は42だよ。それぞれの数を42を分母とする分数になおそう。

学習日　月　日

練習 35 分数のたし算とひき算のしかた

答え 22ページ

例題 ★$\frac{1}{4}+\frac{2}{5}$、$\frac{1}{3}-\frac{1}{4}$ の計算をしましょう。

解き方 $\frac{1}{4}+\frac{2}{5}=\frac{5}{20}+\frac{8}{20}=\frac{13}{20}$

$\frac{1}{3}-\frac{1}{4}=\frac{4}{12}-\frac{3}{12}=\frac{1}{12}$

◀分母のちがう分数のたし算、ひき算は、通分(つうぶん)して、分母を同じにしてから計算します。

1 次のたし算をしましょう。

① $\frac{2}{3}+\frac{1}{4}$　② $\frac{2}{5}+\frac{1}{2}$

③ $\frac{3}{7}+\frac{2}{5}$　④ $\frac{2}{9}+\frac{2}{3}$

⑤ $\frac{3}{4}+\frac{1}{6}$　⑥ $\frac{3}{14}+\frac{5}{21}$

⑦ $\frac{8}{15}+\frac{7}{10}$　よくみて ⑧ $\frac{1}{4}+\frac{1}{6}+\frac{1}{6}$

2 次のひき算をしましょう。

① $\frac{3}{5}-\frac{1}{2}$　② $\frac{2}{3}-\frac{1}{5}$

③ $\frac{7}{4}-\frac{1}{2}$　④ $\frac{5}{6}-\frac{5}{12}$

⑤ $\frac{7}{9}-\frac{5}{12}$　⑥ $\frac{23}{15}-\frac{9}{10}$

⑦ $\frac{11}{12}-\frac{7}{8}$　⑧ $\frac{10}{21}-\frac{3}{14}$

ヒント 1 ⑧ まず $\frac{1}{6}+\frac{1}{6}=\frac{2}{6}=\frac{1}{3}$ として、$\frac{1}{4}+\frac{1}{3}$ を計算しよう。4と3の最小公倍数(さいしょうこうばいすう)は12だよ。

学習日　　月　　日

練習 36 答えが約分できる分数のたし算とひき算

答え 22ページ

例題

★$\frac{2}{3}+\frac{5}{6}$、$\frac{5}{6}-\frac{7}{12}$ の計算をしましょう。

解き方 $\frac{2}{3}+\frac{5}{6}=\frac{4}{6}+\frac{5}{6}=\frac{9}{6}=\frac{3}{2}\left(1\frac{1}{2}\right)$

$\frac{5}{6}-\frac{7}{12}=\frac{10}{12}-\frac{7}{12}=\frac{3}{12}=\frac{1}{4}$

◀答えが約分（やくぶん）できるときは、約分しておきます。

1 次のたし算をしましょう。

① $\frac{1}{2}+\frac{1}{6}$　　② $\frac{7}{10}+\frac{1}{6}$

③ $\frac{1}{5}+\frac{3}{10}$　　④ $\frac{5}{12}+\frac{3}{4}$

⑤ $\frac{9}{14}+\frac{5}{6}$　　⑥ $\frac{2}{21}+\frac{9}{28}$

⑦ $\frac{7}{10}+\frac{1}{20}$　　⑧ $\frac{1}{15}+\frac{1}{30}$

2 次のひき算をしましょう。

約分できるかな？

① $\frac{3}{5}-\frac{1}{10}$　　② $\frac{2}{3}-\frac{1}{24}$

③ $\frac{5}{6}-\frac{2}{15}$　　④ $\frac{9}{10}-\frac{1}{6}$

⑤ $\frac{7}{12}-\frac{1}{4}$　　⑥ $\frac{9}{14}-\frac{1}{6}$

⑦ $\frac{11}{20}-\frac{5}{12}$　　⑧ $\frac{8}{21}-\frac{3}{14}$

ヒント 1 ⑦ 10と20の最小公倍数（さいしょうこうばいすう）は20だね。最後に約分できるかを、必ず確（たし）かめよう。

学習日　月　日

練習 37 仮分数や3つの分数のたし算とひき算

答え 23ページ

例題

★$\frac{7}{2}-\frac{11}{6}$、$\frac{1}{2}+\frac{2}{3}-\frac{5}{6}$ の計算をしましょう。

解き方 $\frac{7}{2}-\frac{11}{6}=\frac{21}{6}-\frac{11}{6}=\frac{10}{6}=\frac{5}{3}\left(1\frac{2}{3}\right)$

$\frac{1}{2}+\frac{2}{3}-\frac{5}{6}=\frac{3}{6}+\frac{4}{6}-\frac{5}{6}=\frac{2}{6}=\frac{1}{3}$

◀仮分数（かぶんすう）のたし算、ひき算も、3つの分数のたし算、ひき算も、通分（つうぶん）してから計算します。答えが約分（やくぶん）できるときは、約分しておきます。

1 次の計算をしましょう。

① $\frac{4}{3}+\frac{1}{4}$

② $\frac{1}{2}+\frac{6}{5}$

③ $\frac{7}{6}+\frac{5}{8}$

④ $\frac{10}{9}+\frac{13}{12}$

⑤ $\frac{6}{5}+\frac{5}{4}$

⑥ $\frac{7}{4}-\frac{1}{3}$

⑦ $\frac{11}{9}-\frac{5}{6}$

⑧ $\frac{13}{8}-\frac{5}{4}$

⑨ $\frac{23}{15}-\frac{11}{10}$

3つの数の最小公倍数（さいしょうこうばいすう）は、いちばん大きい数の倍数に目をつけると、はやくみつかるよ。
6……6、⑫、18、…
3……3、6、9、⑫、…
4……4、8、⑫、…

2 次の計算をしましょう。

① $\frac{1}{3}+\frac{3}{4}+\frac{1}{6}$

② $\frac{3}{5}+\frac{3}{10}-\frac{5}{6}$

③ $1-\frac{5}{24}-\frac{1}{4}$

④ $\frac{1}{2}-\frac{2}{5}+\frac{1}{10}$

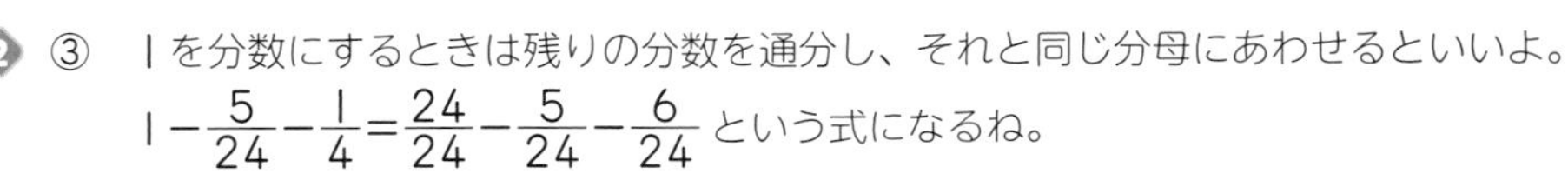

❷ ③ 1を分数にするときは残りの分数を通分し、それと同じ分母にあわせるといいよ。
$1-\frac{5}{24}-\frac{1}{4}=\frac{24}{24}-\frac{5}{24}-\frac{6}{24}$ という式になるね。

学習日　　月　　日

練習 38 帯分数のはいったたし算

答え 23ページ

例題

★$2\frac{1}{6}+1\frac{1}{2}$ の計算をしましょう。

解き方 ① 仮分数になおして計算する。

$2\frac{1}{6}+1\frac{1}{2}$

$=\frac{13}{6}+\frac{3}{2}=\frac{13}{6}+\frac{9}{6}$

$=\frac{\overset{11}{\cancel{22}}}{\underset{3}{\cancel{6}}}=\frac{11}{3}\left(3\frac{2}{3}\right)$

② 整数と分数に分けて計算する。

$2\frac{1}{6}+1\frac{1}{2}=(2+1)+\left(\frac{1}{6}+\frac{1}{2}\right)$

$=3+\frac{1}{6}+\frac{3}{6}$

$=3+\frac{\overset{2}{\cancel{4}}}{\underset{3}{\cancel{6}}}=3\frac{2}{3}$

◀帯分数のはいったたし算は、解き方①、②のどちらかで計算します。

1 次のたし算をしましょう。

① $1\frac{1}{4}+\frac{2}{3}$

② $\frac{5}{7}+2\frac{1}{3}$

③ $1\frac{5}{6}+2\frac{1}{2}$

④ $4\frac{1}{3}+2\frac{1}{2}$

⑤ $2\frac{3}{8}+1\frac{5}{6}$

⑥ $1\frac{3}{10}+1\frac{4}{5}$

⑦ $1\frac{5}{12}+1\frac{1}{15}$

＋－計算に強くなる！×÷

分数の計算をしたあとは、必ず約分ができるかどうか確かめよう。

2 例のように小数は分数になおして計算しましょう。

（例） $1\frac{1}{5}+0.7$

$=1\frac{1}{5}+\frac{7}{10}=\frac{6}{5}+\frac{7}{10}$

$=\frac{12}{10}+\frac{7}{10}$

$=\frac{19}{10}\left(1\frac{9}{10}\right)$

① $0.3+1\frac{1}{2}$

よくみて

② $2\frac{3}{4}+0.8$

ヒント ２ ② $2\frac{3}{4}$ を仮分数になおすと、$\frac{8}{4}+\frac{3}{4}$ で $\frac{11}{4}$ になるね。0.8 を分数になおすと $\frac{8}{10}$ だね。

学習日　　月　　日

練習 39 帯分数のはいったひき算

答え 24ページ

例題

★$3\frac{1}{10}-1\frac{3}{5}$ を計算しましょう。

◀帯分数のはいったひき算は、解き方①、②のどちらかで計算します。

解き方 ① 仮分数になおして計算する。

$3\frac{1}{10}-1\frac{3}{5}$

$=\frac{31}{10}-\frac{8}{5}=\frac{31}{10}-\frac{16}{10}$

$=\frac{\cancel{15}^{3}}{\cancel{10}_{2}}=\frac{3}{2}\left(1\frac{1}{2}\right)$

② 整数と分数に分けて計算する。

$3\frac{1}{10}-1\frac{3}{5}=(3-1)+\left(\frac{1}{10}-\frac{3}{5}\right)$

$=2+\frac{1}{10}-\frac{6}{10}$

$=1+\frac{11}{10}-\frac{6}{10}$

$=1\frac{\cancel{5}^{1}}{\cancel{10}_{2}}=1\frac{1}{2}$

1 次のひき算をしましょう。

① $1\frac{1}{5}-\frac{3}{4}$

② $2\frac{1}{15}-1\frac{9}{10}$

③ $2\frac{1}{6}-1\frac{3}{5}$

④ $3\frac{5}{12}-1\frac{7}{8}$

⑤ $2\frac{2}{9}-1\frac{3}{4}$

⑥ $3\frac{3}{7}-1\frac{17}{28}$

⑦ $3-1\frac{8}{15}$

⑦は、
$3=2+1$
$=2+\frac{15}{15}$ と
考えるといいよ。

2 例のように小数は分数になおして計算しましょう。

(例) $1\frac{1}{4}-0.3$

$=\frac{5}{4}-\frac{3}{10}=\frac{25}{20}-\frac{6}{20}$

$=\frac{19}{20}$

① $2\frac{3}{5}-0.7$

よくみて

② $1.5-\frac{5}{6}$

2 ② まず、小数を分数になおすと、$1.5-\frac{5}{6}=\frac{15}{10}-\frac{5}{6}$ となるね。計算のとちゅうで約分できるときはしておこう。

学習日　　月　　日

練習 40 時間と分数

答え 24ページ

例題

★次の問いに答えましょう。

① $\frac{1}{3}$ 時間は何分ですか。

② 15分は何時間ですか。

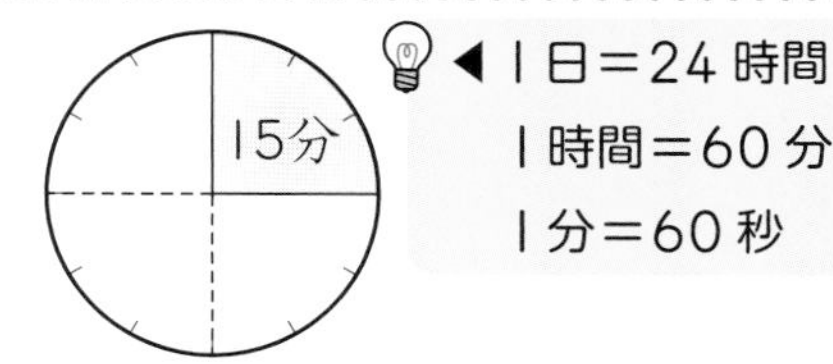

◀ 1日＝24時間
1時間＝60分
1分＝60秒

解き方 時計の文字盤(ばん)を見て考えましょう。

① 1時間は60分なので、

$\frac{1}{3}$ 時間は60分を3つに分けた1つ分で、

60÷3＝20　　20分

② 60÷15＝4　15分は60分を4つに分けた1つ分なので、

$\frac{1}{4}$ 時間

1 □にあてはまる数をかきましょう。

① $\frac{1}{5}$ 時間は、60分を□つに分けた1つ分なので、60÷5＝□　□分

② 60÷20＝3より、20秒は、60秒を□つに分けた1つ分なので、□分

2 右の表の㋐～㋒にあてはまる数をかきましょう。

1分は60秒だから、60分は60×60秒だね。

㋐（　　）

㋑（　　）

㋒（　　）

時間、分、秒の関係

時間	分	秒
㋐	㋑	1
㋒	1	60
1	60	3600

3 （　）の中の単位で表しましょう。

① $\frac{1}{2}$ 時間　（分）

（　　）

② $\frac{1}{6}$ 分　（秒）

（　　）

③ 20分　（時間）

（　　）

④ 10秒　（分）

（　　）

3 ② $\frac{1}{6}$ 分は、1分＝60秒を6つに分けた1つ分だよ。

④ 1分＝60秒だから、10秒は1分を6つに分けた1つ分だね。

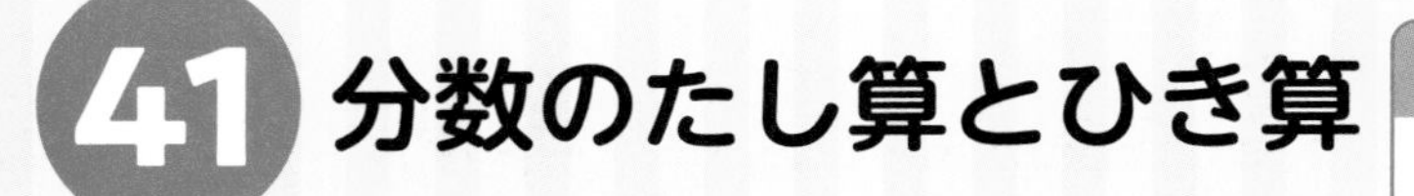

学習日　　月　　日

時間 30 分　　／100　合格 80 点

答え 25 ページ

1 □にあてはまる数をかきましょう。

各2点(22点)

① $\frac{1}{4}=\frac{2}{\square}=\frac{3}{\square}=\frac{\square}{20}=\frac{\square}{40}$

② $\frac{24}{72}=\frac{8}{\square}=\frac{4}{\square}=\frac{1}{\square}$

③ $\frac{2}{\square}=\frac{\square}{6}=\frac{16}{24}=\frac{\square}{36}=\frac{32}{\square}$

2 次の分数を約分(やくぶん)しましょう。

各2点(6点)

① $\frac{49}{56}$　　② $\frac{36}{96}$　　③ $\frac{42}{102}$

(　　　)　(　　　)　(　　　)

3 次の２つの分数のうち、大きいほうの分数をかきましょう。

各3点(6点)

① $\frac{4}{9}$ と $\frac{7}{15}$　　② $\frac{11}{15}$ と $\frac{18}{25}$

(　　　)　(　　　)

4 次のたし算をしましょう。

各3点(18点)

① $\frac{2}{3}+\frac{1}{5}$　　② $\frac{1}{2}+\frac{3}{7}$

③ $\frac{1}{6}+\frac{3}{8}$　　④ $\frac{3}{4}+\frac{5}{8}$

⑤ $\frac{6}{5}+\frac{4}{15}$　　⑥ $\frac{7}{6}+\frac{15}{14}$

5 次のひき算をしましょう。

各3点(18点)

① $\frac{2}{3}-\frac{1}{2}$

② $\frac{5}{9}-\frac{1}{3}$

③ $\frac{3}{4}-\frac{2}{3}$

④ $\frac{3}{4}-\frac{3}{5}$

⑤ $\frac{13}{10}-\frac{7}{6}$

⑥ $\frac{15}{9}-\frac{1}{2}$

6 次の計算をしましょう。

各3点(18点)

① $4\frac{1}{3}+2\frac{1}{5}$

② $1\frac{17}{20}+\frac{5}{12}$

③ $2\frac{5}{6}+1\frac{4}{9}$

④ $2\frac{2}{5}-\frac{9}{10}$

⑤ $3\frac{5}{6}-1\frac{6}{7}$

⑥ $5\frac{1}{18}-3\frac{1}{2}$

7 次の計算をしましょう。小数は分数になおして、計算しましょう。

各3点(12点)

① $\frac{2}{3}+\frac{1}{6}+\frac{2}{9}$

② $1\frac{1}{2}+\frac{1}{6}-\frac{1}{9}$

③ $\frac{7}{8}-\frac{4}{5}+1\frac{1}{2}$

できたらスゴイ!

④ $2\frac{3}{4}-1.4+\frac{1}{6}$

学習日　　月　　日

練習 42 平行四辺形の面積

答え　26ページ

例題

★右の平行四辺形の面積を求めましょう。

解き方 公式にあてはめて求めます。

3×5＝15　　　答え　15 cm²

（3：底辺　5：高さ）

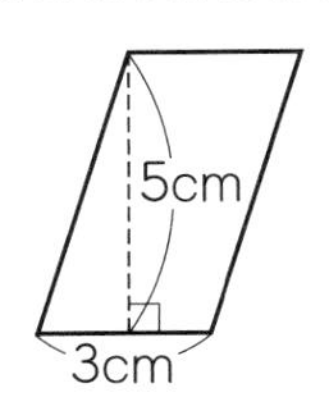

◀平行四辺形の面積
＝底辺×高さ

底辺と、底辺に平行な辺の間のはばを高さといいます。

次の平行四辺形の面積を求めましょう。

① 底辺6cm、高さ8cmの平行四辺形　（　　　）

② 底辺9m、高さ3mの平行四辺形　（　　　）

次の平行四辺形の面積を求めましょう。

①

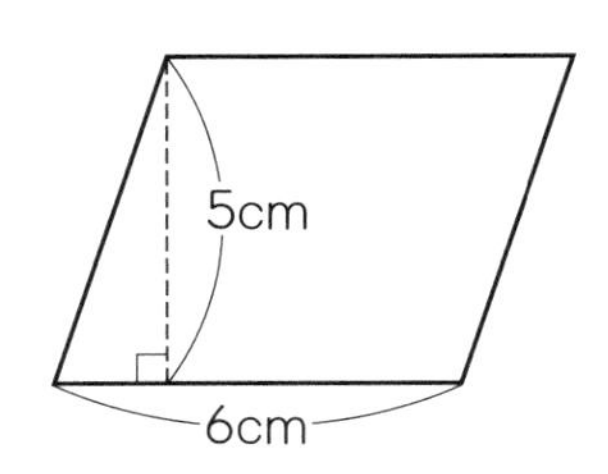

（　　　）

②

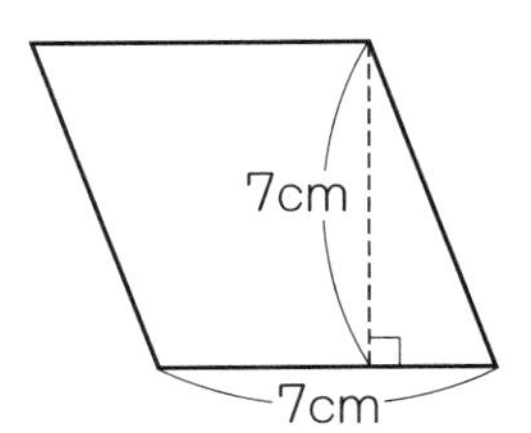

（　　　）

③

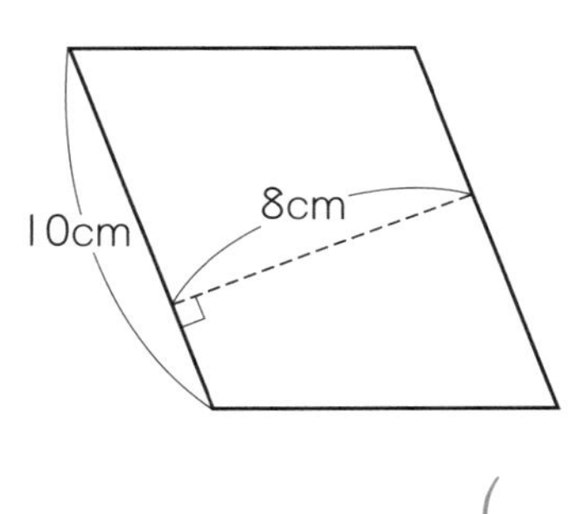

（　　　）

④

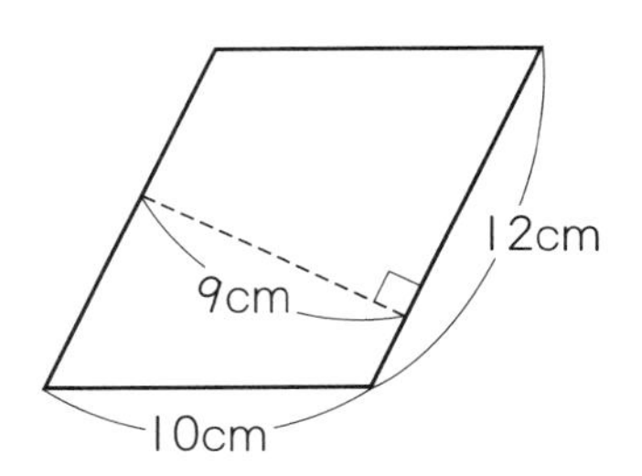

（　　　）

⑤

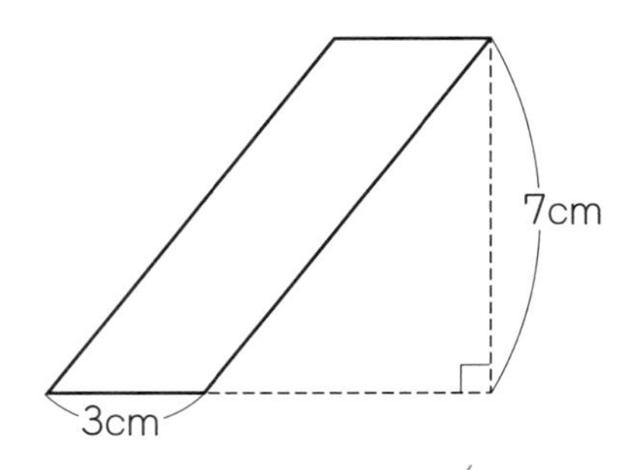

（　　　）

高さは、2つの平行な辺の間のはばだから、⑤は、3cmの辺を底辺とみれば、7cmが高さになるね。

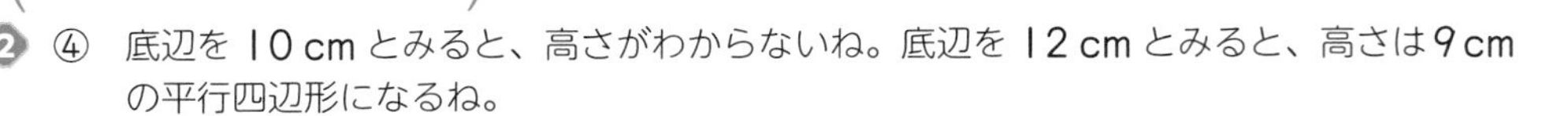

❷ ④ 底辺を10cmとみると、高さがわからないね。底辺を12cmとみると、高さは9cmの平行四辺形になるね。

43 三角形の面積

学習日　　月　　日

答え 26ページ

例題

★右の三角形の面積を求めましょう。

解き方 公式にあてはめて求めます。

8×4÷2＝16　　　　答え　16 cm²

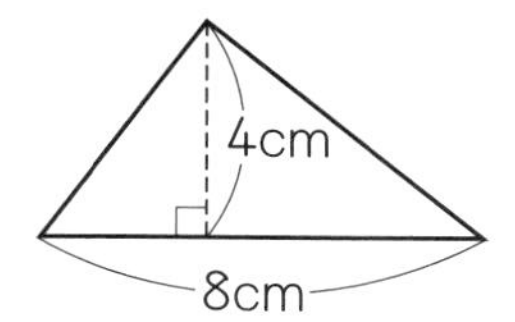

◀三角形の面積
＝底辺×高さ÷2

1 下の方眼の1目は1cmです。①、②、③の三角形の面積を求めましょう。

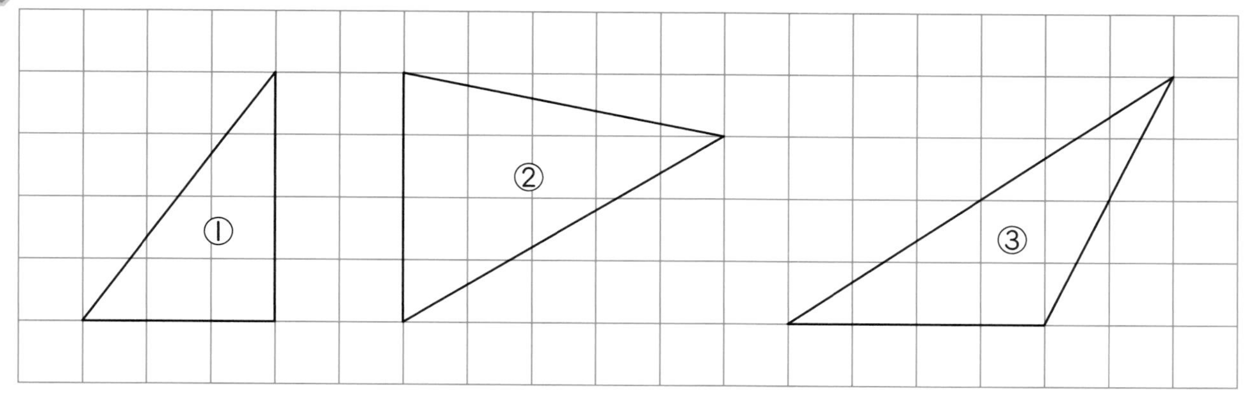

①（　　　　）　②（　　　　）　③（　　　　）

2 下の三角形の面積を求めましょう。

①

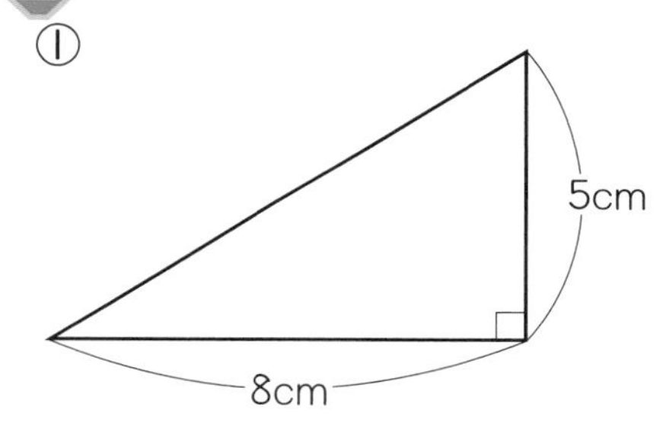

②

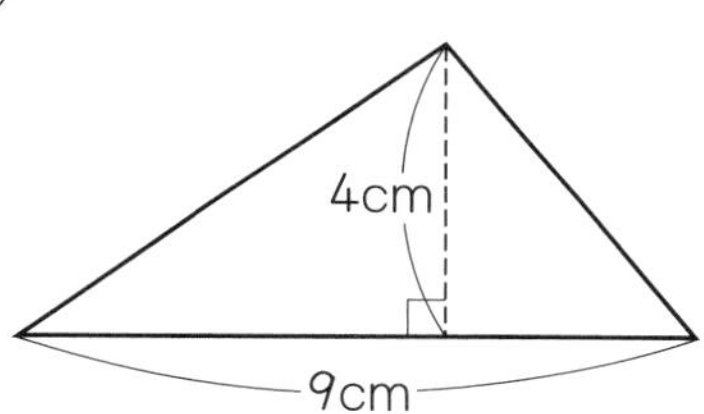

③

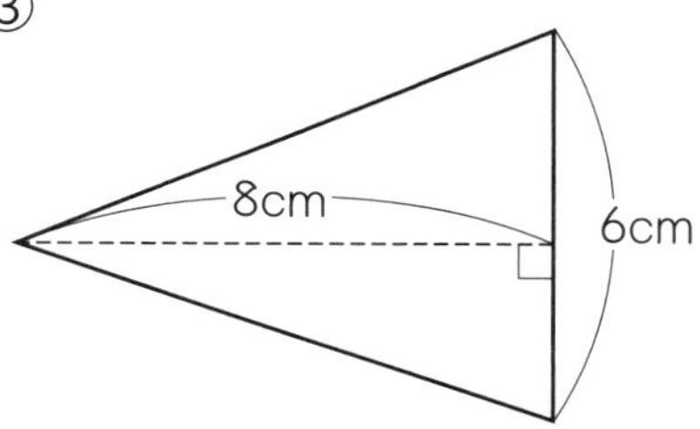

（　　　　）　（　　　　）　（　　　　）

④

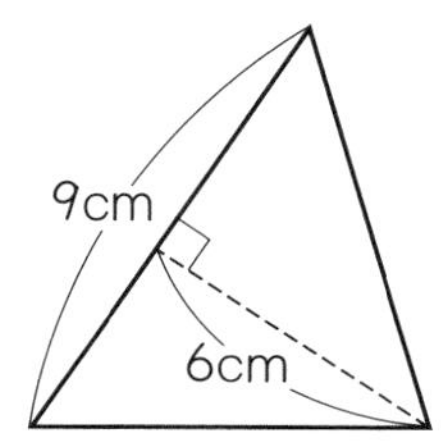

⑤

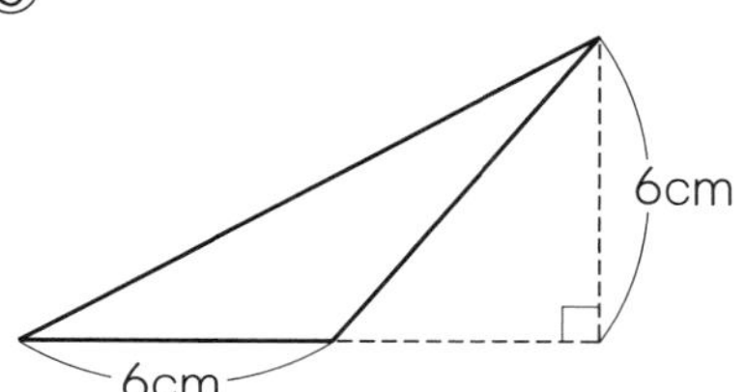

⑥

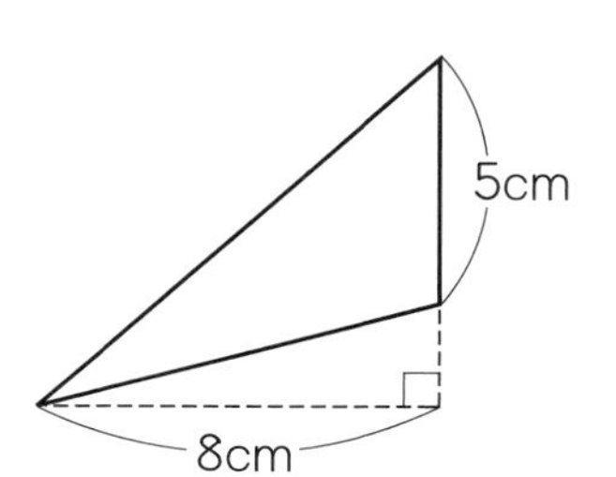

（　　　　）　（　　　　）　（　　　　）

ヒント　**2** ④　わかりにくければ向きをかえてみよう。向きをかえると底辺が9cm、高さが6cmの三角形になるね。

学習日　　月　　日

44 台形、ひし形の面積

答え 27ページ

例題

★次の台形とひし形の面積を求めましょう。

解き方 公式にあてはめて求めます。

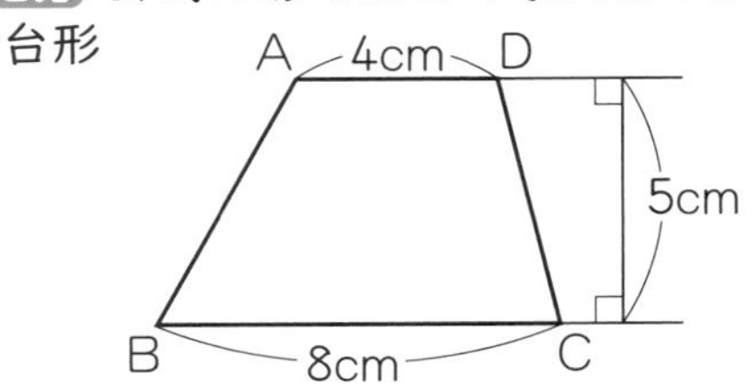

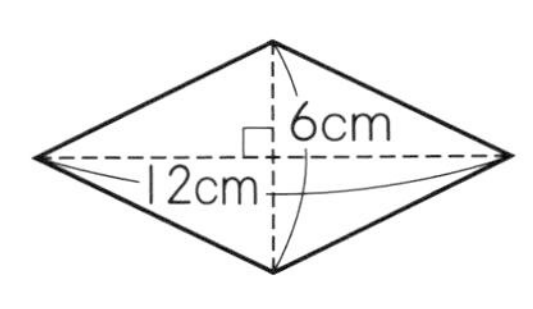

$(4+8)\times5\div2=30$　　30 cm²

$12\times6\div2=36$　　36 cm²

◀台形の面積
＝(上底＋下底)×高さ÷2

◀ひし形の面積
＝対角線×対角線÷2

1 下の台形とひし形の面積を求めましょう。

①

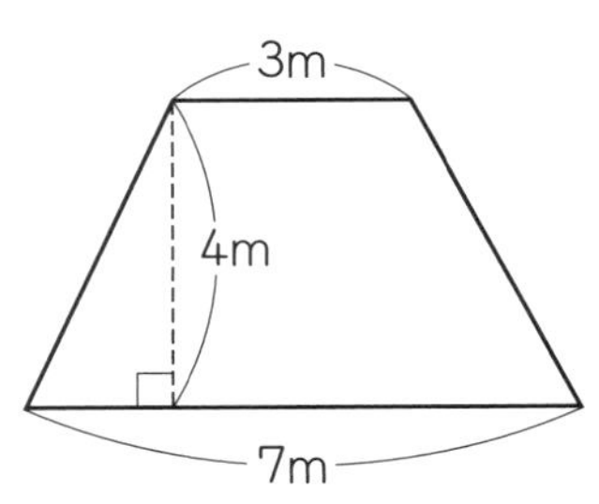

(　　　　　)

②

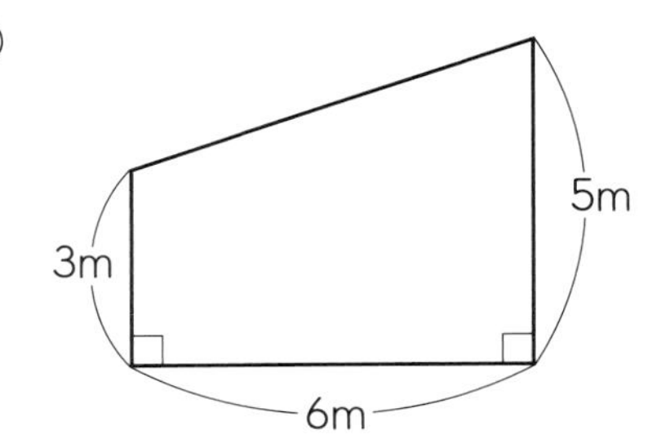

(　　　　　)

③

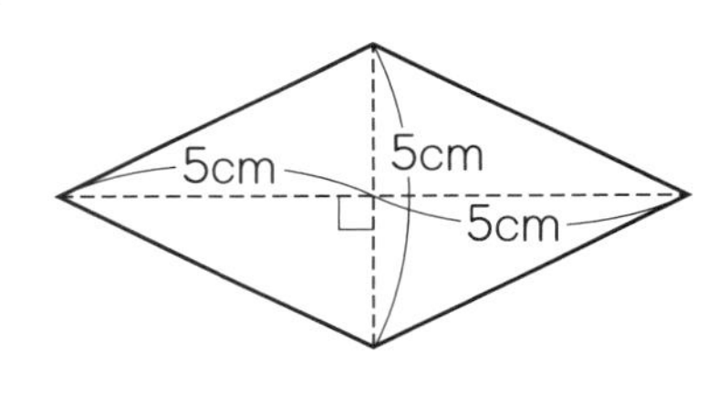

(　　　　　)

＋－計算に強くなる！×÷

三角形、平行四辺形、台形、ひし形など図形の面積を求めるには、まず、公式を正しくおぼえることが大切だよ。

2 次の面積を求めましょう。

① 上底が7cm、下底が9cm、高さが6cmの台形の面積

(　　　　　)

② 2つの対角線の長さが8cmと12cmのひし形の面積

(　　　　　)

どの公式を使えばいいかな？

ヒント　1 ② 上底が3m、下底が5m、高さが6mの台形だね。わかりにくければ向きをかえてみよう。

学習日　　月　　日

45 いろいろな形の面積

答え 27ページ

例題

★右の四角形の面積を求めましょう。

解き方 三角形 ABC と三角形 CDA に分けて求めます。

三角形 ABC の面積は

$9\times2\div2=9$　　9 cm²

三角形 CDA の面積は

$9\times6\div2=27$　　27 cm²

だから、四角形の面積は、$9+27=36$　　36 cm²

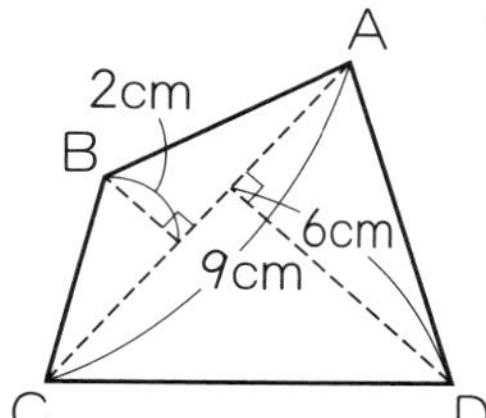

◀いろいろな形の面積も三角形に分けて求めることができます。

1 下の図形の面積を求めましょう。

①

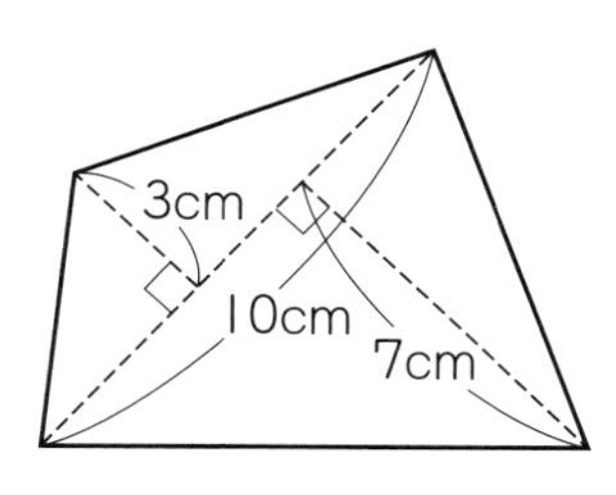

（　　　　）

②

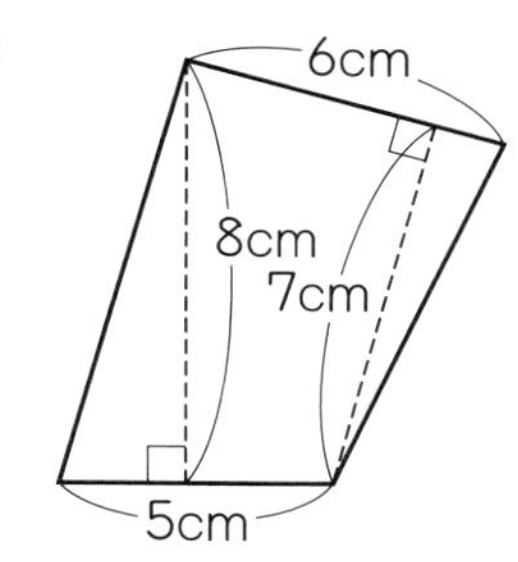

（　　　　）

③

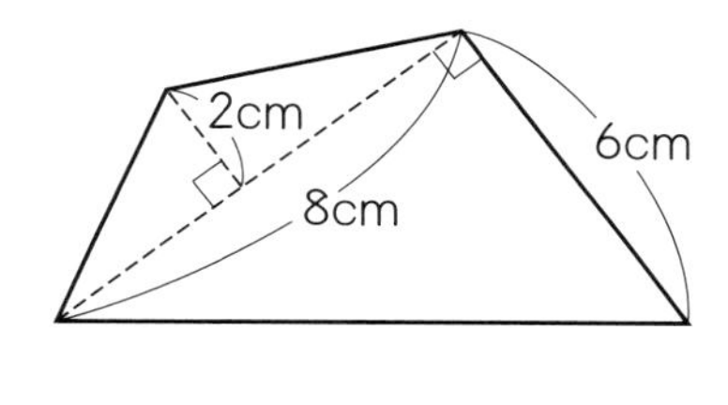

（　　　　）

よくみて

④

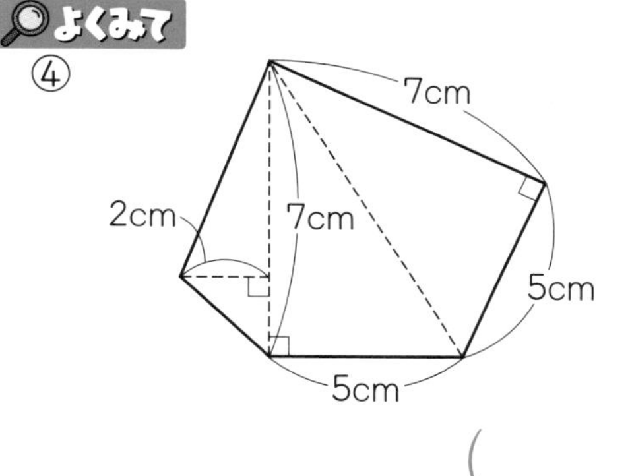

（　　　　）

2 下の方眼の１目は１cm です。①、②の図形の面積を求めましょう。

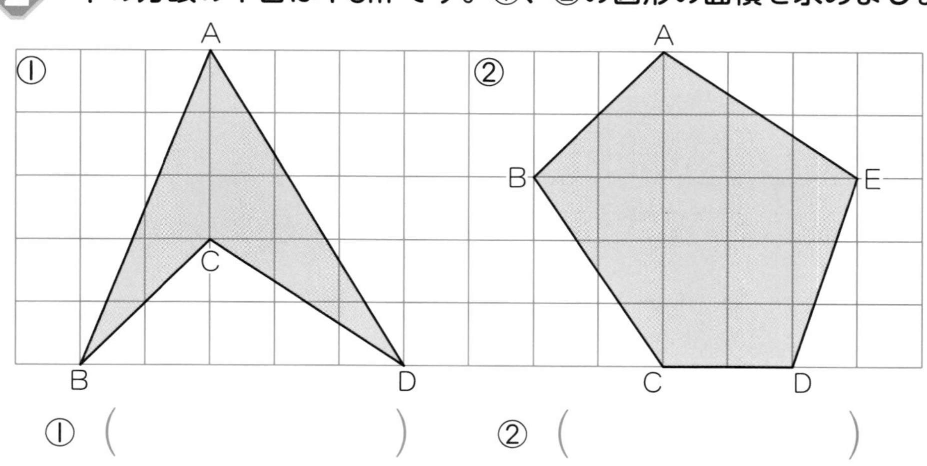

①（　　　　）　②（　　　　）

線をどうひけば三角形に分けられるかな？

ヒント　1 ②　三角形に分けて求めるよ。どのように分けたらいいかを図にかいてみよう。

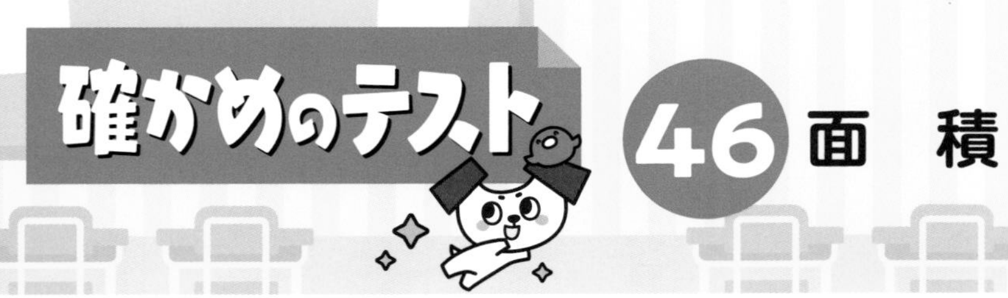

46 面　積

答え 28 ページ

1 下の方眼の１目は 0.5 cm です。①～⑨の面積を求めましょう。　各6点(54点)

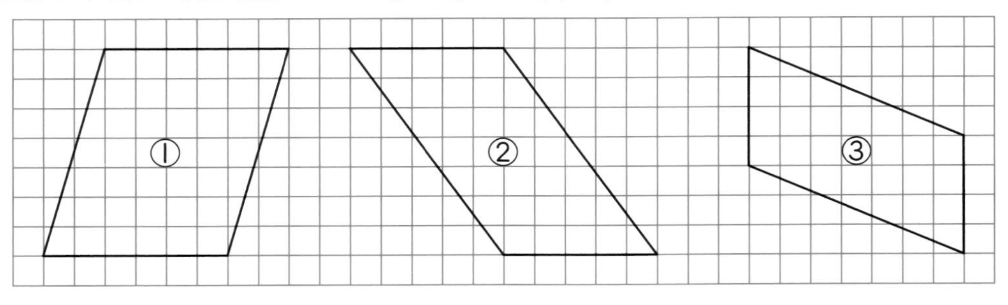

①（　　　　　）　②（　　　　　）　③（　　　　　）

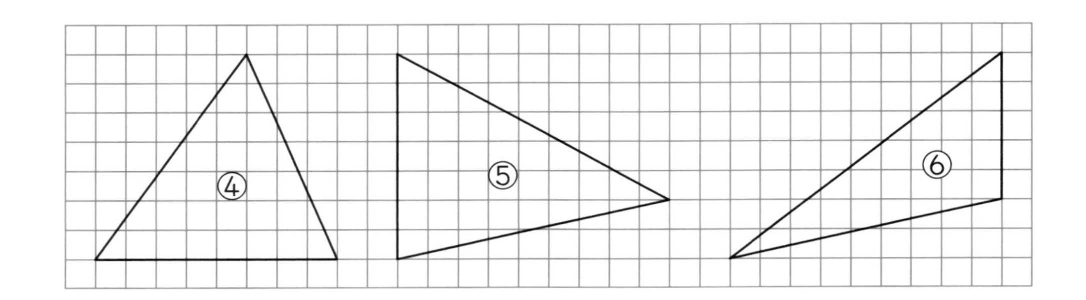

④（　　　　　）　⑤（　　　　　）　⑥（　　　　　）

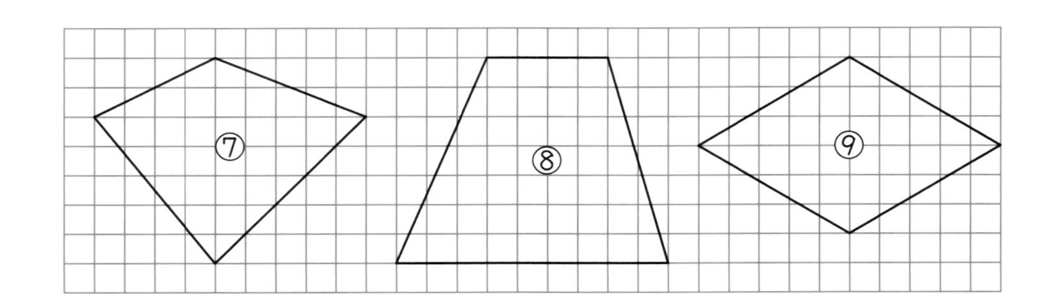

⑦（　　　　　）　⑧（　　　　　）　⑨（　　　　　）

わくわく　算数
（啓林館）

	教科書のもくじ	本書のページ
1	整数と小数	2～3
2	体　積	4～7
3	比　例	—
4	小数のかけ算	8～14 16～17
5	小数のわり算	18～25
6	割合（1）	15、17 23、25
7	合同な図形	28～31
8	整　数	32～35
9	分　数	36～46 48～49
10	面　積	50～55
11	平均とその利用	56～59
12	単位量あたりの大きさ	60～61
13	割合（2）	64～66 68～69
14	円と正多角形	70～71
15	割合のグラフ	67、69
16	角柱と円柱	—
17	速　さ	72～77
18	変わり方	—
●	もうすぐ６年生	79～80

みんなと学ぶ　小学校　算数
（学校図書）

	教科書のもくじ	本書のページ
1	小数と整数	2～3
2	合同な図形	—
3	比例	—
4	平均	56～59
5	倍数と約数	32～35
6	単位量あたりの大きさ(1)	60～61
7	小数のかけ算	8～14 16～17
8	小数のわり算	18～25
●	倍の計算～小数倍～	15、17 23、25
9	図形の角	28～31
10	単位量あたりの大きさ(2)	72～77
11	分数のたし算とひき算	40～46 48～49
12	分数と小数・整数	36～39
13	割合(1)	64、68
14	図形の面積	50～55
15	正多角形と円	70～71
16	体積	4～7 13、17
17	割合（2）	65～66 68～69
18	いろいろなグラフ	67、69
19	立体	—
20	データの活用	—
21	５年のまとめ	79～80

小学算数
（日本文教出版）

小学　算数
（教育出版

2 右の図のように、長方形をあ、い、うの３つに分けました。いは平行四辺形です。
あ、い、うの面積をそれぞれ求めましょう。

各6点(18点)

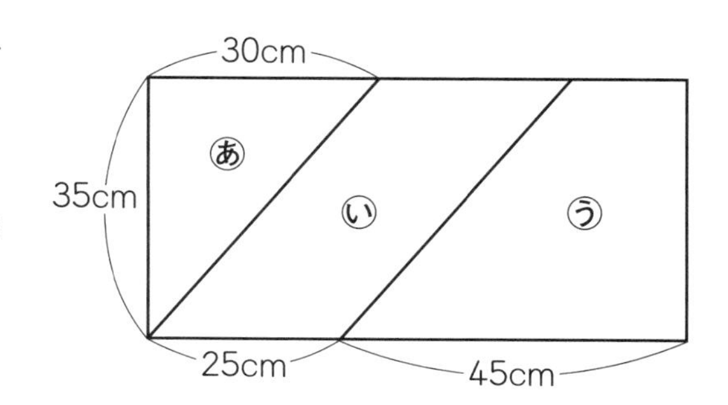

あ（　　　　）　い（　　　　）　う（　　　　）

3 **次の長さを求めましょう。**

各6点(18点)

① 面積が 56 cm² で、底辺の長さが 8 cm の平行四辺形の高さ

（　　　　）

② 面積が 31.5 cm² で、底辺の長さが 3.5 cm の三角形の高さ

（　　　　）

③ 面積が 58.5 cm² で、上底が 7 cm、下底が 6 cm の台形の高さ

（　　　　）

できたらスゴイ!

4 **次の長方形ＡＢＣＤ、平行四辺形ＥＦＧＨで、色のついた部分の面積を求めましょう。**

各5点(10点)

①

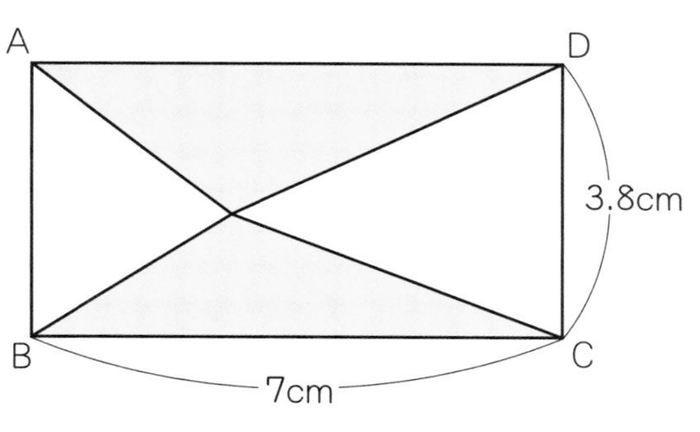

②

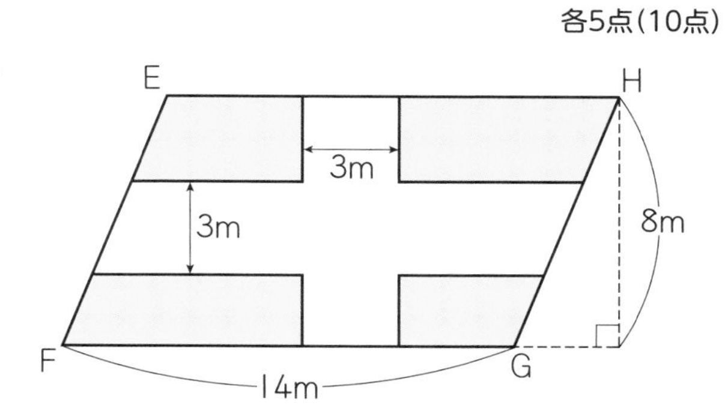

（　　　　）　（　　　　）

学習日　　月　　日

練習 47 平均

答え 29ページ

例題

★5個のりんごの重さをはかったら184g、225g、209g、197g、210gでした。

① このりんご5個の重さは、合計何gですか。

② このりんご1個の平均の重さは何gですか。

解き方 ① 184＋225＋209＋197＋210＝1025

答え 1025g

② 1025÷5＝205

答え 205g

◀いくつかの数量を、同じ大きさになるようにならしたものを、それらの数量の平均といいます。

◀平均は、数量の合計を、個数でわれば求められます。

1 次の平均を求めましょう。

① 体重が28.4kg、31.6kg、26.3kg、29.8kg、31.9kgの男子5人の体重の平均

(　　　　)

② 身長が136cm、142cm、127cm、138cm、130cmの女子5人の身長の平均

(　　　　)

2 5年生が、先週、図書室から借りた本のさっ数は、下のようでした。

図書室から借りた本のさっ数

曜日	月	火	水	木	金
さっ数	6	7	0	5	8

1日平均何さつ借りたことになりますか。

(　　　　)

平均を求めるとさっ数でも小数になることがあるよ。

まちがい注意

3 右の表は、5年1組と2組の人数と身長の平均をまとめたものです。5年1組と2組あわせた身長の平均は何cmですか。

人数と身長の平均

	人数	身長の平均
1組	20人	132.7cm
2組	16人	134.5cm

(　　　　)

3 1組の身長の合計は132.7×20、2組の身長の合計は134.5×16、この2つの合計を5年1組と2組あわせた人数でわればいいよ。

48 平均を使って

学習日　　月　　日

答え 29ページ

例題

★りょうさんが、10歩歩いた道のりは6m 23cmでした。

① りょうさんの歩はばは、何mといえばよいですか。上から2けたの概数（がいすう）で表しましょう。

② りょうさんの家から図書館までの歩数を調べたら、860歩ありました。家から図書館まで、約何mありますか。上から2けたの概数で表しましょう。

◀歩はばが上から2けたの概数のときは、道のりも上から2けたの概数にします。

解き方 ① 6.23÷10＝0.623　　答え　約0.62m

② 0.62×860＝533.2　　答え　約530m

1 はやとさんは家から学校を通って公園に行くまでの道のりを調べました。家から学校までは710歩、学校から公園までは480歩ありました。はやとさんの歩はばは、約0.62mです。

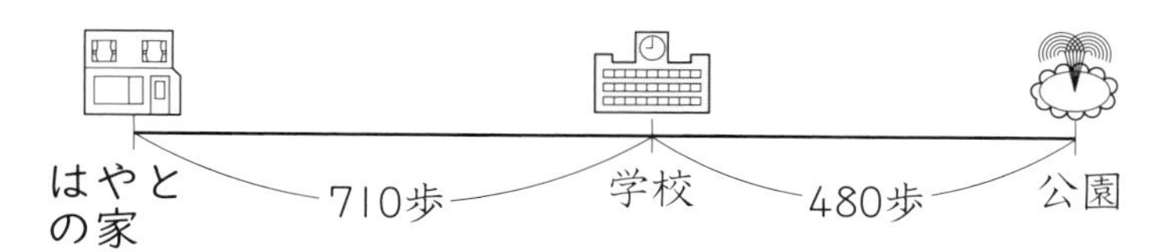

① 家から学校までは、約何mありますか。

（　　　　　）

② 家から学校までと、学校から公園までとは、約何mちがいますか。

（　　　　　）

2 4個（こ）のトマトの重さを1個ずつはかったら、240g、252g、232g、236gでした。トマト1個の平均（へいきん）の重さを、次の2つの方法で求めましょう。

① どれも200gより重いので、200gより重い重さ分の平均を求めてから、200gにたします。

（　　　　　）

まちがい注意

② いちばん軽い232gに目をつけて、232gより重い重さ分の平均を求めてから、232gにたします。

232gより重い重さ分の合計は、8＋20＋0＋4だね。

（　　　　　）

ヒント

1 ① 歩はばは、1歩で進む道のりだよ。家から学校まで710歩だから、式は0.62×710となるね。

学習日　月　日

確かめのテスト 49 平均とその利用

時間 30 分　／100　合格 80 点

答え 30 ページ

1 右の表は、ある家のにわとりが、先週産んだたまごの数を調べたものです。Ⅰ日平均何個のたまごを産んだことになりますか。　(7点)

たまごの数

曜日	日	月	火	水	木	金	土
数(個)	25	22	23	27	22	23	26

(　　　　)

2 6個のたまごの重さをはかったら、次のようでした。
54 g、52 g、53 g、58 g、54 g、53 g　　各7点(14点)

① このたまごⅠ個の平均の重さは何 g ですか。

(　　　　)

② たまご50個の重さは、約何 kg になると考えられますか。

(　　　　)

3 ある野球チームの最近の5試合の得点は、6点、4点、0点、0点、2点でした。Ⅰ試合平均何点とったことになりますか。　(7点)

(　　　　)

4 右の表は、5年Ⅰ組と2組の人数と、それぞれの体重の平均をまとめたものです。5年Ⅰ組と2組あわせた体重の平均は何 kg ですか。　(7点)

体重の平均

	人数	体重の平均
Ⅰ組	20人	37.2 kg
2組	16人	38.1 kg

(　　　　)

5 計算テストの１回目から４回目までの平均は 82 点で、５回目の点数は 97 点でした。
５回の計算テストの平均点は何点になりますか。 (10点)

(　　　　　　　)

6 **りなさんが 10 歩の長さを５回はかったら、5.7 m、5.6 m、5.5 m、5.8 m、5.5 m でした。** 各7点(14点)

① りなさんの歩はばは約何 m ですか。上から２けたの概数(がいすう)で求めましょう。

(　　　　　　　)

② 学校の運動場のまわりを歩いたら、720 歩でした。運動場のまわりは、約何 m ありますか。

(　　　　　　　)

7 **ゆうきさんは、家の近くの長方形の形をした土地の面積を調べようと思って、土地のたて、横の長さを歩数で調べました。**
ゆうきさんの歩はばは約 0.58 m で、たては 51 歩、横は 85 歩ありました。 各7点(21点)

① この土地のたて、横の長さは、それぞれ約何 m ありますか。

たて (　　　　　　　)
横 (　　　　　　　)

② この土地の面積を、上から２けたの概数で求めましょう。

(　　　　　　　)

できたらスゴイ!

8 **なおやさんの走りはばとびの５回の平均は 308 cm でした。**
右の表は、そのときの記録ですが、５回目の記録のところが破(やぶ)れていて、わかりません。

回	1	2	3	4	5
長さ(cm)	305	306	312	307	

各10点(20点)

① ５回の走りはばとびの記録の合計は何 cm ですか。

(　　　　　　　)

② ５回目は何 cm とびましたか。

(　　　　　　　)

学習日　　月　　日

練習 50 単位量あたりの大きさ

答え 31ページ

例題

★面積のわりに人口が多いのは、東京都と大阪府の、どちらですか。

面積と人口

	面積（km^2）	人口（万人）
東京都	2194	1409
大阪府	1905	878

解き方　1 km^2 あたりの人数を調べると

東京都……14090000÷2194
＝6422.0…

大阪府……8780000÷1905
＝4608.9…

答え　東京都のほうが多い

◀人数と面積のように、2つの量で表されたものは「1 km^2 あたり何人」など単位量あたりの大きさでくらべます。

◀1 km^2 あたりの人口のことを人口みつ度といいます。

よくよんで

1 右の表は、学校の2つの花だんA、Bの面積と、そこにうえた球根の数を表したものです。

	面積（m^2）	球根の数（個）
A	5	40
B	6	60

① A、B2つの花だんそれぞれについて、1 m^2 あたりの球根の個数を求めましょう。

A（　　　　　）

B（　　　　　）

② A、B2つの花だんそれぞれについて、球根1個あたりの面積を求めましょう。

A（　　　　　）

B（　　　　　）

③ 花だんAと花だんBとでは、どちらがこんでいるといえますか。

（　　　　　）

2 Aの自動車は24Lのガソリンで300km、Bの自動車は25Lのガソリンで320km走ります。ガソリン1Lあたり長く走るのは、どちらですか。

（　　　　　）

3 鉄と銅のかたまりがあります。それぞれの体積と重さをはかったら、右の表のとおりでした。
鉄と銅ではどちらが重いか、1 cm^3 あたりの重さでくらべてみましょう。

鉄と銅の体積と重さ

	体積（cm^3）	重さ（g）
鉄	20	157
銅	27	241

（　　　　　）

2 Aの自動車がガソリン1Lで走るきょりは300÷24、Bの自動車は320÷25で求められるよ。

学習日　月　日

確かめのテスト 51 単位量あたりの大きさ

時間 30 分　／100　合格 80 点

答え 31 ページ

1 20 本 940 円のえんぴつAと、30 本 1350 円のえんぴつBでは、どちらのほうが安いといえますか。 (20点)

(　　　　)

2 学級園に肥料(ひりょう)をまきます。1組の学級園の広さは 24 m^2 で、まいた肥料は、4.8 kg です。 各15点(30点)

① 1 m^2 あたり何 kg の肥料をまきましたか。

(　　　　)

② 2組の学級園の広さは 30 m^2 です。肥料を1組と同じようにまくとすると、何 kg いりますか。

(　　　　)

3 右の表は、2つの市の人口と面積を表したものです。 各10点(30点)

① 人口みつ度を、それぞれ上から2けたの概数(がいすう)で求めましょう。

人口と面積

	人口(人)	面積(km^2)
A市	108500	117
B市	63750	69

A市 (　　　　)　B市 (　　　　)

② 面積のわりに人口が多いのはどちらですか。

(　　　　)

できたらスゴイ!

4 あるコピー機は4分間に 360 まいコピーができます。このコピー機で、135 まいコピーするのに、何分何秒かかりますか。 (20点)

(　　　　)

52 計算の復習テスト②

本文 33〜61 ページ　答え 32 ページ

1 （　）の中の数の、最小公倍数(さいしょうこうばいすう)を求めましょう。　各3点(9点)

① （4、10）　（　　　）
② （9、12）　（　　　）
③ （12、15、20）　（　　　）

2 （　）の中の数の、最大公約数(さいだいこうやくすう)を求めましょう。　各3点(9点)

① （26、39）　（　　　）
② （31、93）　（　　　）
③ （22、77）　（　　　）

3 次の計算をしましょう。　各2点(36点)

① $\frac{2}{3}+\frac{2}{5}$
② $\frac{3}{7}+\frac{5}{6}$
③ $\frac{1}{8}+\frac{2}{3}$
④ $\frac{7}{8}-\frac{1}{5}$
⑤ $\frac{5}{7}-\frac{2}{3}$
⑥ $\frac{7}{5}-\frac{1}{2}$
⑦ $\frac{3}{10}+\frac{1}{2}$
⑧ $\frac{5}{6}+\frac{3}{10}$
⑨ $\frac{8}{15}+\frac{3}{5}$
⑩ $\frac{3}{4}-\frac{7}{12}$
⑪ $\frac{13}{30}-\frac{3}{20}$
⑫ $\frac{7}{15}-\frac{3}{10}$
⑬ $\frac{9}{7}+\frac{15}{14}$
⑭ $\frac{11}{6}-\frac{1}{3}$
⑮ $\frac{13}{10}-\frac{7}{6}$
⑯ $\frac{2}{3}+\frac{1}{6}+\frac{5}{9}$
⑰ $\frac{1}{2}-\frac{1}{6}-\frac{1}{9}$
⑱ $\frac{9}{8}-\frac{4}{5}+\frac{3}{2}$

4 次の計算をしましょう。 各2点(18点)

① $1\frac{1}{3}+2\frac{2}{5}$　② $2\frac{5}{12}+1\frac{1}{4}$　③ $\frac{5}{6}+2\frac{4}{9}$

④ $1\frac{3}{7}-\frac{2}{3}$　⑤ $2\frac{2}{5}-1\frac{9}{10}$　⑥ $3\frac{5}{6}-1\frac{6}{7}$

⑦ $3-1\frac{1}{4}+2\frac{2}{7}$　⑧ $1\frac{1}{12}+0.6$　⑨ $2\frac{3}{4}-0.9$

5 次のわり算の商を分数で表しましょう。 各3点(9点)

① $6\div7$　② $5\div12$　③ $16\div14$

(　　　)　(　　　)　(　　　)

6 次の分数は小数で、小数は分数で表しましょう。 各2点(12点)

① $\frac{3}{8}$　② $\frac{12}{5}$　③ $\frac{5}{4}$

(　　　)　(　　　)　(　　　)

④ 0.1　⑤ 0.09　⑥ 3.01

(　　　)　(　　　)　(　　　)

7 5個(こ)のみかんの重さを1個ずつはかったら、次のようでした。1個平均(へいきん)何gですか。 (4点)

320g、340g、335g、305g、310g

(　　　)

8 25Lのガソリンで400km走れる自動車Aと、30Lのガソリンで540km走れる自動車Bがあります。1Lのガソリンで多く走れるのは、どちらですか。 (3点)

(　　　)

学習日　　月　　日

53 割合と百分率

答え 33ページ

例題

★次の問いに答えましょう。

① 5mは4mの何倍ですか。それを百分率（ひゃくぶんりつ）で表すと何%ですか。

② 4mは5mの何倍ですか。それを百分率で表すと何%ですか。

解き方 ① 5mがくらべる量、4mがもとにする量で、5÷4=1.25　1.25倍

百分率で表すと、0.01が1%で、125%

② 4mがくらべる量、5mがもとにする量で、4÷5=0.8　0.8倍

百分率で表すと、0.01が1%で、80%

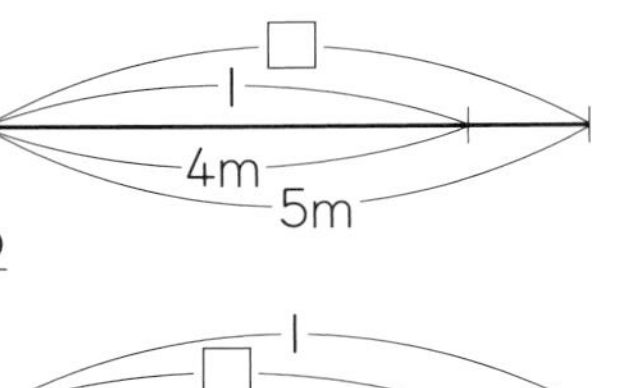

◀ある量をもとにして、くらべる量がもとにする量の何倍にあたるかを表した数を割合（わりあい）といいます。

割合＝くらべる量÷もとにする量

◀0.01倍のことを1%（1パーセント）といい、この表し方を百分率といいます。

1 □にあてはまる数をかきましょう。

① 20人は5人の□倍です。

② 11kgは55kgの□倍です。

③ 56Lは80Lの□倍です。

100%=1
10%=0.1
1%=0.01 だよ。

2 次の小数で表した割合を百分率で、百分率は小数で表しましょう。

① 0.3　（　　）　② 0.06　（　　）　③ 0.48　（　　）

④ 8%　（　　）　⑤ 65%　（　　）　⑥ 180%　（　　）

3 □にあてはまる数をかきましょう。

① 10人は100人の□倍で、□%です。

② 8Lは40Lの□倍で、□%です。

③ 40円は200円の□倍で、□%です。

④ 15kmは12kmの□倍で、□%です。

⑤ 196kgは800kgの□倍で、□%です。

ヒント　3 ① くらべる量は10で、もとにする量は100だね。10÷100で何倍かを求めるよ。

学習日　　月　　日

練習 54 くらべる量を求める

答え 33ページ

例題

★□にあてはまる数をかきましょう。

① 240gの25%は□gです。

② □gは240gの40%です。

◀くらべる量
＝もとにする量×割合（わりあい）

解き方 ① 25%を小数で表すと0.25（倍）
だから、240×0.25＝60　　答え　60

② 40%を小数で表すと0.4（倍）
だから、240×0.4＝96　　答え　96

0.25　1　□g　240g

0.4　1　□g　240g

1 □にあてはまる数をかきましょう。

① 400gの79%は□gです。

② 250人の8%は□人です。

③ 2dLの70%は□dLです。

④ 700mの85%は□mです。

⑤ 15Lの120%は□Lです。

くらべる量を
求めるときは、
かけ算を
使うんだね！

2 □にあてはまる数をかきましょう。

① □m^2は1200m^2の3%です。

② □円は960円の15%です。

③ □Lは15Lの20%です。

④ □mは500mの110%です。

⑤ □人は50人の144%です。

●□m^2は1200m^2の3%
●1200m^2の3%は□m^2
どちらも同じよ。

1 ④　85%は小数で表すと0.85だね。
2 ⑤　144%は小数で表すと1.44だよ。

学習日　　月　　日

練習 55 もとにする量を求める

答え 34ページ

例題

★□にあてはまる数をかきましょう。

① 150円は□円の30％です。

② □円の20％は60円です。

◀もとにする量
＝くらべる量÷割合（わりあい）

解き方 ① 30％を小数で表すと0.3（倍）
だから、150÷0.3＝500　　答え　500

② 20％を小数で表すと0.2（倍）
だから、60÷0.2＝300　　答え　300

（図：0.3、150円、□円／0.2、60円、□円）

1 □にあてはまる数をかきましょう。

① □ cm^2 の8％は48 cm^2 です。

② □Lの18％は45Lです。

③ □人の17％は510人です。

④ □円の25％は1000円です。

⑤ □mの125％は5000mです。

①は、□ cm^2 がもとにする量、
8％が割合、
48 cm^2 がくらべる量だよ。

2 □にあてはまる数をかきましょう。

① 150円は□円の5％です。

② 60kgは□kgの12％です。

③ 48人は□人の30％です。

④ 6300円は□円の120％です。

⑤ 1200mは□mの150％です。

①は、□円の5％は、150円と
かきかえるとかん単だよ。

ヒント
1 ② 18％は小数で表すと0.18だね。
2 ⑤ 150％は小数で表すと1.5だよ。

学習日　　月　　日

56 割合のグラフ

答え 34ページ

例題

★下の帯(おび)グラフは、ある食品にふくまれる成分A、B、C、D、Eの重さの割合(わりあい)を表したものです。

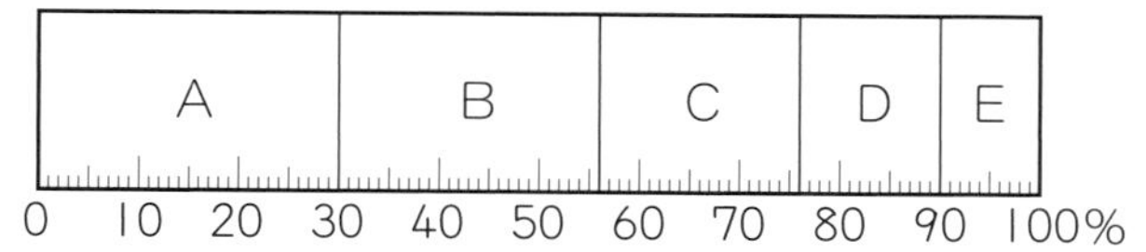

◀全体を長方形で表し、直線で区切って、割合を表したグラフを帯グラフといいます。

① A、Bの重さの割合は、それぞれ全体の何％ですか。

② Aの重さはCの重さの何倍ですか。

解き方 ① 目もりをよんで、A…30％、B…26％

② Aは30％、Cは20％だから、30÷20＝1.5　　1.5倍

1 右の円グラフは、ある小学校の720人の全児童がどの町から通学しているかを調べたものです。

① A町の児童数は、全体の何％ですか。

（　　　　　）

② A町の児童数は、何人ですか。

（　　　　　）

③ D町の児童数は、C町の児童数の何倍ですか。

（　　　　　）

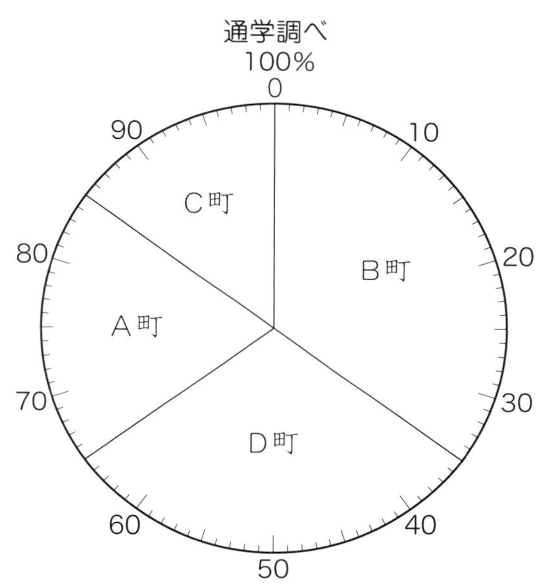

全体を円で表し、半径で区切って割合を表したグラフを円グラフというよ。

2 下の表は、ある会社が1年間に使った金額(きんがく)を調べたものです。

1年間に使った金額

	材料費	製造費(せいぞうひ)	人件費(じんけんひ)	その他	合　計
金額（百万円）	112	98	42	28	280
百分率(ひゃくぶんりつ)（％）	㋐	㋑	㋒	㋓	㋔

① それぞれの金額が全体の何％になるかを求めて、上の表の㋐～㋔にかきましょう。

② 帯グラフにしましょう。

1年間に使った金額

0　10　20　30　40　50　60　70　80　90　100%

帯グラフでは、左から百分率の大きい順に区切るよ。「その他」はいちばん右にかくよ。

ヒント

1 ① A町の児童数は円グラフをみると20目もりだよ。

② 全体の人数は720人だから、式は720×0.2だね。

57 割 合

学習日　月　日

時間 30分　／100　合格 80点

答え 35ページ

1 次の小数で表した割合（わりあい）を、百分率（ひゃくぶんりつ）で表しましょう。 各4点(24点)

① 0.05 (　　　)　② 0.27 (　　　)　③ 0.4 (　　　)

④ 0.245 (　　　)　⑤ 1.2 (　　　)　⑥ 1.05 (　　　)

2 次の百分率で表した割合を、小数で表しましょう。 各2点(12点)

① 6％ (　　　)　② 21％ (　　　)　③ 46％ (　　　)

④ 98％ (　　　)　⑤ 107％ (　　　)　⑥ 130％ (　　　)

3 □にあてはまる数をかきましょう。 各3点(9点)

① 24 cm の 1.5 倍は□cm です。

② 35 kg は 50 kg の□倍です。

③ □円の 0.6 倍は 180 円です。

4 □にあてはまる数をかきましょう。 各3点(12点)

① 40 円は 800 円の□％です。

② 36 L は 180 L の□％です。

③ 7000 m の□％は 2450 m です。

④ 800 g の□％は 1000 g です。

5 □にあてはまる数をかきましょう。 各3点(18点)

① 20Lの30%は□Lです。

② 350人の6%は□人です。

③ 600円は□円の5%です。

④ □mは4200mの85%です。

⑤ □kgの17%は680kgです。

⑥ □円の120%は7200円です。

6 下の表は、ある町の店の数を調べたものです。 各3点(18点)

ある町の店の数

	食料品店	衣料品店	電気店	家具店	その他	合 計
店の数	25	16	13	7	4	65
百分率(ひゃくぶんりつ)(%)	㋐	㋑	㋒	㋓	㋔	100

① ㋐～㋔の百分率を求めて、上の表にかきましょう。$\frac{1}{10}$の位を四捨五入(ししゃごにゅう)して、一の位までの概数(がいすう)にしましょう。

② 帯グラフにしましょう。

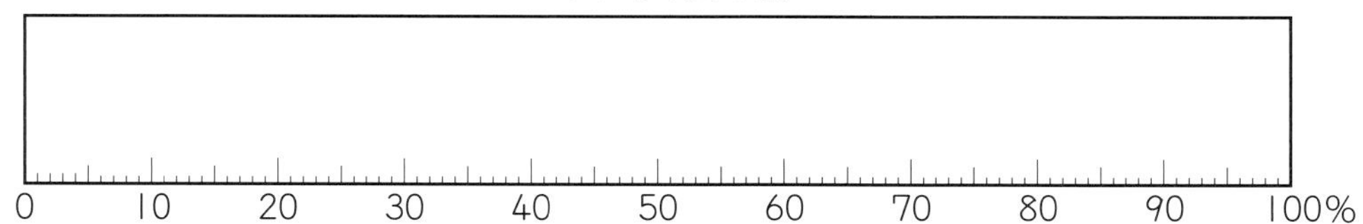

できたらスゴイ!

7 定価(ていか)150円のジュースをAの店では50円引きで、Bの店では定価の70%で売っています。どちらの店のほうが何円安いですか。 (7点)

(　　　　　　　　　　)

学習日　月　日

練習 58 円周の長さ

答え 36ページ

例題

★半径4cmの円周は何cmですか。　◀円周＝直径×3.14

解き方 公式にあてはめて求めます。

半径が4cmのとき、直径は8cmだから

8×3.14＝25.12　　答え　25.12cm

1 次の円周の長さを求めましょう。

① 直径10cmの円　（　　　）

② 直径15cmの円　（　　　）

③ 直径3mの円　（　　　）

④ 直径50mの円　（　　　）

⑤ 半径10cmの円　（　　　）

⑥ 半径15cmの円　（　　　）

⑦ 半径2.5mの円　（　　　）

直径＝円周÷3.14
で求められるよ。

2 次の長さを求めましょう。小数になったときは $\frac{1}{100}$ の位を四捨五入した概数で答えましょう。

① 円周が15.7cmの円の直径　（　　　）

② 円周が45mの円の直径　（　　　）

③ 円周が96cmの円の直径　（　　　）

まちがい注意

④ 円周が76mの円の半径　（　　　）

ヒント **2** ④ 直径は円周÷3.14で求められるよ。求めた数（直径）を2でわると半径が求められるね。

59 円周の長さ

答え 36 ページ

1 次の長さを求めましょう。

各10点(20点)

① 半径 3.5 cm の円周

(　　　　　)

② 円周が 62.8 cm の円の直径

(　　　　　)

2 右の図のような長方形と円の半分をあわせた図形の周の長さを求めましょう。

(20点)

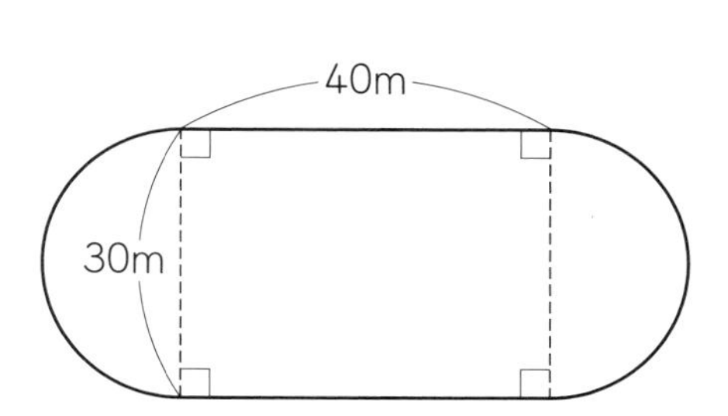

(　　　　　)

できたらスゴイ!

3 右の図は、大、中、小３つの円の半分を組み合わせてかいたものです。

各20点(60点)

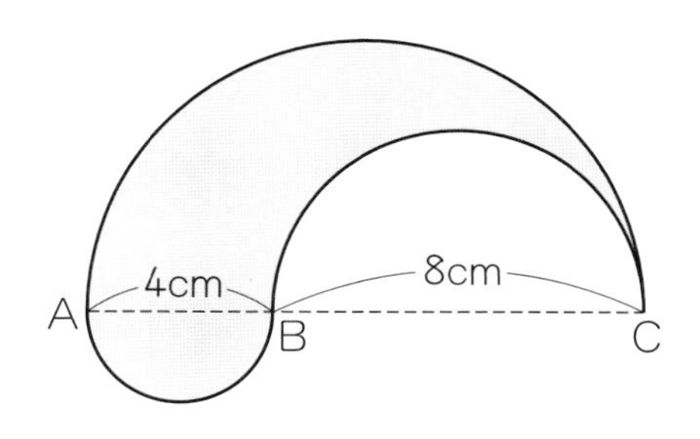

① 大きい円の周にそって、AからCまでの長さを求めましょう。

(　　　　　)

② 円の周にそって、AからBを通ってCまでの長さを求めましょう。

(　　　　　)

③ かげをつけた図形のまわりの長さを求めましょう。

(　　　　　)

学習日　月　日

60 速さを求める

答え 37ページ

例題

★200 m を 25 秒で走る人と、180 m を 24 秒で走る人とでは、どちらの人のほうが速いですか。

解き方 200÷25＝8 …… 1 秒間あたり 8 m

180÷24＝7.5 …… 1 秒間あたり 7.5 m

1 秒間あたりに走る道のりが長いほど、速いといえます。

答え　200 m を 25 秒で走る人

◀単位時間あたりに進む道のりや、一定のきょりを進むのにかかった時間から、速さを求めることができます。

1 右の表は、ちかさん、るみさん、りかこさんの3人が歩いたときの道のりとかかった時間を表しています。
だれがいちばん速く歩いたかを調べましょう。

歩いた道のりとかかった時間

	道のり	時間
ちかさん	1400 m	25 分
るみさん	1500 m	25 分
りかこさん	1500 m	30 分

① ちかさんとるみさんでは、どちらが速いですか。

(　　　　)

② るみさんとりかこさんでは、どちらが速いですか。

(　　　　)

道のりは同じだから、時間でくらべよう。

③ だれがいちばん速く歩きましたか。

(　　　　)

④ 3人の歩く速さを、1分間あたりに歩いた道のりでくらべましょう。

ちかさん (　　　　)　るみさん (　　　　)　りかこさん (　　　　)

2 4時間に 260 km 走る電車Aと、5時間に 330 km 走る電車Bがあります。

① それぞれの電車は、1時間あたり何 km 走りますか。

電車A (　　　　)　電車B (　　　　)

② どちらの電車のほうが速いですか。

(　　　　)

2 ① 電車Aは 260÷4、電車Bは 330÷5 で1時間あたり何 km 走るか求められるよ。

61 時速、分速、秒速

学習日　　月　　日

答え　37ページ

例題

★400 m を 50 秒で走る人と、9 km を 10 分で走る自転車とでは、どちらのほうが速いですか。
それぞれの速さを秒速になおして、くらべましょう。

解き方　人……400÷50＝8　　秒速 8 m
自転車……10 分＝600 秒　9 km＝9000 m
9000÷600＝15　　秒速 15 m

答え　自転車のほうが速い

◀速さは、単位時間に進む道のりで表します。
速さ＝道のり÷時間
◀単位時間が
1 時間の速さが、時速
1 分間の速さが、分速
1 秒間の速さが、秒速

1 次の速さを求めましょう。

① 2400 km を 2 時間で飛んだ飛行機の時速

(　　　　　)

② 3600 m を 40 分で歩いた人の分速

(　　　　　)

③ 5 秒間で 60 m 進んだ自転車の秒速

(　　　　　)

④ 24 分間に 1800 m 歩いた人の分速

(　　　　　)

＋－計算に強くなる！×÷
時速は km、分速、秒速は m で表されることが多いが、求める単位になおすことに気をつけよう。

2 5 時間に 270 km 走る自動車があります。次の問いに答えましょう。

① この自動車の分速は何 m ですか。

(　　　　　)

よくみて

② この自動車の秒速は何 m ですか。

(　　　　　)

ヒント　2 ① 時速は 270÷5＝54(km)だね。54 km を m になおしてから、60 でわろう。

学習日　　月　　日

62 道のりを求める

答え　38ページ

例題
★時速 42 km の自動車が3時間に進む道のりを求めましょう。
解き方 道のり ＝ 速さ × 時間 にあてはめて、
42×3＝126　　答え　126 km

◀道のりの求め方
道のり＝速さ×時間

1 次の道のりを求めましょう。

① 自動車が、時速 45 km で4時間に進む道のり

（　　　　）

② 電車が、分速 600 m で 20 分間に進む道のり

（　　　　）

③ 飛行機が、秒速 240 m で 50 秒間に飛ぶきょり

（　　　　）

④ はとが、秒速 16 m で1分間に飛ぶきょり

（　　　　）

⑤ ゆうやさんが、分速 70 m で2時間に進む道のり

（　　　　）

時間の単位に
注意しよう!!

2 高速道路を1時間 30 分かけて、105 km 進んだ自動車があります。

① この自動車の時速を求めましょう。

（　　　　）

② この自動車が同じ速さで進むとすると、2時間 30 分では何 km 進みますか。

（　　　　）

ヒント
2 ① 1時間 30 分は 1.5 時間と表せるよ。
② 2時間 30 分は 2.5 時間になるね。

学習日　　月　　日

練習 63 時間を求める

答え 38ページ

例題

★分速 300 m の自転車が 1800 m 進むのにかかる時間を求めましょう。

解き方 時間＝道のり÷速さ にあてはめて、

1800÷300＝6

答え　6分

◀時間の求め方
時間＝道のり÷速さ

1 次の時間を求めましょう。

① 時速 75 km の自動車が 300 km 進むのにかかる時間

（　　　　　）

② 秒速 5 m の自動車が 230 m 進むのにかかる時間

（　　　　　）

③ 分速 80 m で歩く人が 4 km 進むのにかかる時間

（　　　　　）

④ 分速 400 m で進んでいる台風が 50 km 進むのにかかる時間

（　　　　　）

⑤ 秒速 350 m で飛ぶ飛行機が 42 km 飛ぶのにかかる時間

（　　　　　）

2 高速道路を使って、360 km はなれたA市まで自動車で行きます。2時間 30 分かかって、200 km 進みました。

① この自動車の時速を求めましょう。

（　　　　　）

② この速さで進むとすると、あと何時間でA市につきますか。

（　　　　　）

ヒント　2 ②　2時間 30 分で 200 km 進んだから残りの道のりは 360－200＝160(km)だね。

64 速さ

学習日　　月　　日

時間 30 分　／100　合格 80 点

答え 39 ページ

1 右の表は、たいちさん、あつしさん、けんやさんの３人が走ったときの道のりとかかった時間を表しています。
だれがいちばん速く走ったかを調べましょう。

各４点(24点)

	道のり	時間
たいちさん	200 m	25 秒
あつしさん	210 m	25 秒
けんやさん	210 m	28 秒

① たいちさんとあつしさんでは、どちらが速く走りましたか。

(　　　　　)

② あつしさんとけんやさんでは、どちらが速く走りましたか。

(　　　　　)

③ だれがいちばん速く走りましたか。

(　　　　　)

④ ３人の走った速さを、１秒間あたりに走った道のりでくらべましょう。

たいちさん (　　　　　)　あつしさん (　　　　　)　けんやさん (　　　　　)

2 次の速さを求めましょう。

各4点(12点)

① 280 km を４時間で走る自動車の時速

(　　　　　)

② 3500 m を５分で走る電車の分速

(　　　　　)

③ 400 m を 50 秒で走る人の秒速

(　　　　　)

3 次の道のりを求めましょう。

各4点(8点)

① 分速 65 m で歩く人が 20 分間に進む道のり

(　　　　　)

② 時速 63 km で走る自動車が３時間に進む道のり

(　　　　　)

4 **次の時間を求めましょう。** 各4点(8点)

① 時速 60 km のバスが、90 km 進むのにかかる時間

(　　　　　　)

② 秒速 15 m の船が、600 m 進むのにかかる時間

(　　　　　　)

5 右の表は乗り物の速さを調べたものです。あいているところにあてはまる数をかきましょう。 各4点(24点)

	秒速	分速	時速
自転車	m	m	18 km
自動車	m	1200 m	km
飛行機	250 m	m	km

6 **時速 60 km で走っているバスがあります。次の問いに答えましょう。** 各4点(12点)

① このバスは、1時間に何 km 進みますか。

(　　　　　　)

② このバスが、3時間に走る道のりは何 km ですか。

(　　　　　　)

③ このバスが、300 km の道のりを走るのに何時間かかりますか。

(　　　　　　)

できたらスゴイ!

7 **秒速 25 m で走っている長さ 250 m の電車があります。次の問いに答えましょう。** 各6点(12点)

① 長さ 450 m のトンネルに入り始めてから全体が出るまでに何秒かかりますか。

(　　　　　　)

② 長さ 200 m の鉄橋をわたり始めてからわたり終わるまでに何秒かかりますか。

(　　　　　　)

65 計算の復習テスト③

本文 64～77 ページ　答え 40 ページ

1 □にあてはまる数をかきましょう。

各10点(40点)

① 8gは、12.5gの□倍です。

② 150人の40%は□人です。

③ 8.4mは3.5mの□%です。

④ □Lの62%は、155Lです。

2 次の長さを求めましょう。

各6点(12点)

① 直径24cmの円の円周

(　　　　)

② 円周94.2cmの円の半径

(　　　　)

3 □にあてはまる数をかきましょう。

各8点(48点)

① 180kmを3時間で走る自動車の時速は□kmです。

② 時速3.6kmで歩く人の分速は□mです。

③ 分速400mで30分間に進む道のりは□kmです。

④ 分速80mで3時間に進む道のりは□kmです。

⑤ 時速65kmの電車が260km進むのにかかる時間は□時間です。

⑥ 分速120mで進む自転車が540m進むのにかかる時間は□分です。

学習日　月　日

66 5年生の計算のまとめ

1回目

答え 40ページ

1 次の計算をしましょう。

各4点(24点)

① 9×0.7　② 0.7×0.8　③ 3.2×0.3

④ $28\div0.4$　⑤ $4.8\div0.8$　⑥ $0.08\div0.02$

2 次の計算をしましょう。

各4点(64点)

① 8.4×0.6　② 3.2×2.3　③ 0.13×7.3　④ 2.4×0.34

⑤ 0.29×0.36　⑥ 0.45×2.7　⑦ 6.5×0.24　⑧ 72×0.45

⑨ 0.6)7.2　⑩ 2.1)9.45　⑪ 0.37)7.77　⑫ 0.39)70.2

⑬ 3.4)51　⑭ 5.2)3.12　⑮ 3.5)14.7　⑯ 0.28)26.6

3 商を $\frac{1}{10}$ の位まで求め、余(あま)りもだしましょう。

各4点(12点)

① 0.3)8.3　② 2.9)15.4　③ 2.7)70

(　　　　)　(　　　　)　(　　　　)

67 5年生の計算のまとめ

2回目

答え 41 ページ

1 次のわり算の商を分数で表しましょう。 各3点(9点)

① $7 \div 8$　② $11 \div 13$　③ $15 \div 29$

(　　　)　(　　　)　(　　　)

2 次の分数は小数で、小数は分数で表しましょう。 各4点(16点)

① $\frac{1}{5}$　② $1\frac{3}{8}$　③ 0.75　④ 2.4

(　　　)　(　　　)　(　　　)　(　　　)

3 次の計算をしましょう。 各5点(75点)

① $\frac{1}{3}+\frac{2}{5}$　② $\frac{5}{12}+\frac{3}{4}$　③ $\frac{1}{2}+\frac{5}{6}$

④ $\frac{13}{15}+\frac{7}{12}$　⑤ $1\frac{1}{10}+\frac{1}{15}$　⑥ $2\frac{9}{14}+1\frac{6}{7}$

⑦ $\frac{2}{3}-\frac{3}{7}$　⑧ $\frac{9}{10}-\frac{2}{5}$　⑨ $\frac{16}{15}-\frac{3}{10}$

⑩ $1\frac{1}{3}-\frac{5}{6}$　⑪ $2\frac{1}{6}-1\frac{6}{7}$　⑫ $2\frac{1}{18}-1\frac{1}{2}$

⑬ $\frac{1}{2}+\frac{2}{9}-\frac{2}{3}$　⑭ $\frac{5}{8}+\frac{1}{6}+\frac{1}{4}$　⑮ $\frac{9}{10}-\frac{1}{4}-\frac{2}{5}$

5年 チャレンジテスト①

月　日
名前

時間 40分

答え42ページ

1 次の計算をしましょう。 各2点(8点)

① 0.53×1000　② 1.8×0.05

③ 0.7×0.06　④ 2.3×0.008

2 次の計算をしましょう。 各3点(12点)

① 0.58×2.3　② 3.9×26.4

③ 79×37.5　④ 0.72×4.2

3 次の計算をしましょう。 各2点(8点)

① $20.8 \div 100$　② $34 \div 0.2$

③ $4 \div 0.05$　④ $0.9 \div 0.15$

4 次の㋐～㋔のうち、答えが17より大きくなるものをすべて選んで、記号で答えましょう。 (全部できて　2点)

㋐ 17×1.2　㋑ 17×0.8　㋒ 17×1

㋓ $17 \div 1.4$　㋔ $17 \div 0.1$

(　　　　)

5 次の計算をわり切れるまでしましょう。 各2点(8点)

① $1.6 \overline{)\,37.44}$　② $6.2 \overline{)\,3.41}$

③ $0.03 \overline{)\,13.5}$　④ $2.8 \overline{)\,17.78}$

6 次のわり算で、商は整数で求め、余りも出しましょう。 各3点(12点)

① $9.2 \div 3.1$　② $42.5 \div 2.8$

(　　　　)　(　　　　)

③ $98.9 \div 4.6$　④ $15.7 \div 0.2$

(　　　　)　(　　　　)

うらにも問題があります。

7 次のような図形の体積を求めましょう。 各4点(8点)

①

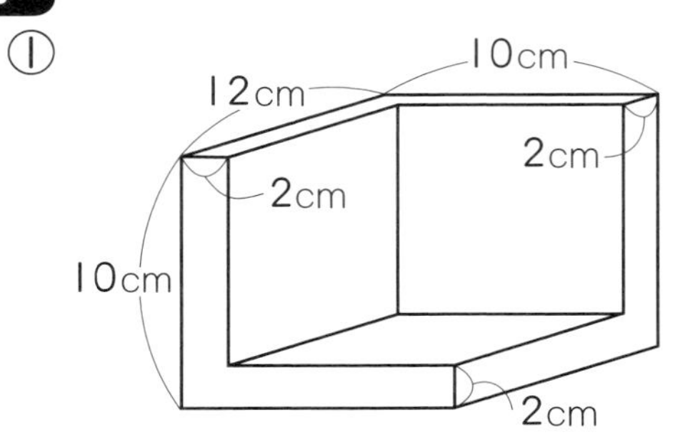

②

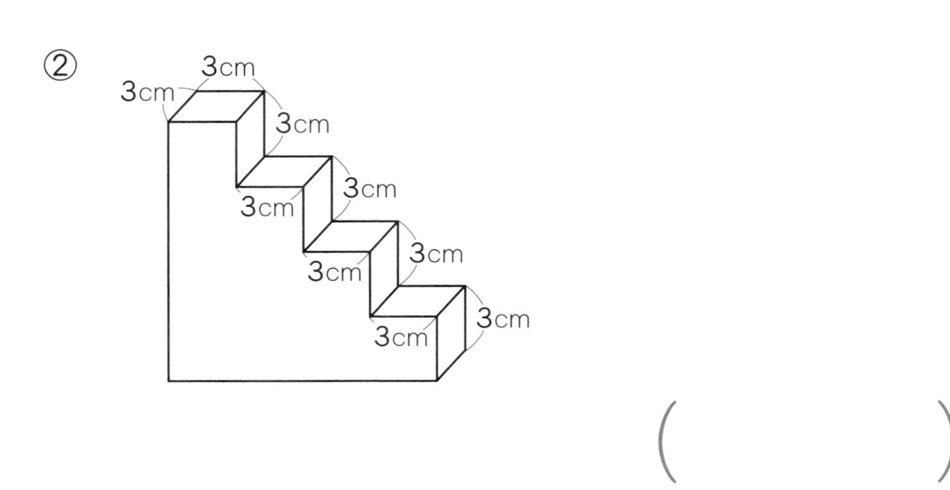

8 たて 30 cm、横 20 cm、高さ 15 cm の直方体があります。 各4点(8点)

① この直方体の体積は何 cm^3 ですか。

② この直方体の体積を変えずに、たての長さを 10 cm、横の長さを 25 cm にするとき、高さは何 cm にすればよいですか。

9 次の問いに答えましょう。 各4点(8点)

① 4と6と9の最小公倍数はいくつですか。

② 18 と 45 の最大公約数はいくつですか。

10 公園の中に池とすな場があります。公園の面積は 150 m^2 で、池の面積は 2.5 m^2、すな場の面積は、公園の面積の 0.02 倍です。 各3点(6点)

① すな場の面積は何 m^2 ですか。

② 公園の面積は池の面積の何倍ですか。

11 次の㋐、㋑の角度を、計算で求めましょう。 各4点(8点)

①

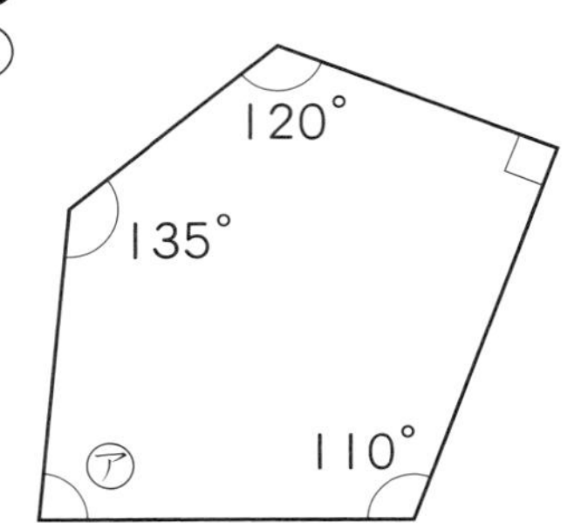

②

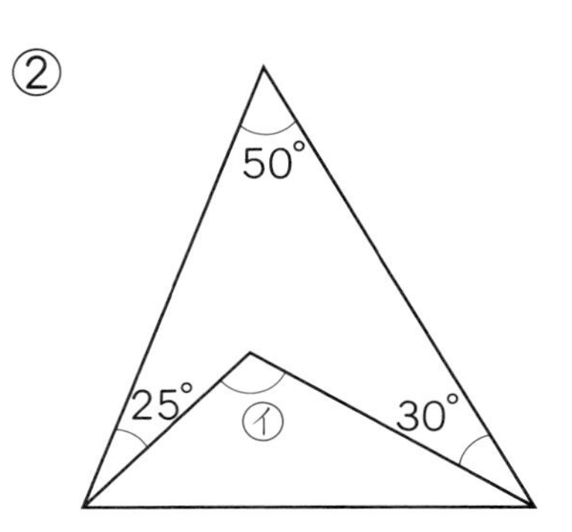

12 次の □ にあてはまる等号や不等号をかきましょう。 各3点(12点)

① $\frac{5}{6}$ □ 0.8　　② $2\frac{1}{3}$ □ $\frac{5}{2}$

③ $\frac{5}{4}$ □ 1.25　　④ $\frac{3}{5}$ □ $\frac{4}{7}$

5年 チャレンジテスト②

月　日
名前

合格70点　／100

答え44ページ

1 次の計算をしましょう。

各2点(12点)

① $\frac{4}{15}+\frac{9}{10}$　② $\frac{15}{4}-\frac{6}{5}$

③ $1\frac{1}{12}+1\frac{1}{6}$　④ $4\frac{1}{2}-3\frac{2}{3}$

⑤ $1-\frac{3}{8}+\frac{1}{6}$　⑥ $2\frac{2}{3}-2-\frac{1}{5}$

2 次の計算をしましょう。

各3点(12点)

① $0.1+\frac{3}{8}$　② $1\frac{2}{5}+1.6$

③ $2.4-\frac{9}{4}$　④ $2\frac{1}{6}-1.25$

3 次の長方形の色のついた部分の面積を求めましょう。

各3点(6点)

①

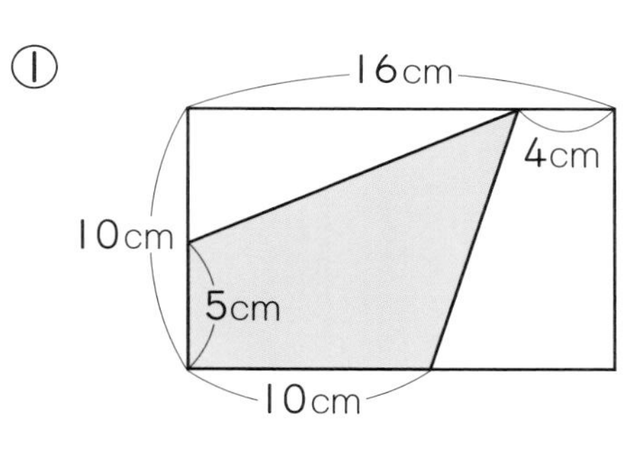

(　　　)

②

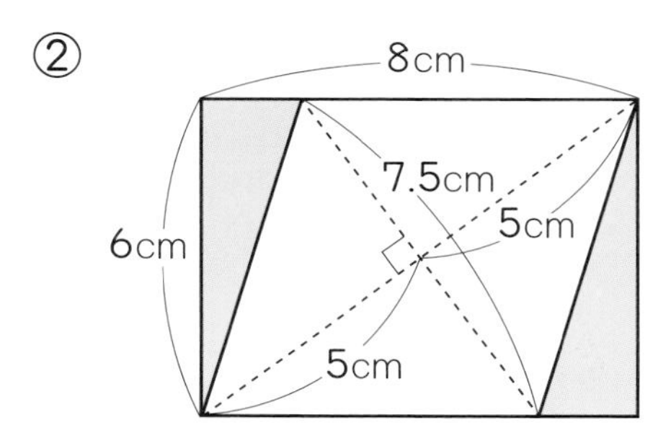

(　　　)

4 次の長さを求めましょう。

各3点(6点)

① 面積が66 cm² で、１つの対角線の長さが12 cm のひし形の、もう１つの対角線の長さ

(　　　)

② 面積が94.5 cm² で、上底が12 cm、下底が15 cm の台形の高さ

(　　　)

5 りこさんが漢字テストを４回おこなって、その点数は、７点、６点、８点、９点でした。

各3点(6点)

① ４回の漢字テストの平均点は何点ですか。

(　　　)

② ５回目の漢字テストをおこなったあと、５回の漢字テストの平均点は８点になりました。５回目の漢字テストは何点でしたか。

(　　　)

6 兄は360ページある本を18日間で、妹は168ページある本を８日間で読み終えました。

各3点(6点)

① 妹について、１日あたりに読んだページ数を求めましょう。

(　　　)

② 兄について、１ページあたりにかかった日数を求めましょう。

(　　　)

うらにも問題があります。

7

次の表は、３つの公園Ａ、Ｂ、Ｃの面積と、そこで遊んでいる人の人数を表したものです。

	面積(m^2)	人数(人)
公園Ａ	1500	30
公園Ｂ	2000	38
公園Ｃ	2800	50

３つの公園の中で一番こんでいる公園は、どの公園ですか。 (4点)

(　　　　)

8

次の□にあてはまる数をかきましょう。 各4点(16点)

① 80Ｌの75%は□Ｌです。

② 5.6 kmの25%は□kmです。

③ 7800円の□%は6240円です。

④ 900 gの□%は405 gです。

9

ある学校の５年生は、男子が26人、女子が28人、６年生は、男子が27人、女子が30人います。学年の中の女子の割合が大きいのは、５年生と６年生のどちらですか。 (3点)

(　　　　)

10

次の長さを求めましょう。 各4点(8点)

① 半径6.5 cmの円周

(　　　　)

② 円周94.2 cmの円の直径

(　　　　)

11

次の図形のまわりの長さを求めましょう。 各4点(8点)

①

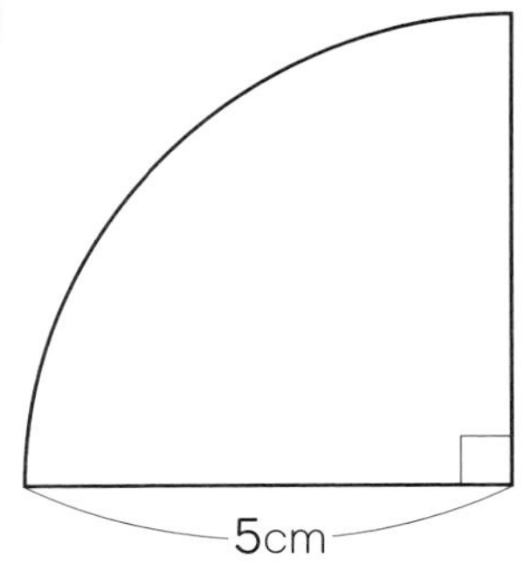

(　　　　)

②

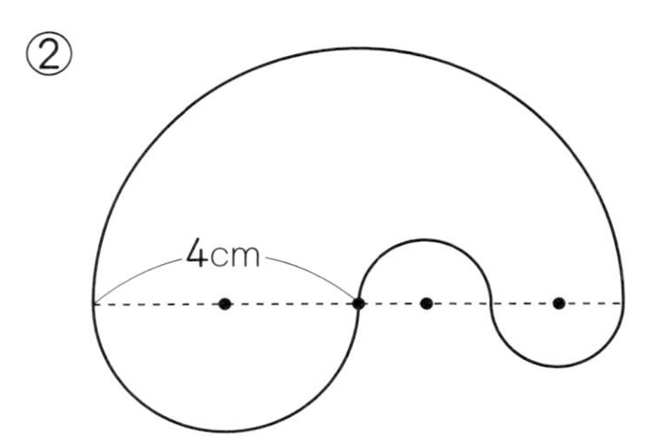

(　　　　)

12

次の速さを求めましょう。 各3点(9点)

① 195 kmを３時間で走る自動車の時速

(　　　　)

② 7200 kmを８時間で飛行する飛行機の時速

(　　　　)

③ 3000 mを40分で歩く人の分速

(　　　　)

13

秒速20 mで走っている電車が、長さ480 mのトンネルに入り始めてから出てしまうまでに35秒かかりました。電車の長さは何mですか。 (4点)

(　　　　)

教科書ぴったりトレーニング

丸つけラクラク解答

全教科書版
計算５年

この「丸つけラクラク解答」は
とりはずしてお使いください。

「丸つけラクラク解答」では問題と同じ紙面に、赤字で答えを書いています。

①問題がとけたら、まずは答え合わせをしましょう。

②まちがえた問題やわからなかった問題は、てびきを読んだり、教科書を読み返したりしてもう一度見直しましょう。

おうちのかたへ では、次のようなものを示しています。

- 学習のねらいやポイント
- 他の学年や他の単元の学習内容とのつながり
- まちがいやすいことやつまずきやすいところ

お子様への説明や、学習内容の把握などにご活用ください。

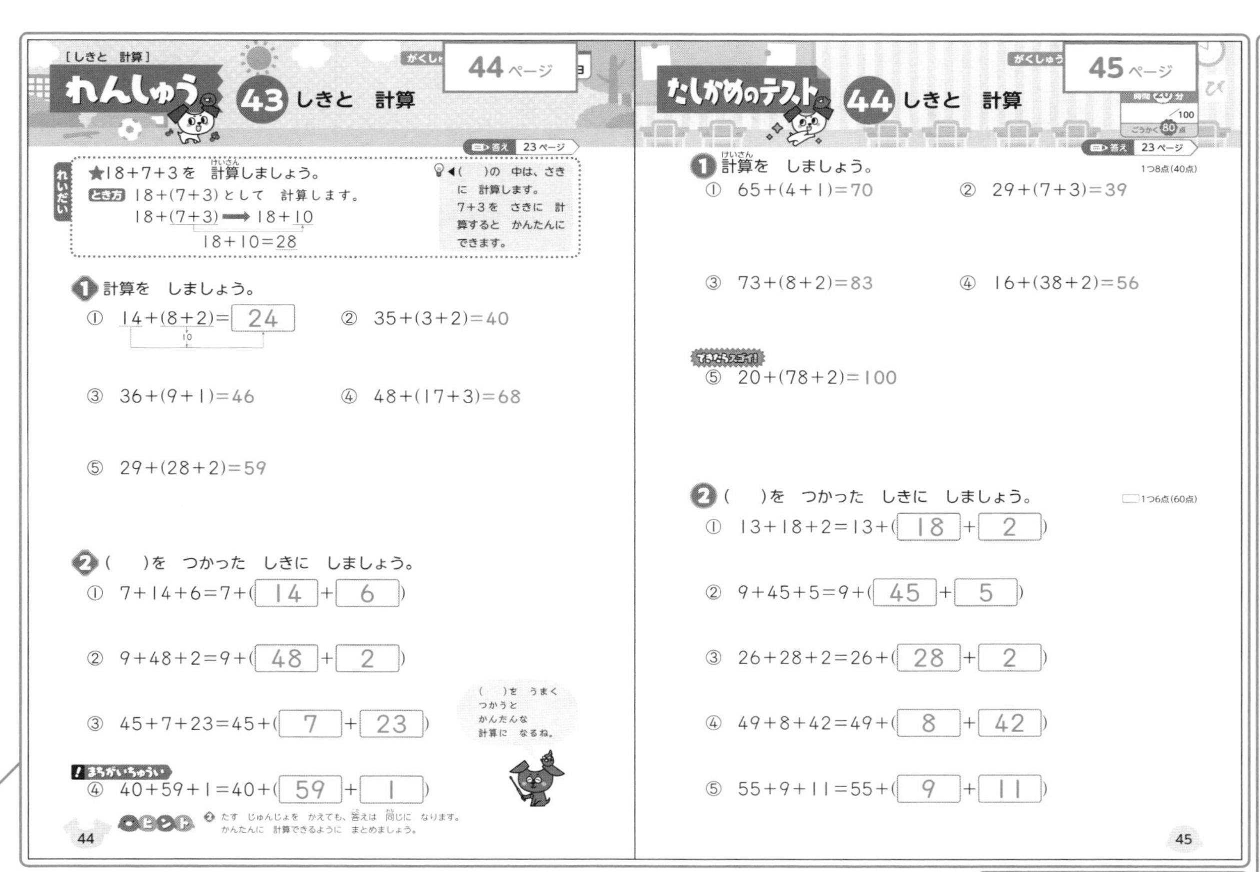

［しきと　計算］
わんしゅう 43 しきと　計算　44ページ

★18+7+3を　計算しましょう。
とき方　18+(7+3)として　計算します。
18+(7+3) ➡ 18+10
18+10=28

(　)の 中は、さきに 計算します。7+3を さきに 計算すると かんたんに できます。

1 計算を　しましょう。
① 14+(8+2)=24　② 35+(3+2)=40
③ 36+(9+1)=46　④ 48+(17+3)=68
⑤ 29+(28+2)=59

2 (　)を　つかった　しきに　しましょう。
① 7+14+6=7+(14+6)
② 9+48+2=9+(48+2)
③ 45+7+23=45+(7+23)
④ 40+59+1=40+(59+1)

ヒント 2 たす じゅんじょを かえても、答えは 同じに なります。かんたんに 計算できるように まとめましょう。

44

たしかめのテスト 44 しきと　計算　45ページ

1 計算を　しましょう。
① 65+(4+1)=70　② 29+(7+3)=39
③ 73+(8+2)=83　④ 16+(38+2)=56
⑤ 20+(78+2)=100

2 (　)を　つかった　しきに　しましょう。
① 13+18+2=13+(18+2)
② 9+45+5=9+(45+5)
③ 26+28+2=26+(28+2)
④ 49+8+42=49+(8+42)
⑤ 55+9+11=55+(9+11)

45

見やすい答え

おうちのかたへ

おうちのかたへ
計算がしやすくなるように工夫することは、今後の学習でも大切です。

44ページ
1 (　)の中をさきに計算します。
②3+2をさきに計算すると、3+2=5
35に5をたして、35+5=40
⑤28+2をさきに計算すると、28+2=30
29に30をたして、29+30=59
2 (　)の中を、何十になるようにすると、あとの計算がかんたんになります。
④59+1をさきに計算すると、あとの計算は40+60でできるようになります。

45ページ
1 ⑤78+2をさきに計算すると、78+2=80
20に80をたして、20+80=100
2 ④8+42をさきに計算すると、あとの計算は49+50でできるようになります。

くわしいてびき

※紙面はイメージです。

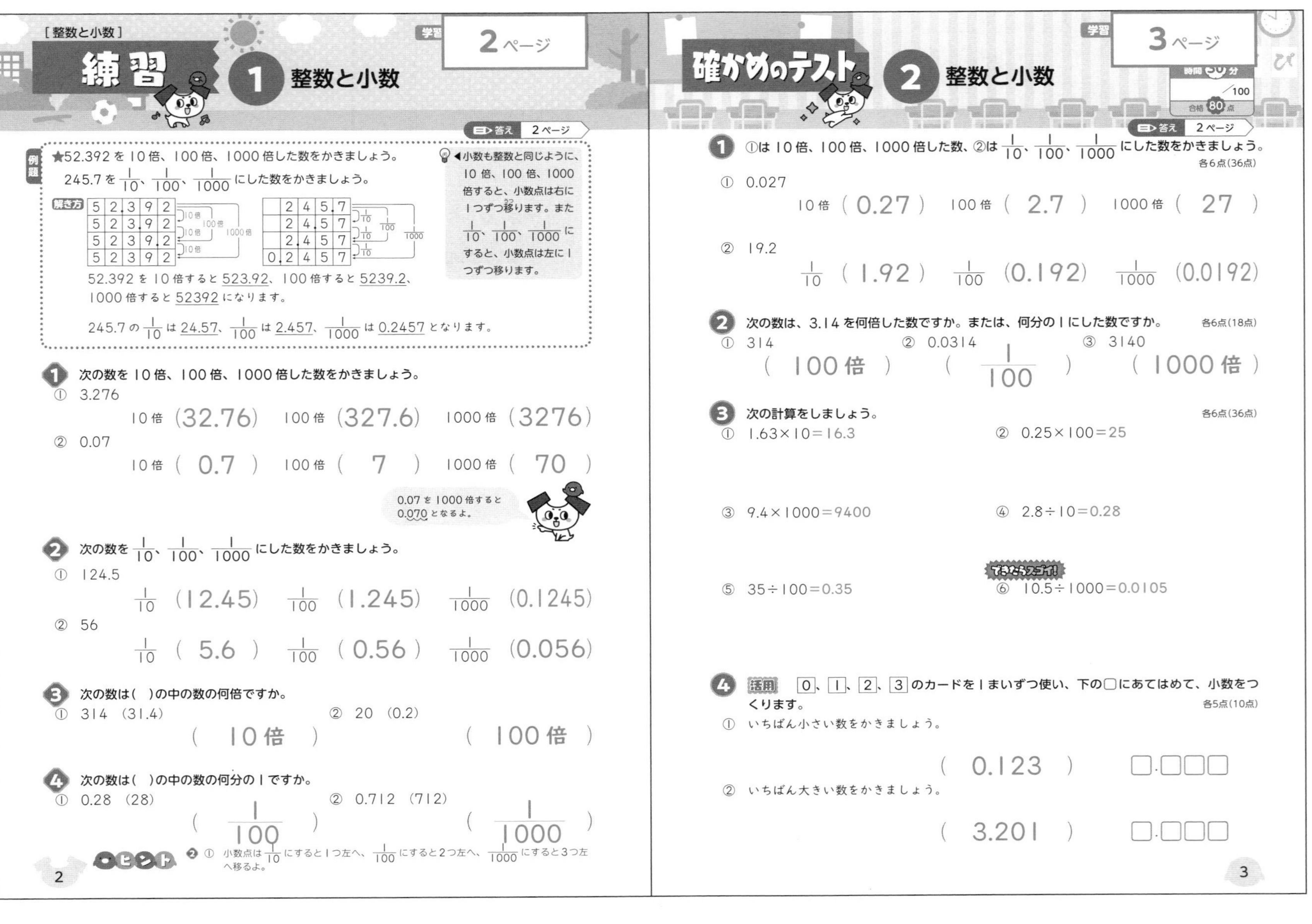

［整数と小数］

練習 1 整数と小数

学習 2ページ

答え 2ページ

例題 ★52.392 を 10 倍、100 倍、1000 倍した数をかきましょう。
245.7 を $\frac{1}{10}$、$\frac{1}{100}$、$\frac{1}{1000}$ にした数をかきましょう。

解き方

5	2	3	9	2
5	2	3.	9	2
5	2	3	9.	2
5	2	3	9	2

	2	4	5.	7
	2	4.	5	7
	2.	4	5	7
0.	2	4	5	7

52.392 を 10 倍すると 523.92、100 倍すると 5239.2、1000 倍すると 52392 になります。

245.7 の $\frac{1}{10}$ は 24.57、$\frac{1}{100}$ は 2.457、$\frac{1}{1000}$ は 0.2457 となります。

◀小数も整数と同じように、10 倍、100 倍、1000 倍すると、小数点は右に1つずつ移ります。また $\frac{1}{10}$、$\frac{1}{100}$、$\frac{1}{1000}$ にすると、小数点は左に1つずつ移ります。

1 次の数を 10 倍、100 倍、1000 倍した数をかきましょう。

① 3.276　10 倍（32.76）　100 倍（327.6）　1000 倍（3276）

② 0.07　10 倍（0.7）　100 倍（7）　1000 倍（70）

0.07 を 1000 倍すると 0.070 となるよ。

2 次の数を $\frac{1}{10}$、$\frac{1}{100}$、$\frac{1}{1000}$ にした数をかきましょう。

① 124.5　$\frac{1}{10}$（12.45）　$\frac{1}{100}$（1.245）　$\frac{1}{1000}$（0.1245）

② 56　$\frac{1}{10}$（5.6）　$\frac{1}{100}$（0.56）　$\frac{1}{1000}$（0.056）

3 次の数は（　）の中の数の何倍ですか。

① 314 （31.4）　（10 倍）

② 20 （0.2）　（100 倍）

4 次の数は（　）の中の数の何分の1ですか。

① 0.28 （28）　（$\frac{1}{100}$）

② 0.712 （712）　（$\frac{1}{1000}$）

ヒント **2** ① 小数点は $\frac{1}{10}$ にすると1つ左へ、$\frac{1}{100}$ にすると2つ左へ、$\frac{1}{1000}$ にすると3つ左へ移るよ。

2

確かめのテスト 2 整数と小数

学習 3ページ

時間 20 分　／100　合格 80 点

答え 2ページ

1 ①は 10 倍、100 倍、1000 倍した数、②は $\frac{1}{10}$、$\frac{1}{100}$、$\frac{1}{1000}$ にした数をかきましょう。　各6点(36点)

① 0.027　10 倍（0.27）　100 倍（2.7）　1000 倍（27）

② 19.2　$\frac{1}{10}$（1.92）　$\frac{1}{100}$（0.192）　$\frac{1}{1000}$（0.0192）

2 次の数は、3.14 を何倍した数ですか。または、何分の1にした数ですか。　各6点(18点)

① 314　（100 倍）

② 0.0314　（$\frac{1}{100}$）

③ 3140　（1000 倍）

3 次の計算をしましょう。　各6点(36点)

① 1.63×10＝16.3

② 0.25×100＝25

③ 9.4×1000＝9400

④ 2.8÷10＝0.28

⑤ 35÷100＝0.35

できたらスゴイ！ ⑥ 10.5÷1000＝0.0105

4 活用　0、1、2、3 のカードを1まいずつ使い、下の□にあてはめて、小数をつくります。　各5点(10点)

① いちばん小さい数をかきましょう。　（0.123）　□.□□□

② いちばん大きい数をかきましょう。　（3.201）　□.□□□

3

2 ページ

1 10 倍すると、小数点の位置が右に1つ移り、100 倍すると右に2つ移り、1000 倍すると右に3つ移ります。

2 10 分の1にすると小数点の位置が左に1つ移り、100 分の1にすると左に2つ移り、1000 分の1にすると左に3つ移ります。

3 小数点を動かして考えます。
①小数点が右に1つ動いたので、10 倍です。

4 ①小数点が左に2つ動いたので、100 分の1です。

3 ページ

3 ⑥1000 分の1にすると、小数点が3つ左に移りますが、小数点との間に数がないときは、そこに0を書きます。

4 ②0は小数点以下の最後にはおけないので、最後から2番目におきます。

おうちのかたへ
小数についての理解が不足している場合、4年生の小数の内容を振り返りさせましょう。

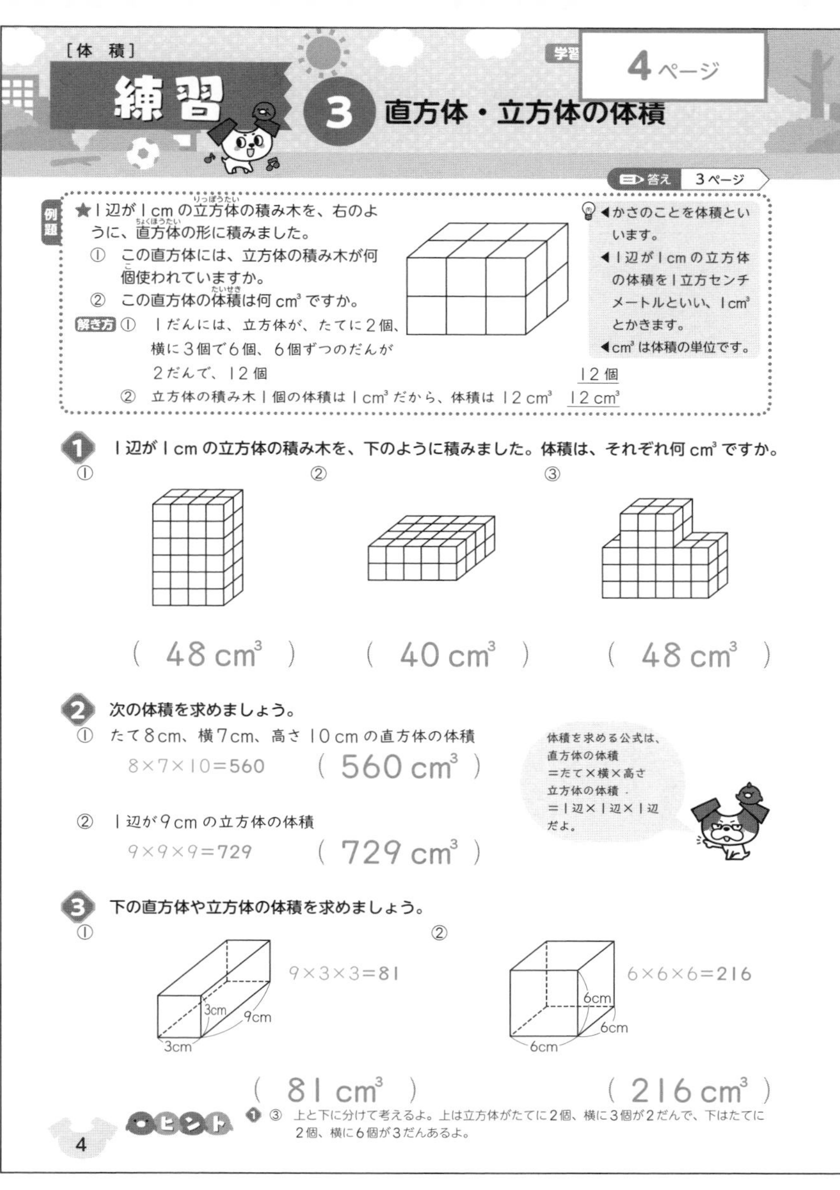

［体　積］

練習 3 直方体・立方体の体積

学習日　4ページ

答え　3ページ

例題

★１辺が１cmの立方体の積み木を、右のように、直方体の形に積みました。

① この直方体には、立方体の積み木が何個使われていますか。

② この直方体の体積は何 cm³ ですか。

解き方 ① １だんには、立方体が、たてに２個、横に３個で６個、６個ずつのだんが２だんで、１２個　　１２個

② 立方体の積み木１個の体積は１cm³ だから、体積は１２cm³　　１２cm³

◀かさのことを体積といいます。

◀１辺が１cmの立方体の体積を１立方センチメートルといい、１cm³ とかきます。

◀cm³ は体積の単位です。

1 １辺が１cmの立方体の積み木を、下のように積みました。体積は、それぞれ何 cm³ ですか。

①（ 48 cm³ ）　②（ 40 cm³ ）　③（ 48 cm³ ）

2 次の体積を求めましょう。

① たて８cm、横７cm、高さ１０cmの直方体の体積

8×7×10=560　（ 560 cm³ ）

② １辺が９cmの立方体の体積

9×9×9=729　（ 729 cm³ ）

体積を求める公式は、直方体の体積＝たて×横×高さ　立方体の体積＝１辺×１辺×１辺だよ。

3 下の直方体や立方体の体積を求めましょう。

① 3cm　3cm　9cm　9×3×3=81　（ 81 cm³ ）

② 6cm　6cm　6cm　6×6×6=216　（ 216 cm³ ）

ヒント　❶ ③ 上と下に分けて考えるよ。上は立方体がたてに２個、横に３個が２だんで、下はたてに２個、横に６個が３だんあるよ。

4

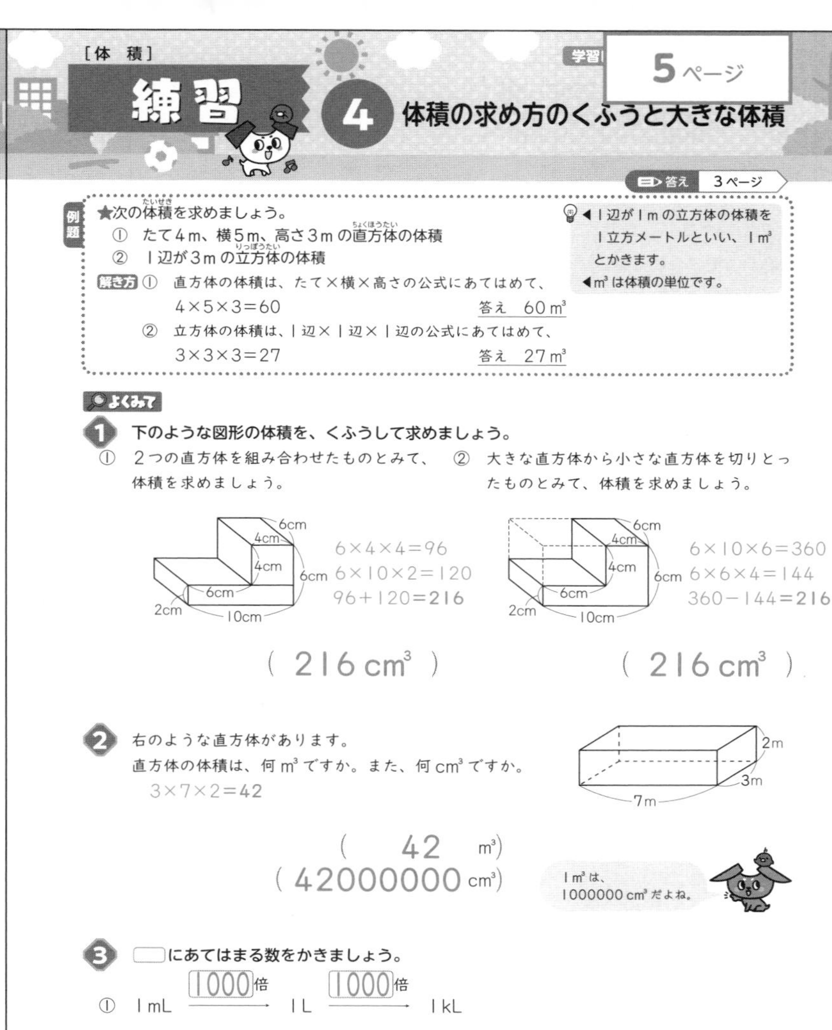

［体　積］

練習 4 体積の求め方のくふうと大きな体積

学習日　5ページ

答え　3ページ

例題

★次の体積を求めましょう。

① たて４m、横５m、高さ３mの直方体の体積

② １辺が３mの立方体の体積

解き方 ① 直方体の体積は、たて×横×高さの公式にあてはめて、

4×5×3=60　　答え　60 m³

② 立方体の体積は、１辺×１辺×１辺の公式にあてはめて、

3×3×3=27　　答え　27 m³

◀１辺が１mの立方体の体積を１立方メートルといい、１m³ とかきます。

◀m³ は体積の単位です。

よくみて

1 下のような図形の体積を、くふうして求めましょう。

① ２つの直方体を組み合わせたものとみて、体積を求めましょう。

6cm　4cm　4cm　6cm　6cm　2cm　10cm

6×4×4=96
6×10×2=120
96+120=216

（ 216 cm³ ）

② 大きな直方体から小さな直方体を切りとったものとみて、体積を求めましょう。

6cm　4cm　4cm　6cm　6cm　2cm　10cm

6×10×6=360
6×6×4=144
360−144=216

（ 216 cm³ ）

2 右のような直方体があります。直方体の体積は、何 m³ ですか。また、何 cm³ ですか。

2m　3m　7m

3×7×2=42

（ 42 m³）
（ 42000000 cm³）

１m³ は、１000000 cm³ だよね。

3 □にあてはまる数をかきましょう。

① １mL →（1000倍）→ １L →（1000倍）→ １kL

② １辺が１cmの立方体の体積 →（1000倍）→ １辺が１０cmの立方体の体積 →（1000倍）→ １辺が１mの立方体の体積

ヒント　❶ ② 大きな直方体の体積から小さな直方体の体積をひいて求めるよ。大きな直方体の体積は、6×10×6で360 cm³、小さな直方体の体積は、6×6×4で144 cm³ だね。

5

4ページ

1 １cm³ の立方体がいくつあるか数えます。

③上と下に分けて数えます。

2 ①直方体の体積

＝たて×横×高さ

②立方体の体積

＝１辺×１辺×１辺

5ページ

1 ①上の直方体と下の直方体の体積をそれぞれ求めて、たします。

②たて６cm、横１０cm、高さ６cmの大きな直方体の体積から、点線部分の小さな直方体の体積をひきます。

2 １m³＝１000000 cm³ だから、42 m³＝42000000 cm³

辺の長さを cm になおしてから、

300×700×200

＝42000000

と計算してもよいです。

おうちのかたへ

辺の長さの単位をよく見て、体積の単位に注意させましょう。直方体を組み合わせた図形の体積は、やりやすい方で求めさせましょう。

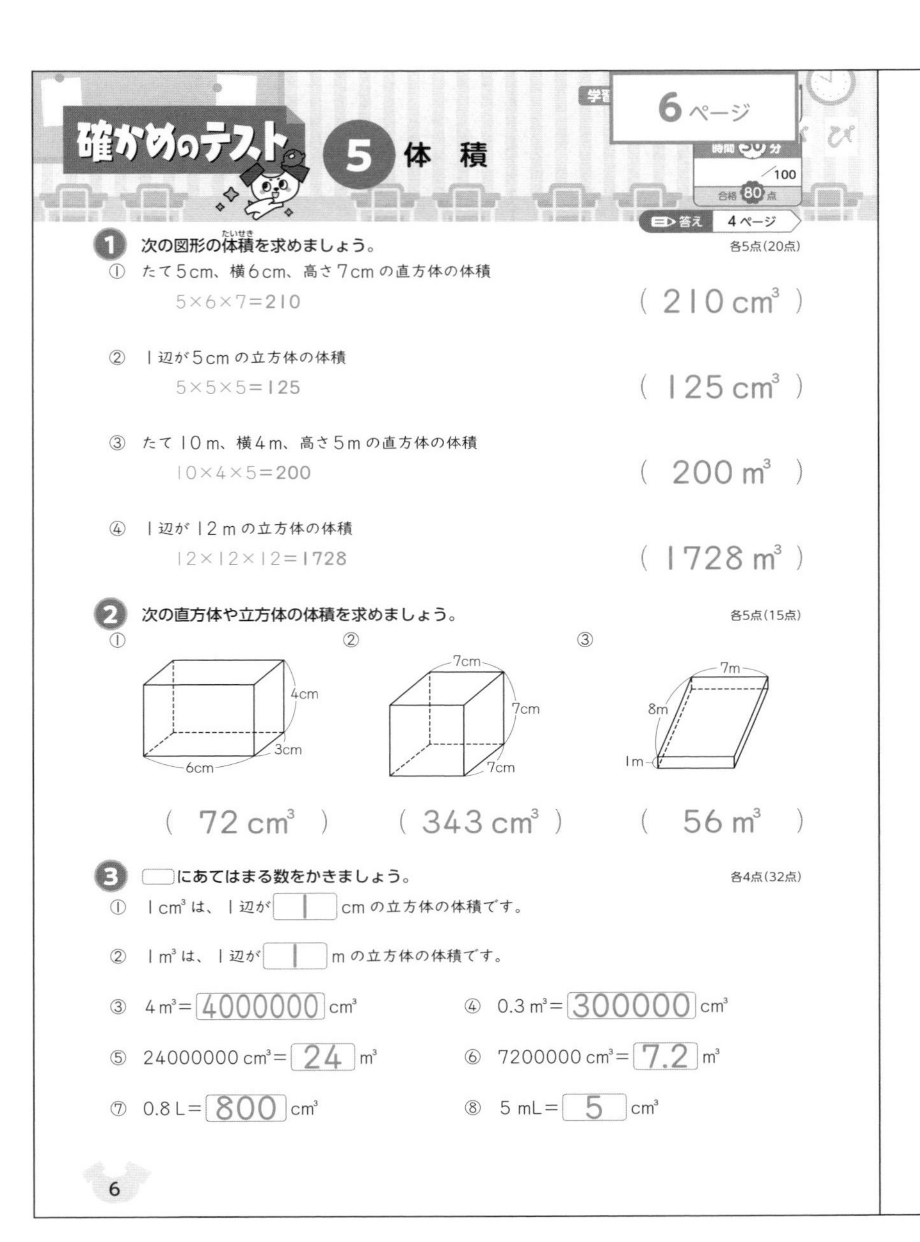

確かめのテスト 5 体 積

6ページ

時間 20分 /100 合格 80点

答え 4ページ

1 次の図形の体積を求めましょう。 各5点(20点)

① たて5cm、横6cm、高さ7cm の直方体の体積

5×6×7=210 （ 210 cm^3 ）

② 1辺が5cm の立方体の体積

5×5×5=125 （ 125 cm^3 ）

③ たて 10m、横4m、高さ5m の直方体の体積

10×4×5=200 （ 200 m^3 ）

④ 1辺が 12m の立方体の体積

12×12×12=1728 （ 1728 m^3 ）

2 次の直方体や立方体の体積を求めましょう。 各5点(15点)

① （ 72 cm^3 ） ② （ 343 cm^3 ） ③ （ 56 m^3 ）

3 □にあてはまる数をかきましょう。 各4点(32点)

① 1 cm^3 は、1辺が［ 1 ］cm の立方体の体積です。

② 1 m^3 は、1辺が［ 1 ］m の立方体の体積です。

③ 4 m^3 =［ 4000000 ］cm^3

④ 0.3 m^3 =［ 300000 ］cm^3

⑤ 24000000 cm^3 =［ 24 ］m^3

⑥ 7200000 cm^3 =［ 7.2 ］m^3

⑦ 0.8 L=［ 800 ］cm^3

⑧ 5 mL=［ 5 ］cm^3

7ページ

4 次の問いに答えましょう。 各5点(15点)

① 横6m、高さ7m で、体積が 63 m^3 の直方体のたての長さは何 cm ですか。

たての長さを□m とすると □×6×7=63 □=63÷(6×7)=1.5
1.5 m=150 cm （ 150 cm ）

② 1辺が6cm の立方体があります。この立方体と同じ体積で、たて3cm、横9cm の直方体の高さは何 cm ですか。

1辺が6cm の立方体の体積は 6×6×6=216
直方体の高さを□cm とすると 3×9×□=216
□=216÷(3×9)=8 （ 8cm ）

③ たて 25m、横 10m で、容積が 500 m^3 のプールがあります。このプールの深さは、何 m ですか。

深さを□m とすると 25×10×□=500
□=500÷(25×10)=2 （ 2m ）

5 次のような図形の体積を求めましょう。 各5点(10点)

①

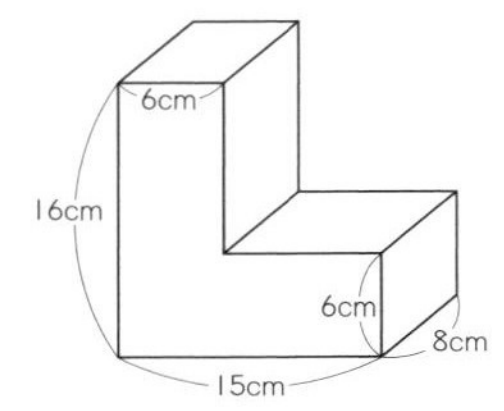

※てびき参照

（ 1200 cm^3 ）

②

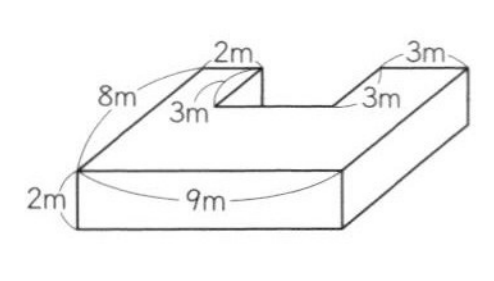

※てびき参照

（ 120 m^3 ）

6 たて4cm、横6cm の直方体をつくっています。 各4点(8点)

① 体積を 120 cm^3 にするには、高さを何 cm にすればよいですか。

高さを□cm とすると 4×6×□=120
□=120÷(4×6)=5 （ 5cm ）

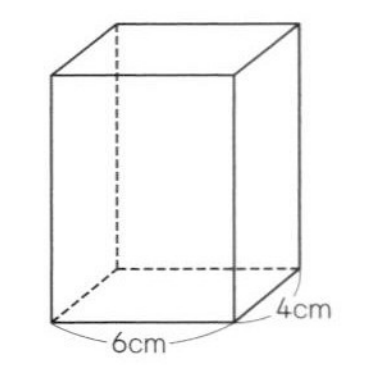

② 活用 体積を①でつくった直方体の3倍にするには、高さを何 cm にすればよいですか。

5×3=15 （ 15 cm ）

6 ページ

1 直方体の体積
＝たて×横×高さ
立方体の体積
＝1辺×1辺×1辺
単位に注意しましょう。

3 ③1 m^3 ＝1000000 cm^3
⑦1 L＝1000 cm^3 なので、
0.8×1000＝800(cm^3)
⑧1000 cm^3 ＝1 L＝1000 mL

7 ページ

4 わからない長さを□として式をつくります。
③容積＝たて×横×深さにあてはめます。

5 ①上と下に分けて考えます。
上の直方体の体積
＝8×6×10＝480
下の直方体の体積
＝8×15×6＝720
480＋720＝1200
②大きい直方体の体積から小さい直方体の体積をひきます。
大きい直方体の体積
＝8×9×2＝144
小さい直方体の体積
＝3×4×2＝24
144－24＝120

6 ②高さが2倍、3倍になると、体積も2倍、3倍になります。

おうちのかたへ

6 ②は、図をかくと理解がしやすくなります。

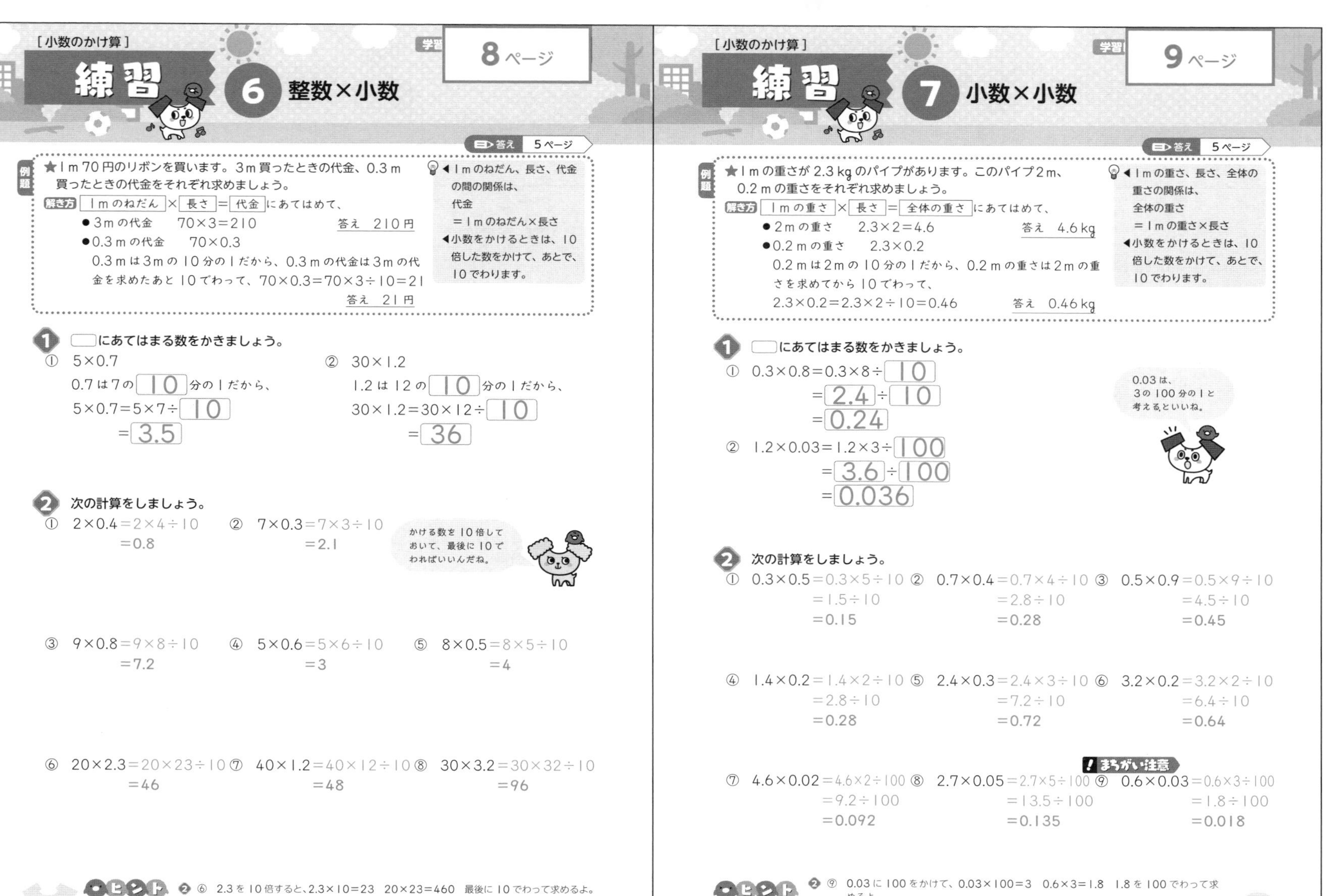

［小数のかけ算］
練習 6 整数×小数
8ページ

答え 5ページ

例題 ★1 m 70円のリボンを買います。3 m買ったときの代金、0.3 m買ったときの代金をそれぞれ求めましょう。

解き方 1 mのねだん × 長さ = 代金 にあてはめて、
- 3 mの代金　70×3=210　答え 210円
- 0.3 mの代金　70×0.3
0.3 mは3 mの10分の1だから、0.3 mの代金は3 mの代金を求めたあと10でわって、70×0.3=70×3÷10=21　答え 21円

◀1 mのねだん、長さ、代金の間の関係は、代金 = 1 mのねだん×長さ
◀小数をかけるときは、10倍した数をかけて、あとで、10でわります。

1 □にあてはまる数をかきましょう。

① 5×0.7
0.7は7の 10 分の1だから、
5×0.7=5×7÷ 10
= 3.5

② 30×1.2
1.2は12の 10 分の1だから、
30×1.2=30×12÷ 10
= 36

2 次の計算をしましょう。

① 2×0.4=2×4÷10 =0.8
② 7×0.3=7×3÷10 =2.1

かける数を10倍しておいて、最後に10でわればいいんだね。

③ 9×0.8=9×8÷10 =7.2
④ 5×0.6=5×6÷10 =3
⑤ 8×0.5=8×5÷10 =4
⑥ 20×2.3=20×23÷10 =46
⑦ 40×1.2=40×12÷10 =48
⑧ 30×3.2=30×32÷10 =96

ヒント **2** ⑥ 2.3を10倍すると、2.3×10=23　20×23=460　最後に10でわって求めるよ。

8

［小数のかけ算］
練習 7 小数×小数
9ページ

答え 5ページ

例題 ★1 mの重さが2.3 kgのパイプがあります。このパイプ2 m、0.2 mの重さをそれぞれ求めましょう。

解き方 1 mの重さ × 長さ = 全体の重さ にあてはめて、
- 2 mの重さ　2.3×2=4.6　答え 4.6 kg
- 0.2 mの重さ　2.3×0.2
0.2 mは2 mの10分の1だから、0.2 mの重さは2 mの重さを求めてから10でわって、
2.3×0.2=2.3×2÷10=0.46　答え 0.46 kg

◀1 mの重さ、長さ、全体の重さの関係は、全体の重さ = 1 mの重さ×長さ
◀小数をかけるときは、10倍した数をかけて、あとで、10でわります。

1 □にあてはまる数をかきましょう。

① 0.3×0.8=0.3×8÷ 10
= 2.4 ÷ 10
= 0.24

② 1.2×0.03=1.2×3÷ 100
= 3.6 ÷ 100
= 0.036

0.03は、3の100分の1と考えるといいね。

2 次の計算をしましょう。

① 0.3×0.5=0.3×5÷10 =1.5÷10 =0.15
② 0.7×0.4=0.7×4÷10 =2.8÷10 =0.28
③ 0.5×0.9=0.5×9÷10 =4.5÷10 =0.45
④ 1.4×0.2=1.4×2÷10 =2.8÷10 =0.28
⑤ 2.4×0.3=2.4×3÷10 =7.2÷10 =0.72
⑥ 3.2×0.2=3.2×2÷10 =6.4÷10 =0.64
⑦ 4.6×0.02=4.6×2÷100 =9.2÷100 =0.092
⑧ 2.7×0.05=2.7×5÷100 =13.5÷100 =0.135
まちがい注意 ⑨ 0.6×0.03=0.6×3÷100 =1.8÷100 =0.018

ヒント **2** ⑨ 0.03に100をかけて、0.03×100=3　0.6×3=1.8　1.8を100でわって求めるよ。

9

8 ページ

1、**2** 10倍した数をかけて、あとで10でわります。

9 ページ

1 ①10倍した数をかけて、あとで10でわります。
②100倍した数をかけて、あとで100でわります。

2 10倍や100倍した数をかけて、あとで10や100でわります。
⑦9.2の小数点を左に2つ動かすと、小数点との間に数がないので、0をかきます。
⑨1.8の小数点を左に2つ動かすと、小数点との間に数がないので、0をかきます。

おうちのかたへ
小数のかけ算についての理解が不足している場合、4年生の小数のかけ算の内容を振り返りさせましょう。

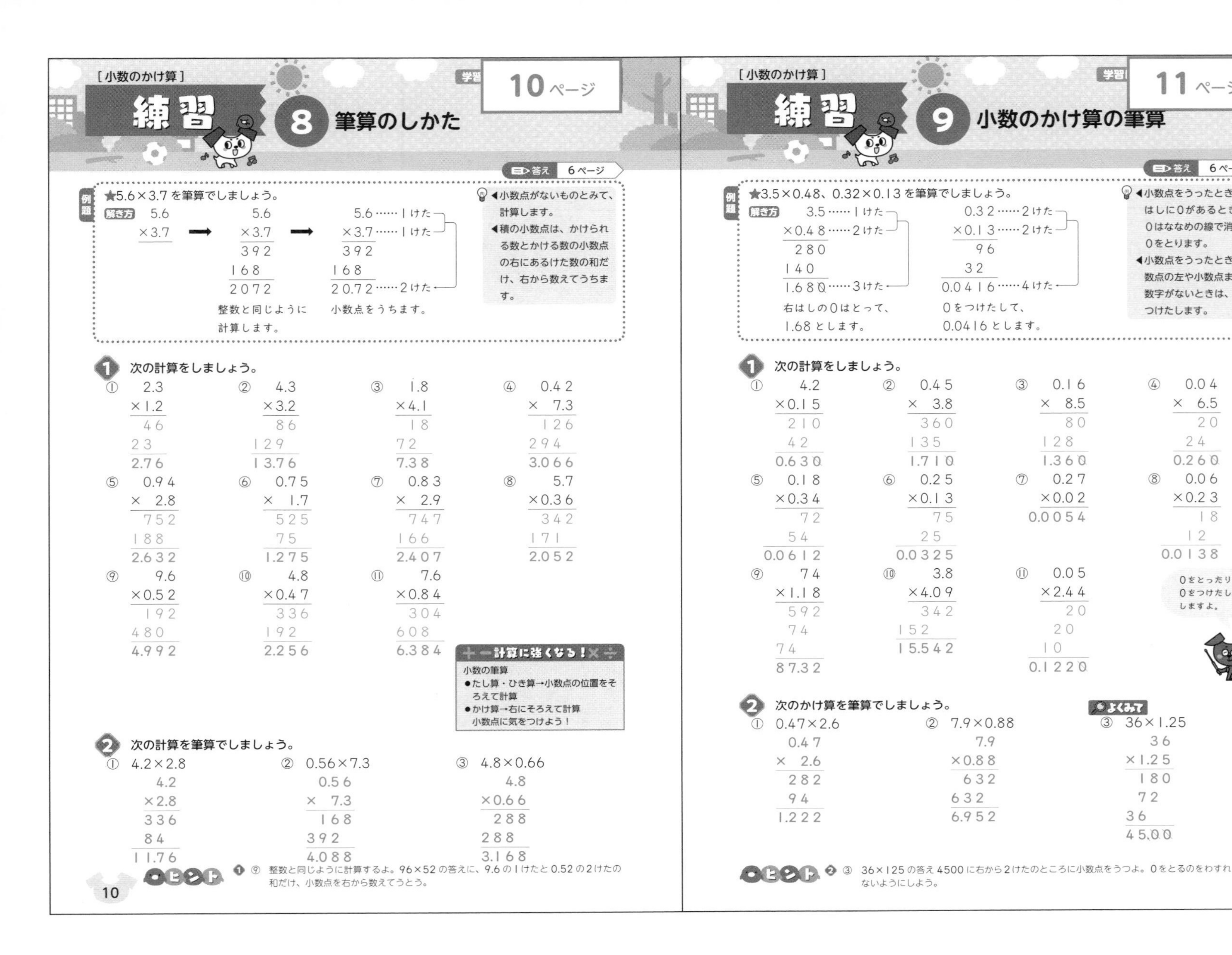

［小数のかけ算］

練習 8 筆算のしかた

10ページ

答え 6ページ

例題 ★5.6×3.7 を筆算でしましょう。

解き方 5.6 ×3.7 → 5.6 ×3.7 392 168 2072 → 5.6……1けた ×3.7……1けた 392 168 20.72……2けた

整数と同じように計算します。　小数点をうちます。

◀小数点がないものとみて、計算します。
◀積の小数点は、かけられる数とかける数の小数点の右にあるけた数の和だけ、右から数えてうちます。

1 次の計算をしましょう。

① 2.3 ×1.2 46 23 2.76
② 4.3 ×3.2 86 129 13.76
③ 1.8 ×4.1 18 72 7.38
④ 0.42 × 7.3 126 294 3.066
⑤ 0.94 × 2.8 752 188 2.632
⑥ 0.75 × 1.7 525 75 1.275
⑦ 0.83 × 2.9 747 166 2.407
⑧ 5.7 ×0.36 342 171 2.052
⑨ 9.6 ×0.52 192 480 4.992
⑩ 4.8 ×0.47 336 192 2.256
⑪ 7.6 ×0.84 304 608 6.384

＋－計算に強くなる！×÷
小数の筆算
●たし算・ひき算→小数点の位置をそろえて計算
●かけ算→右にそろえて計算
小数点に気をつけよう！

2 次の計算を筆算でしましょう。

① 4.2×2.8　4.2 ×2.8 336 84 11.76
② 0.56×7.3　0.56 × 7.3 168 392 4.088
③ 4.8×0.66　4.8 ×0.66 288 288 3.168

ヒント 1 ⑨ 整数と同じように計算するよ。96×52 の答えに、9.6 の1けたと 0.52 の2けたの和だけ、小数点を右から数えてうとう。

10

［小数のかけ算］

練習 9 小数のかけ算の筆算

11ページ

答え 6ページ

例題 ★3.5×0.48、0.32×0.13 を筆算でしましょう。

解き方 3.5……1けた ×0.48……2けた 280 140 1.680……3けた　右はしの0はとって、1.68 とします。

0.32……2けた ×0.13……2けた 96 32 0.0416……4けた　0をつけたして、0.0416 とします。

◀小数点をうったとき、右はしに0があるときは、0はななめの線で消して、0をとります。
◀小数点をうったとき、小数点の左や小数点までに数字がないときは、0をつけたします。

1 次の計算をしましょう。

① 4.2 ×0.15 210 42 0.630
② 0.45 × 3.8 360 135 1.710
③ 0.16 × 8.5 80 128 1.360
④ 0.04 × 6.5 20 24 0.260
⑤ 0.18 ×0.34 72 54 0.0612
⑥ 0.25 ×0.13 75 25 0.0325
⑦ 0.27 ×0.02 0.0054
⑧ 0.06 ×0.23 18 12 0.0138
⑨ 74 ×1.18 592 74 74 87.32
⑩ 3.8 ×4.09 342 152 15.542
⑪ 0.05 ×2.44 20 20 10 0.1220

0をとったり、0をつけたしたり、しますよ。

2 次のかけ算を筆算でしましょう。

① 0.47×2.6　0.47 × 2.6 282 94 1.222
② 7.9×0.88　7.9 ×0.88 632 632 6.952
③ よくみて 36×1.25　36 ×1.25 180 72 36 45.00

ヒント 2 ③ 36×125 の答え 4500 に右から2けたのところに小数点をうつよ。0をとるのをわすれないようにしよう。

11

10 ページ

1 ①かけられる数もかける数も小数点の右は1けたなので、答えの小数点は、小数点の右が2けたになるようにうちます。

④かけられる数の小数点の右は2けた、かける数の小数点の右は1けたなので、答えの小数点は、小数点の右が3けたになるようにうちます。

2 かけられる数とかける数を右にそろえてかきます。

11 ページ

1 ①小数点の右が3けたになるように小数点をうつと、一の位に数字がないので0をつけたします。小数点の右の最後の0は消します。

⑤小数点の右が4けたになるように小数点をうつと、一の位と$\frac{1}{10}$の位に数字がないので0をつけたします。

2 ③小数点以下に0が2つなので、2つとも消します。

おうちのかたへ
答えの小数点をつける前に小数点以下の0を消さないように注意させましょう。

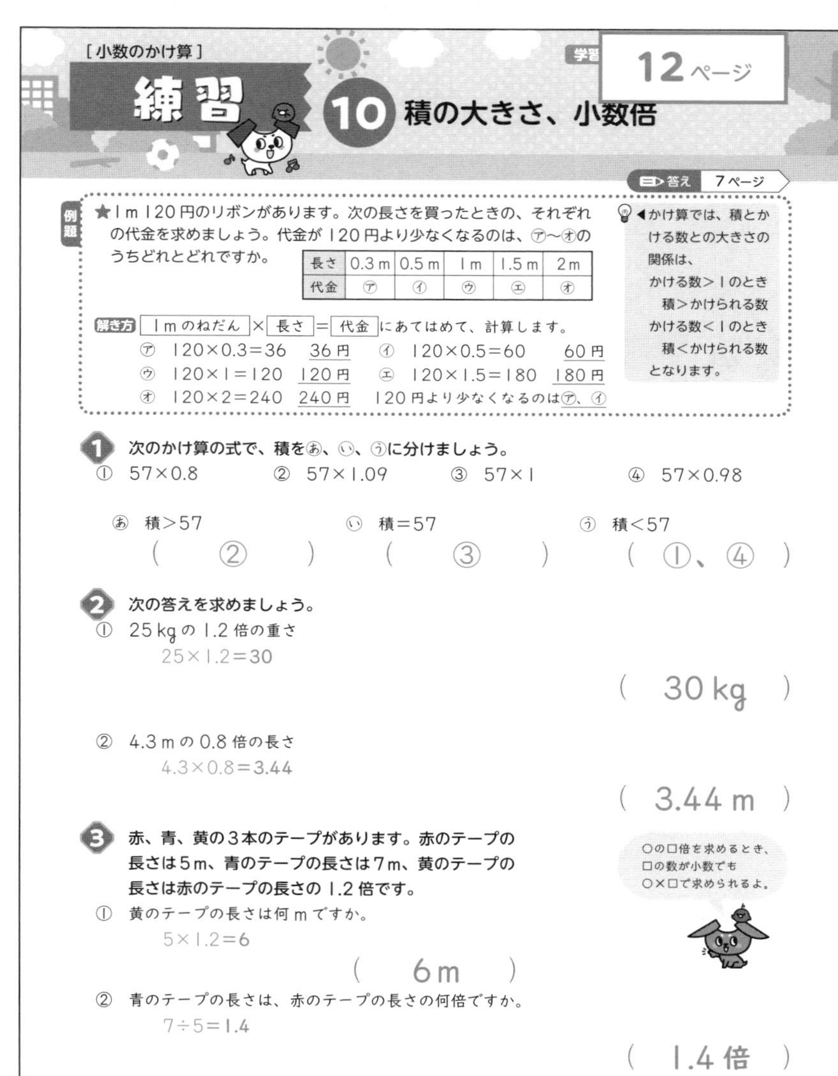
[小数のかけ算]

練習 10 積の大きさ、小数倍

12ページ

答え 7ページ

例題 ★1m 120円のリボンがあります。次の長さを買ったときの、それぞれの代金を求めましょう。代金が120円より少なくなるのは、㋐〜㋔のうちどれとどれですか。

長さ	0.3m	0.5m	1m	1.5m	2m
代金	㋐	㋑	㋒	㋓	㋔

解き方 1mのねだん × 長さ = 代金 にあてはめて、計算します。

㋐ 120×0.3=36 36円 ㋑ 120×0.5=60 60円

㋒ 120×1=120 120円 ㋓ 120×1.5=180 180円

㋔ 120×2=240 240円 120円より少なくなるのは㋐、㋑

◀かけ算では、積とかける数との大きさの関係は、
かける数＞1のとき 積＞かけられる数
かける数＜1のとき 積＜かけられる数
となります。

1 次のかけ算の式で、積を㋐、㋑、㋒に分けましょう。

① 57×0.8 ② 57×1.09 ③ 57×1 ④ 57×0.98

㋐ 積＞57 (②) ㋑ 積=57 (③) ㋒ 積＜57 (①、④)

2 次の答えを求めましょう。

① 25kgの1.2倍の重さ
25×1.2=30 (30kg)

② 4.3mの0.8倍の長さ
4.3×0.8=3.44 (3.44m)

3 赤、青、黄の3本のテープがあります。赤のテープの長さは5m、青のテープの長さは7m、黄のテープの長さは赤のテープの長さの1.2倍です。

① 黄のテープの長さは何mですか。
5×1.2=6 (6m)

② 青のテープの長さは、赤のテープの長さの何倍ですか。
7÷5=1.4 (1.4倍)

○の□倍を求めるとき、□の数が小数でも○×□で求められるよ。

ヒント ❸① 黄のテープの長さは、赤のテープの長さの1.2倍だから、5×1.2で求められるよ。

12

答え 7ページ

例題 ★たて0.8m、横2.5mの長方形の面積を求めましょう。

解き方 長方形の面積 = たて × 横 の公式にあてはめます。

● たて、横の長さをcmの単位で表して計算すると、
80×250=20000
1m²=10000cm² だから 20000cm²=2m² 答え 2m²

● たて、横の長さをmの単位のまま計算すると、
0.8×2.5=2 答え 2m²

◀面積や体積を求めるとき、辺の長さが小数であっても、公式を使って求めることができます。

1 次の面積を求めましょう。

① たてが2.8cm、横が4.6cmの長方形の面積
2.8×4.6=12.88 (12.88cm²)

② たてが8.6m、横が3.5mの長方形の面積
8.6×3.5=30.1 (30.1m²)

③ 1辺が5.2cmの正方形の面積
5.2×5.2=27.04 (27.04cm²)

辺の長さが小数でも、面積を求める公式が使えるよ。

2 次の体積を求めましょう。

① たて1.4m、横2.8m、高さ3mの直方体の体積
1.4×2.8×3=11.76 (11.76m³)

② たて10.5cm、横6cm、高さ0.8cmの直方体の体積
10.5×6×0.8=50.4 (50.4cm³)

③ 1辺3.2cmの立方体の体積
3.2×3.2×3.2=32.768 (32.768cm³)

④ 1辺0.7mの立方体の体積
0.7×0.7×0.7=0.343 (0.343m³)

ヒント ❷① 直方体の体積はたて×横×高さで求められるから、式は、1.4×2.8×3になるよ。

13

12ページ

❶ かけ算では、1より大きい数をかけると積はかけられる数より大きくなり、1より小さい数をかけると積はかけられる数より小さくなります。

❷ ○の□倍は、○×□で求めます。

❸ ① 黄のテープ=赤のテープ×1.2です。
② 青のテープ÷赤のテープで求めます。

13ページ

❶ 辺の長さが小数でも、面積の公式にあてはめて計算できます。
長方形の面積=たて×横
正方形の面積
=1辺×1辺

❷ 辺の長さが小数でも、体積の公式にあてはめて計算できます。
直方体の体積
=たて×横×高さ
立方体の体積
=1辺×1辺×1辺

おうちのかたへ

面積の公式が身についていない場合は、4年生の長方形・正方形の面積の公式を振り返りさせましょう。

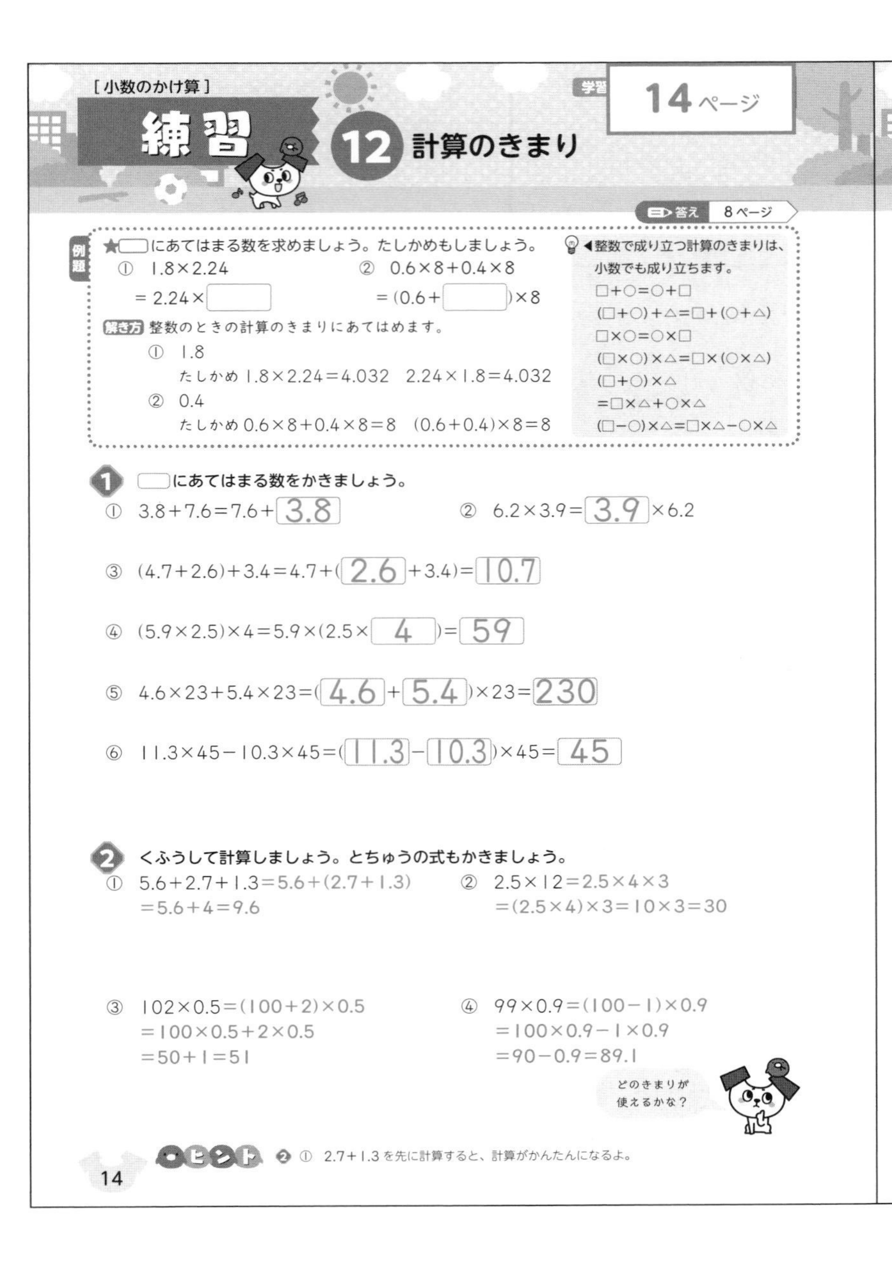

[小数のかけ算]

14ページ

練習 12 計算のきまり

答え 8ページ

例題 ★□にあてはまる数を求めましょう。たしかめもしましょう。

① 1.8×2.24
= 2.24×□

② 0.6×8+0.4×8
= (0.6+□)×8

解き方 整数のときの計算のきまりにあてはめます。

① 1.8
たしかめ 1.8×2.24=4.032　2.24×1.8=4.032

② 0.4
たしかめ 0.6×8+0.4×8=8　(0.6+0.4)×8=8

◀整数で成り立つ計算のきまりは、小数でも成り立ちます。
□+○=○+□
(□+○)+△=□+(○+△)
□×○=○×□
(□×○)×△=□×(○×△)
(□+○)×△
=□×△+○×△
(□−○)×△=□×△−○×△

1 □にあてはまる数をかきましょう。

① 3.8+7.6=7.6+ 3.8

② 6.2×3.9= 3.9 ×6.2

③ (4.7+2.6)+3.4=4.7+(2.6 +3.4)= 10.7

④ (5.9×2.5)×4=5.9×(2.5× 4)= 59

⑤ 4.6×23+5.4×23=(4.6 + 5.4)×23= 230

⑥ 11.3×45−10.3×45=(11.3 − 10.3)×45= 45

2 くふうして計算しましょう。とちゅうの式もかきましょう。

① 5.6+2.7+1.3=5.6+(2.7+1.3)
=5.6+4=9.6

② 2.5×12=2.5×4×3
=(2.5×4)×3=10×3=30

③ 102×0.5=(100+2)×0.5
=100×0.5+2×0.5
=50+1=51

④ 99×0.9=(100−1)×0.9
=100×0.9−1×0.9
=90−0.9=89.1

どのきまりが使えるかな？

ヒント ❷ ① 2.7+1.3 を先に計算すると、計算がかんたんになるよ。

14

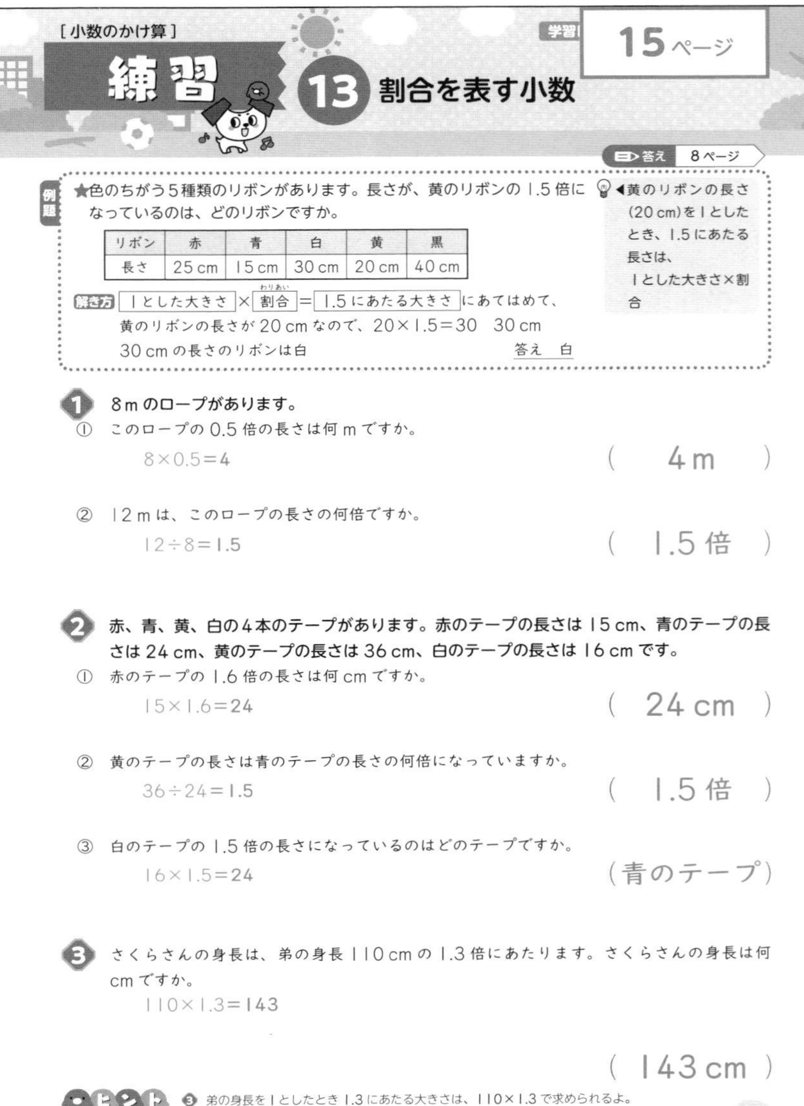

[小数のかけ算]

15ページ

練習 13 割合を表す小数

答え 8ページ

例題 ★色のちがう5種類のリボンがあります。長さが、黄のリボンの 1.5 倍になっているのは、どのリボンですか。

リボン	赤	青	白	黄	黒
長さ	25 cm	15 cm	30 cm	20 cm	40 cm

解き方 1とした大きさ × 割合 = 1.5にあたる大きさ にあてはめて、
黄のリボンの長さが 20 cm なので、20×1.5=30　30 cm
30 cm の長さのリボンは白　答え 白

◀黄のリボンの長さ(20 cm)を1としたとき、1.5 にあたる長さは、1とした大きさ×割合

1 8 m のロープがあります。

① このロープの 0.5 倍の長さは何 m ですか。
8×0.5=4　(4 m)

② 12 m は、このロープの長さの何倍ですか。
12÷8=1.5　(1.5 倍)

2 赤、青、黄、白の4本のテープがあります。赤のテープの長さは 15 cm、青のテープの長さは 24 cm、黄のテープの長さは 36 cm、白のテープの長さは 16 cm です。

① 赤のテープの 1.6 倍の長さは何 cm ですか。
15×1.6=24　(24 cm)

② 黄のテープの長さは青のテープの長さの何倍になっていますか。
36÷24=1.5　(1.5 倍)

③ 白のテープの 1.5 倍の長さになっているのはどのテープですか。
16×1.5=24　(青のテープ)

3 さくらさんの身長は、弟の身長 110 cm の 1.3 倍にあたります。さくらさんの身長は何 cm ですか。
110×1.3=143　(143 cm)

ヒント ❸ 弟の身長を1としたとき 1.3 にあたる大きさは、110×1.3 で求められるよ。

15

14 ページ

1 整数で学習した計算のきまりが、小数でも成り立ちます。
③2.6＋3.4 を先に計算すると、計算しやすくなります。
⑤共通している ×23 に注目して、
□×△＋○×△
＝(□＋○)×△
を使います。

2 ②□×(○×△)
＝(□×○)×△
③(□＋○)×△
＝□×△＋○×△
④(□−○)×△
＝□×△−○×△

15 ページ

2 ② 黄のテープの長さ÷青のテープの長さ
③白のテープの 1.5 倍の長さは、
16×1.5=24 で、24 cm

3 さくらさんの身長
＝弟の身長 ×1.3

おうちのかたへ
整数のときと同じように、どのきまりを使えば計算がしやすくなるか、式をよく見て考えさせましょう。

確かめのテスト 14 小数のかけ算

16 ページ

時間 30 分 /100 合格 80 点

答え 9ページ

1 次の計算をしましょう。 各3点(18点)

① 9×0.3=9×3÷10 =2.7
② 5×0.8=5×8÷10 =4
③ 0.3×0.3=0.3×3÷10 =0.09
④ 4.7×0.2=4.7×2÷10 =0.94
⑤ 2.5×0.03=2.5×3÷100 =7.5÷100 =0.075
⑥ 52×0.04=52×4÷100 =208÷100 =2.08

2 次の計算をしましょう。 各3点(48点)

① 3.8×5.2 → 76, 190 → 19.76
② 1.9×2.9 → 171, 38 → 5.51
③ 0.42×3.6 → 252, 126 → 1.512
④ 0.17×3.7 → 119, 51 → 0.629
⑤ 7.5×0.35 → 375, 225 → 2.625
⑥ 0.38×0.52 → 76, 190 → 0.1976
⑦ 6.6×0.45 → 330, 264 → 2.970
⑧ 0.44×2.5 → 220, 88 → 1.100
⑨ 0.08×0.31 → 8, 24 → 0.0248
⑩ 0.52×0.09 → 0.0468
⑪ 18×2.35 → 90, 54, 36 → 42.30
⑫ 0.26×1.39 → 234, 78, 26 → 0.3614
⑬ 3.42×5.2 → 684, 1710 → 17.784
⑭ 0.06×2.37 → 42, 18, 12 → 0.1422
⑮ 0.07×3.07 → 49, 21 → 0.2149
⑯ 24×1.75 → 120, 168, 24 → 42.00

17 ページ

3 積が45より大きくなるものをすべて選んで、記号で答えましょう。 全部できて(4点)

㋐ 45×0.7　㋑ 45×1.01　㋒ 45×0.99　㋓ 45×1.2

(㋑、㋓)

4 次の答えを求めましょう。 各3点(9点)

① 1m 150円のひも 3.2mの代金
150×3.2=480 (480円)

② 1m 0.7kgのパイプ 0.5mの重さ
0.7×0.5=0.35 (0.35kg)

③ 1kg 2500円のぶた肉 0.45kgの代金
2500×0.45=1125 (1125円)

5 次の面積や体積を求めましょう。 各3点(9点)

① たて3.2cm、横4.8cmの長方形の面積
3.2×4.8=15.36 ($15.36 cm^2$)

② 1辺2.8mの正方形の面積
2.8×2.8=7.84 ($7.84 m^2$)

③ たて3.8m、横2m、高さ7.5mの直方体の体積
3.8×2×7.5=57 ($57 m^3$)

できたらスゴイ!

6 白のリボンの長さは36cmです。赤のリボンの長さは、白のリボンの長さの1.25倍で、青のリボン長さは、白のリボンの0.85倍です。 各6点(12点)

① 白のリボン、赤のリボン、青のリボンのうち、いちばん長いのは、どれですか。
赤=白×1.25、青=白×0.85 (赤のリボン)

② いちばん短いリボンは何cmですか。
36×0.85=30.6 (30.6cm)

16 ページ

1 10倍や100倍した数をかけて計算して、あとで10や100でわります。

2 整数と同じように計算して、積の小数点は、かけられる数とかける数の小数点以下のけた数の和だけ、右からかぞえてうちます。
④小数点の左に数字がないので、0をつけたします。
⑦小数点以下の最後が0なので、しゃ線をひいて消します。

17 ページ

3 1より大きい数をかけると、積はかけられる数より大きくなります。

4 ①[1mのねだん]×[長さ]=[代金]の式にあてはめます。

5 面積や体積の公式にあてはめます。単位に気をつけます。

6 1より大きい数をかけるとかけられる数より大きくなり、1より小さい数をかけるとかけられる数より小さくなることを利用します。

おうちのかたへ
小数点のうつ場所を間違えないように、よく練習させましょう。

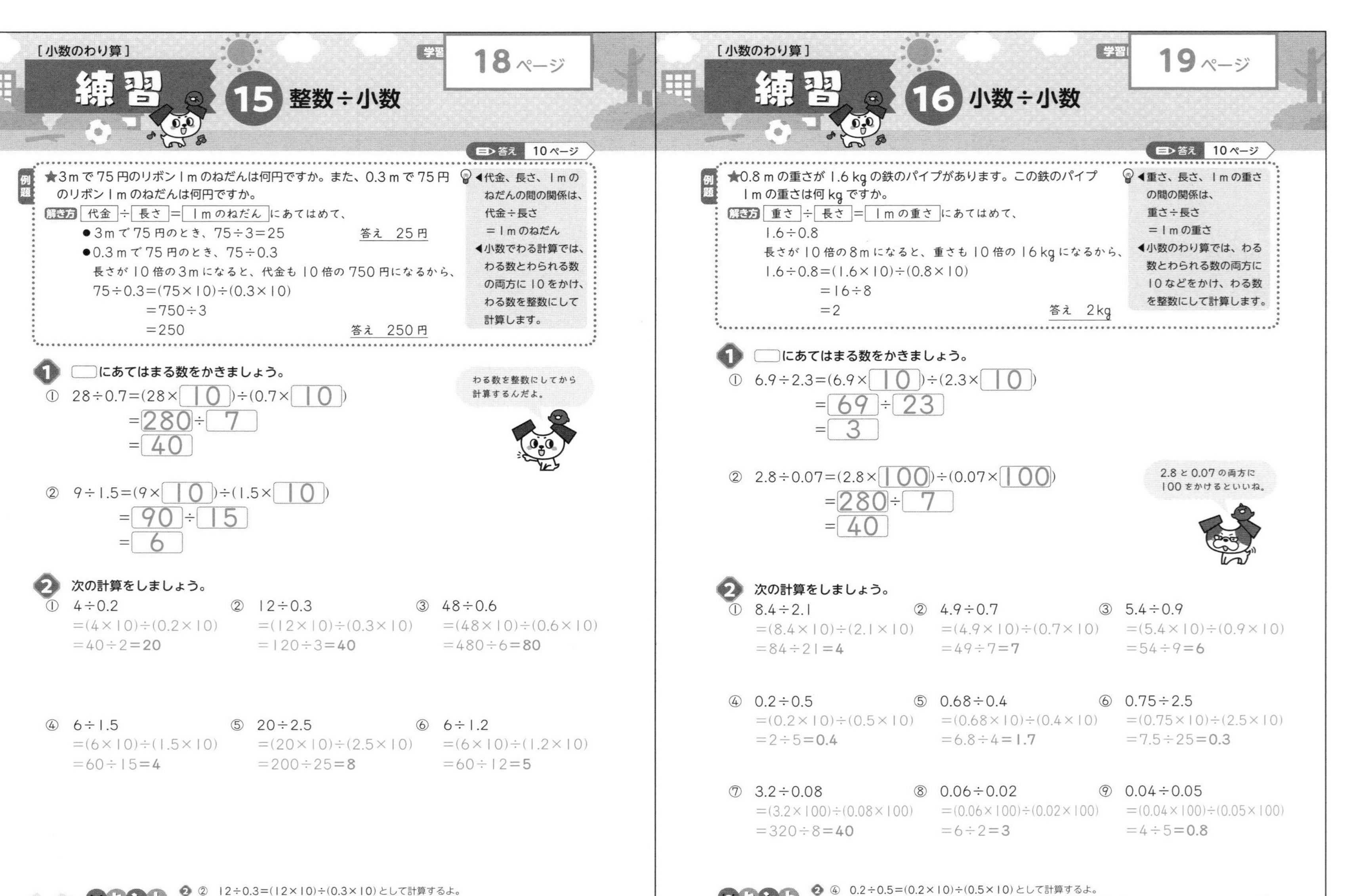

［小数のわり算］

練習 15 整数÷小数

18ページ

答え 10ページ

例題 ★3mで75円のリボン1mのねだんは何円ですか。また、0.3mで75円のリボン1mのねだんは何円ですか。

解き方 代金÷長さ＝1mのねだん にあてはめて、

●3mで75円のとき、75÷3＝25　答え 25円

●0.3mで75円のとき、75÷0.3

長さが10倍の3mになると、代金も10倍の750円になるから、

75÷0.3＝(75×10)÷(0.3×10)

＝750÷3

＝250　答え 250円

◀代金、長さ、1mのねだんの間の関係は、代金÷長さ＝1mのねだん

◀小数でわる計算では、わる数とわられる数の両方に10をかけ、わる数を整数にして計算します。

1 □にあてはまる数をかきましょう。

① 28÷0.7＝(28×10)÷(0.7×10)
＝280÷7
＝40

② 9÷1.5＝(9×10)÷(1.5×10)
＝90÷15
＝6

わる数を整数にしてから計算するんだよ。

2 次の計算をしましょう。

① 4÷0.2
＝(4×10)÷(0.2×10)
＝40÷2＝20

② 12÷0.3
＝(12×10)÷(0.3×10)
＝120÷3＝40

③ 48÷0.6
＝(48×10)÷(0.6×10)
＝480÷6＝80

④ 6÷1.5
＝(6×10)÷(1.5×10)
＝60÷15＝4

⑤ 20÷2.5
＝(20×10)÷(2.5×10)
＝200÷25＝8

⑥ 6÷1.2
＝(6×10)÷(1.2×10)
＝60÷12＝5

ヒント 2 ② 12÷0.3＝(12×10)÷(0.3×10)として計算するよ。
⑥ 6÷1.2＝(6×10)÷(1.2×10)として計算するよ。

18

［小数のわり算］

練習 16 小数÷小数

19ページ

答え 10ページ

例題 ★0.8mの重さが1.6kgの鉄のパイプがあります。この鉄のパイプ1mの重さは何kgですか。

解き方 重さ÷長さ＝1mの重さ にあてはめて、

1.6÷0.8

長さが10倍の8mになると、重さも10倍の16kgになるから、

1.6÷0.8＝(1.6×10)÷(0.8×10)

＝16÷8

＝2　答え 2kg

◀重さ、長さ、1mの重さの間の関係は、重さ÷長さ＝1mの重さ

◀小数のわり算では、わる数とわられる数の両方に10などをかけ、わる数を整数にして計算します。

1 □にあてはまる数をかきましょう。

① 6.9÷2.3＝(6.9×10)÷(2.3×10)
＝69÷23
＝3

② 2.8÷0.07＝(2.8×100)÷(0.07×100)
＝280÷7
＝40

2.8と0.07の両方に100をかけるといいね。

2 次の計算をしましょう。

① 8.4÷2.1
＝(8.4×10)÷(2.1×10)
＝84÷21＝4

② 4.9÷0.7
＝(4.9×10)÷(0.7×10)
＝49÷7＝7

③ 5.4÷0.9
＝(5.4×10)÷(0.9×10)
＝54÷9＝6

④ 0.2÷0.5
＝(0.2×10)÷(0.5×10)
＝2÷5＝0.4

⑤ 0.68÷0.4
＝(0.68×10)÷(0.4×10)
＝6.8÷4＝1.7

⑥ 0.75÷2.5
＝(0.75×10)÷(2.5×10)
＝7.5÷25＝0.3

⑦ 3.2÷0.08
＝(3.2×100)÷(0.08×100)
＝320÷8＝40

⑧ 0.06÷0.02
＝(0.06×100)÷(0.02×100)
＝6÷2＝3

⑨ 0.04÷0.05
＝(0.04×100)÷(0.05×100)
＝4÷5＝0.8

ヒント 2 ④ 0.2÷0.5＝(0.2×10)÷(0.5×10)として計算するよ。
⑧ 0.06÷0.02＝(0.06×100)÷(0.02×100)として計算するよ。

19

18ページ

1 わる数が整数になるよう、わられる数とわる数の両方に10をかけてから計算します。

2 ①わる数の0.2を整数にするために、わられる数とわる数の両方に10をかけて、40÷2とします。

19ページ

1 ①わられる数とわる数の両方に10をかけて、69÷23とします。

②わる数が0.07なので、整数にするために、100をかけます。わられる数にも同じように100をかけるので、280÷7になります。

2 ⑤わられる数とわる数に10をかけて、6.8÷4とします。

⑧わられる数とわる数に100をかけて、6÷2とします。

おうちのかたへ

わる数が小数のとき、わられる数が整数・小数のどちらでも、わる数を整数にすることを考えさせましょう。

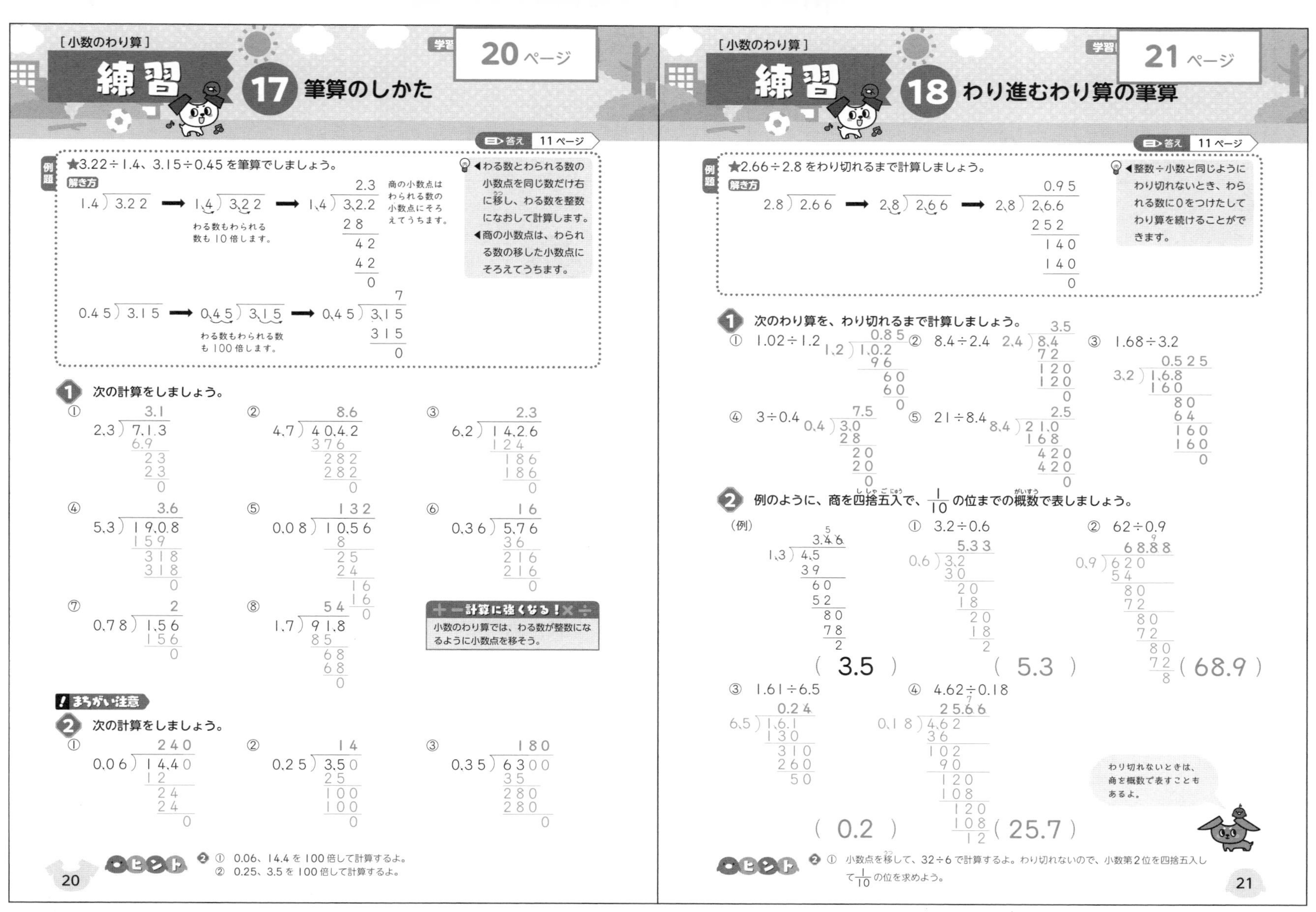

20 ページ

❶ わる数とわられる数の小数点を同じ数だけ右に移し、わる数を整数になおしてから計算します。商の小数点は、わられる数の小数点にそろえてうちます。

①小数点を右へ１つ移す(うつ)ので、わられる数は１の右に小数点が移ります。商の小数点もそれと同じ位置にうちます。

❷ ①小数点を右へ２つ移すので、わられる数に０を１つつけたします。

③小数点を右へ２つ移すので、わられる数に０を２つつけたします。

21 ページ

❶ わられる数に０をつけたしてわり算を続けます。

❷ $\frac{1}{10}$の位までの概数(がいすう)で表すので、$\frac{1}{100}$の位を四捨五入(ししゃごにゅう)します。

おうちのかたへ
商の小数点をうつ位置をしっかりと身につけさせましょう。

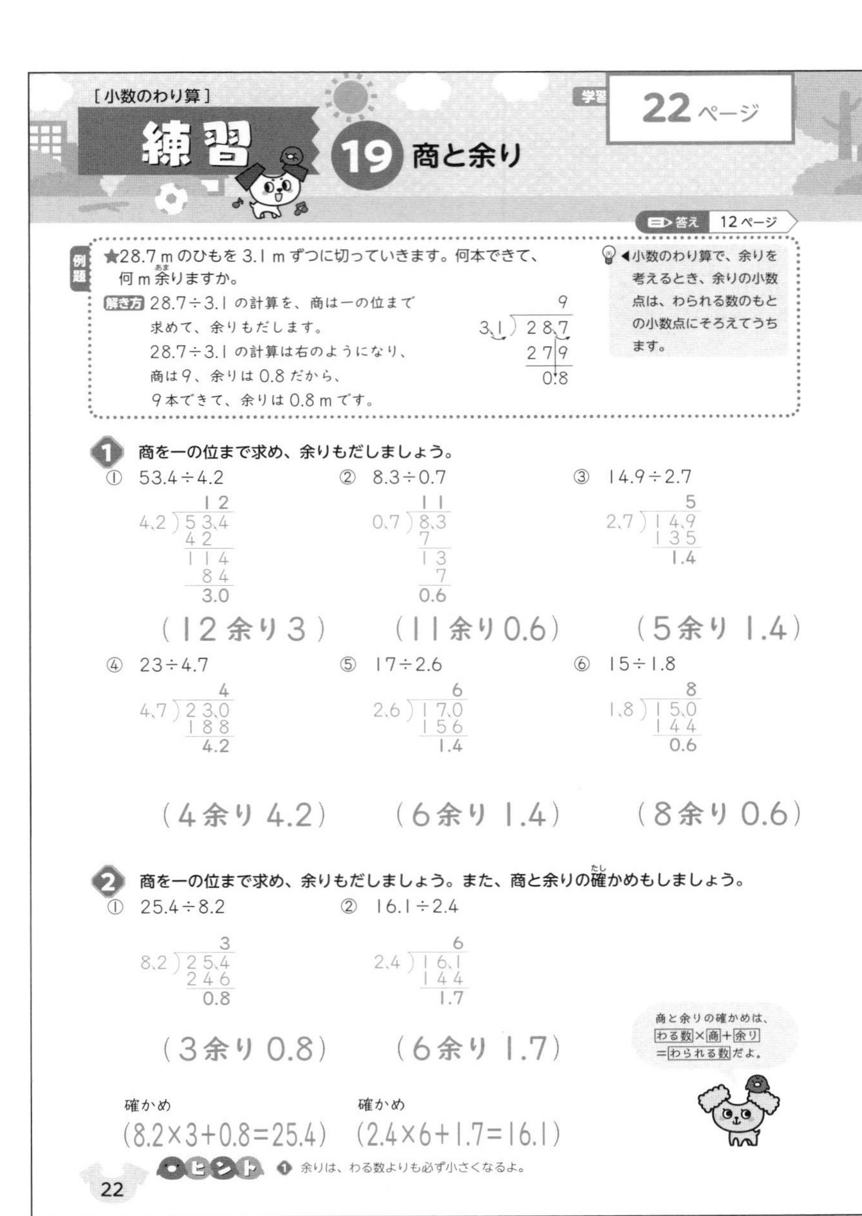

[小数のわり算]
練習 19 商と余り
22ページ
答え 12ページ
★28.7mのひもを3.1mずつに切っていきます。何本できて、何m余りますか。
解き方 28.7÷3.1の計算を、商は一の位まで求めて、余りもだします。
28.7÷3.1の計算は右のようになり、商は9、余りは0.8だから、9本できて、余りは0.8mです。
◀小数のわり算で、余りを考えるとき、余りの小数点は、わられる数のもとの小数点にそろえてうちます。
1 商を一の位まで求め、余りもだしましょう。
① 53.4÷4.2 （12余り3）
② 8.3÷0.7 （11余り0.6）
③ 14.9÷2.7 （5余り1.4）
④ 23÷4.7 （4余り4.2）
⑤ 17÷2.6 （6余り1.4）
⑥ 15÷1.8 （8余り0.6）
2 商を一の位まで求め、余りもだしましょう。また、商と余りの確かめもしましょう。
① 25.4÷8.2 （3余り0.8）
② 16.1÷2.4 （6余り1.7）
確かめ (8.2×3+0.8=25.4)
確かめ (2.4×6+1.7=16.1)
商と余りの確かめは、わる数×商+余り=わられる数だよ。
ヒント 1 余りは、わる数よりも必ず小さくなるよ。
22

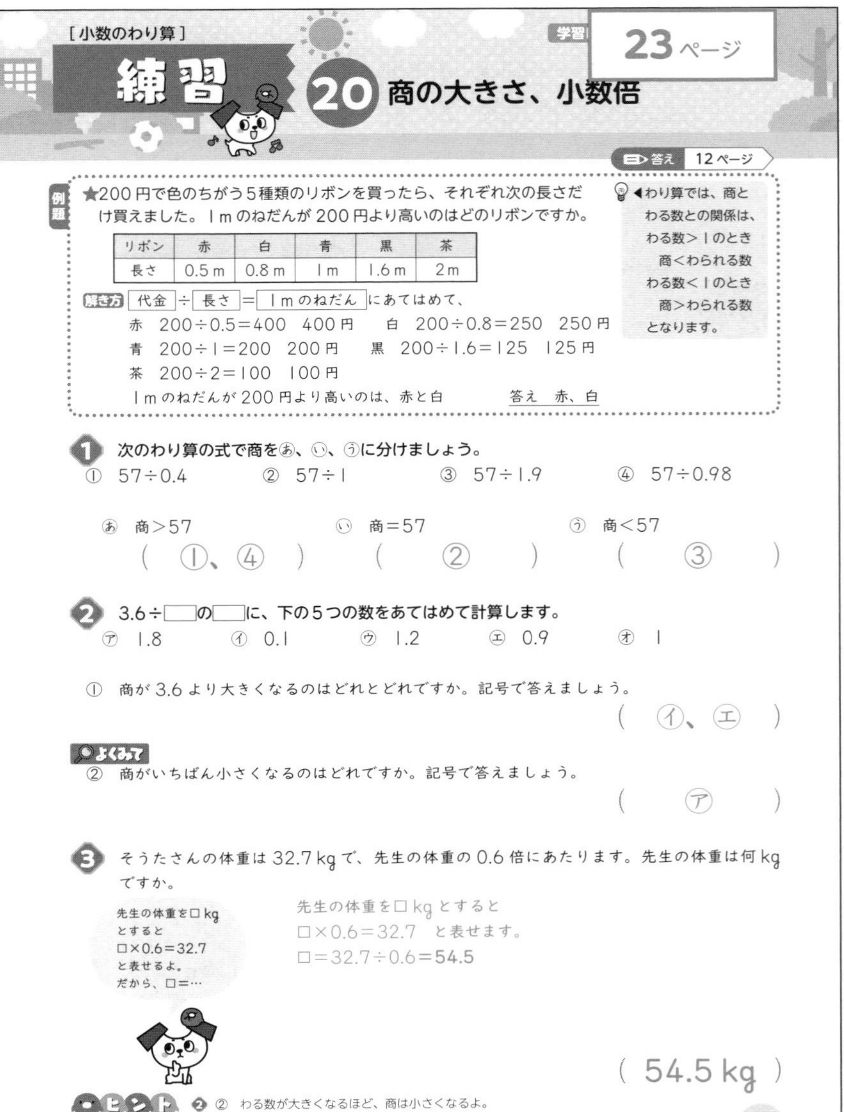

[小数のわり算]
練習 20 商の大きさ、小数倍
23ページ
答え 12ページ
★200円で色のちがう5種類のリボンを買ったら、それぞれ次の長さだけ買えました。1mのねだんが200円より高いのはどのリボンですか。
リボン 赤 白 青 黒 茶
長さ 0.5m 0.8m 1m 1.6m 2m
解き方 代金÷長さ=1mのねだん にあてはめて、
赤 200÷0.5=400 400円 白 200÷0.8=250 250円
青 200÷1=200 200円 黒 200÷1.6=125 125円
茶 200÷2=100 100円
1mのねだんが200円より高いのは、赤と白 答え 赤、白
◀わり算では、商とわる数との関係は、わる数>1のとき 商<わられる数 わる数<1のとき 商>わられる数 となります。
1 次のわり算の式で商をあ、い、うに分けましょう。
① 57÷0.4 ② 57÷1 ③ 57÷1.9 ④ 57÷0.98
あ 商>57 （①、④） い 商=57 （②） う 商<57 （③）
2 3.6÷□の□に、下の5つの数をあてはめて計算します。
ア 1.8 イ 0.1 ウ 1.2 エ 0.9 オ 1
① 商が3.6より大きくなるのはどれとどれですか。記号で答えましょう。 （イ、エ）
よくみて ② 商がいちばん小さくなるのはどれですか。記号で答えましょう。 （ア）
3 そうたさんの体重は32.7kgで、先生の体重の0.6倍にあたります。先生の体重は何kgですか。
先生の体重を□kgとすると □×0.6=32.7 と表せるよ。だから、□=…
先生の体重を□kgとすると □×0.6=32.7 と表せます。 □=32.7÷0.6=54.5
（54.5kg）
ヒント 2 ② わる数が大きくなるほど、商は小さくなるよ。
23

22ページ

1 余（あま）りの小数点は、わられる数のもとの小数点にそろえてうちます。

②余りの小数点は、わられる数8.3の小数点とそろえてうつので、0を1つつけたして0.6になります。

2 答えの確（たし）かめは、
(わる数)×(商)+(余り)
=(わられる数)
でしましょう。

23ページ

1 わり算では、1より小さい数でわると、商はわられる数より大きくなり、1より大きい数でわると、商はわられる数より小さくなります。

2 ①商が3.6より大きくなるのは、1より小さい数でわったときです。

②わる数が大きくなるほど、商は小さくなります。

おうちのかたへ
余りの小数点の位置は間違えやすいので、答えに自信がないときは確かめをさせましょう。

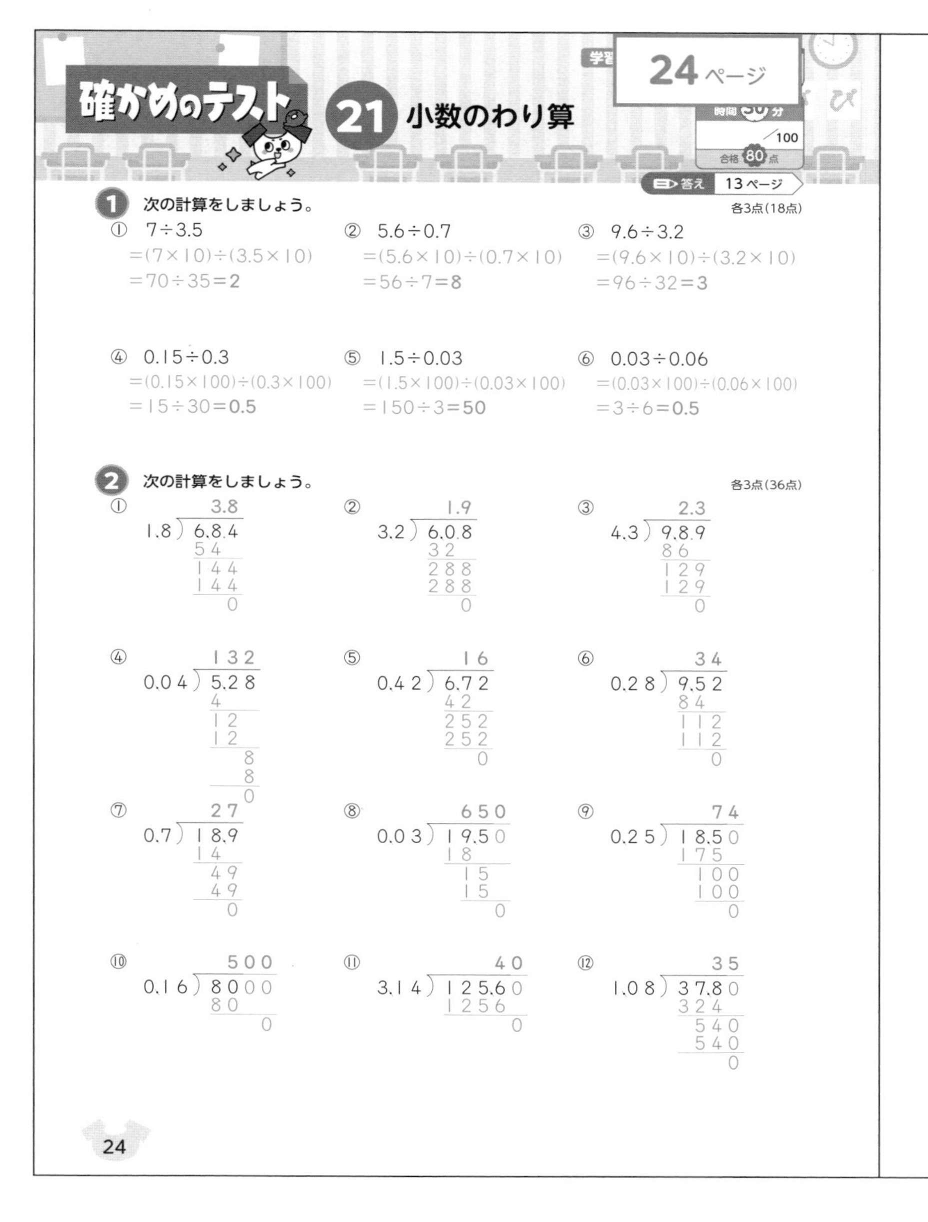
確かめのテスト 21 小数のわり算

24ページ

時間30分 ／100 合格80点

答え 13ページ

1 次の計算をしましょう。 各3点(18点)

① 7÷3.5
=(7×10)÷(3.5×10)
=70÷35=2

② 5.6÷0.7
=(5.6×10)÷(0.7×10)
=56÷7=8

③ 9.6÷3.2
=(9.6×10)÷(3.2×10)
=96÷32=3

④ 0.15÷0.3
=(0.15×100)÷(0.3×100)
=15÷30=0.5

⑤ 1.5÷0.03
=(1.5×100)÷(0.03×100)
=150÷3=50

⑥ 0.03÷0.06
=(0.03×100)÷(0.06×100)
=3÷6=0.5

2 次の計算をしましょう。 各3点(36点)

① 1.8）6.84　商 3.8

② 3.2）6.08　商 1.9

③ 4.3）9.89　商 2.3

④ 0.04）5.28　商 132

⑤ 0.42）6.72　商 16

⑥ 0.28）9.52　商 34

⑦ 0.7）18.9　商 27

⑧ 0.03）19.50　商 650

⑨ 0.25）18.50　商 74

⑩ 0.16）80.00　商 500

⑪ 3.14）125.60　商 40

⑫ 1.08）37.80　商 35

25ページ

3 次のわり算を、わり切れるまで計算しましょう。 各4点(12点)

① 2.5÷0.4　商 6.25

② 1.88÷0.25　商 7.52

③ 6.21÷7.5　商 0.828

4 商を四捨五入で、$\frac{1}{10}$の位までの概数で表しましょう。 各4点(12点)

① 0.7）3.1　4.42　（ 4.4 ）

② 3.8）2.07　0.54　（ 0.5 ）

③ 9.1）56　6.15　（ 6.2 ）

5 商を一の位まで求め、余りもだしましょう。 各4点(12点)

① 16÷4.3　（ 3余り 3.1 ）

② 73÷3.7　（ 19余り 2.7 ）

③ 52.6÷1.9　（ 27余り 1.3 ）

6 次の①～④の中で、答えが 4.5 より大きくなるのはどれですか。番号ですべて答えましょう。 全部できて(4点)

① 4.5×0.9　② 4.5÷0.9　③ 4.5×1.5　④ 4.5÷1.5

（ ②、③ ）

7 赤、青、黄の３本のテープがあります。赤のテープの長さは４ｍで、青のテープの長さの 0.8 倍、黄のテープの 0.5 倍です。 各3点(6点)

① 青のテープの長さは何ｍですか。

青のテープの長さを□ｍとすると、
□×0.8＝4　□＝4÷0.8＝5

（ 5ｍ ）

できたらスゴイ！

② 黄のテープの長さは青のテープの長さの何倍ですか。

黄のテープの長さを△ｍとすると、
△×0.5＝4　△＝4÷0.5＝8　黄のテープは８ｍ
8÷5＝1.6

（ 1.6 倍 ）

24ページ

1 わる数を整数にしてから計算します。このとき、わる数に 10 をかけたら、わられる数にも 10 をかけることをわすれないようにしましょう。

2 わる数が整数になるように小数点を右に移し、わられる数の小数点も同じだけ右に移します。

25ページ

3 わり切れないときは、わられる数に０をつけたして、わり算を続けます。

4 $\frac{1}{10}$の位までの概数で表すので、$\frac{1}{100}$の位を四捨五入します。

5 余りの小数点は、わられる数のもとの小数点にそろえてうちます。

6 かけ算では、１より大きい数をかけると、積はかけられる数より大きくなります。わり算では、１より小さい数でわると、商はわられる数より大きくなります。

おうちのかたへ
答えや余りの小数点のつけかたをしっかりと身につけさせましょう。

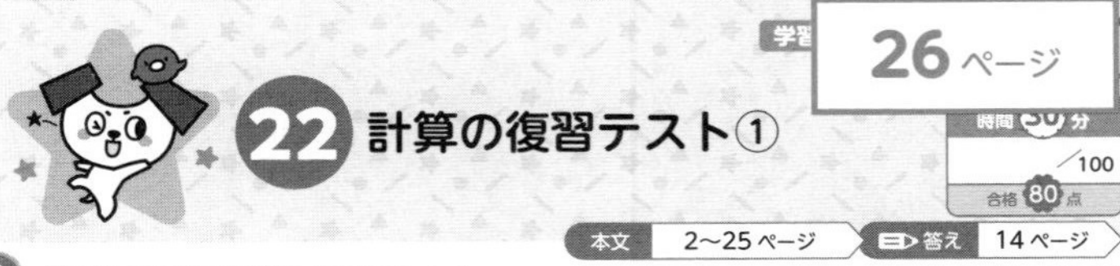

22 計算の復習テスト①

時間 30 分　/100　合格 80 点

本文 2〜25 ページ　答え 14 ページ

1 □にあてはまる数をかきましょう。 □各2点(14点)

① 0.253 を 10 倍した数は 2.53 で、100 倍した数は 25.3 です。

② 4270 は 4.27 を 1000 倍した数です。

③ 70 の $\frac{1}{100}$ は 0.7 で、$\frac{1}{1000}$ は 0.07 です。

④ 0.0246 は、24.6 の 1000 分の 1 です。

⑤ 0.005 は 0.5 の $\frac{1}{100}$ です。

2 次の計算をしましょう。 各2点(12点)

① 3.14×10=31.4　② 0.36×100=36　③ 2.06×1000=2060

④ 5.18÷10=0.518　⑤ 1.93÷100=0.0193　⑥ 49÷1000=0.049

3 次の計算をしましょう。 各2点(28点)

① 4×0.4 =4×4÷10=1.6

② 60×1.3 =60×13÷10=78

③ 0.5×0.6 =0.5×6÷10=0.3

④ 4×0.02 =4×2÷100=0.08

⑤ 0.6×0.03 =0.6×3÷100 =0.018

⑥ 13×0.05 =13×5÷100=0.65

⑦ 3.7×4.1 → 37, 148 → 15.17

⑧ 5.6×2.4 → 224, 112 → 13.44

⑨ 0.47×4.3 → 141, 188 → 2.021

⑩ 0.62×2.9 → 558, 124 → 1.798

⑪ 0.42×0.05 → 0.0210

⑫ 0.25×0.08 → 0.0200

⑬ 0.16×2.45 → 80, 64, 32 → 0.3920

⑭ 72×1.15 → 360, 72, 72 → 82.80

4 次の計算をしましょう。 各2点(28点)

① 56÷0.7 =(56×10)÷(0.7×10) =560÷7=80

② 32÷0.4 =(32×10)÷(0.4×10) =320÷4=80

③ 5.5÷0.5 =(5.5×10)÷(0.5×10) =55÷5=11

④ 0.64÷0.8 =(0.64×10)÷(0.8×10) =6.4÷8=0.8

⑤ 0.1÷0.02 =(0.1×100)÷(0.02×100) =10÷2=5

⑥ 0.48÷2.4 =(0.48×10)÷(2.4×10) =4.8÷24=0.2

⑦ 9.52÷2.8 = 3.4 （84, 112, 112, 0）

⑧ 5.89÷1.9 = 3.1 （57, 19, 19, 0）

⑨ 3.92÷0.28 = 14 （28, 112, 112, 0）

⑩ 72÷0.96 = 75 （672, 480, 480, 0）

⑪ 2.38÷3.4 = 0.7 （238, 0）

⑫ 6.57÷7.3 = 0.9 （657, 0）

⑬ 630÷8.4 = 75 （588, 420, 420, 0）

⑭ 21÷0.35 = 60 （210, 0）

5 次のわり算を、わり切れるまで計算しましょう。 各2点(6点)

① 2.7÷0.25 = 10.8 （25, 200, 200, 0）

② 1.9÷7.6 = 0.25 （152, 380, 380, 0）

③ 4.14÷7.5 = 0.552 （375, 390, 375, 150, 150, 0）

6 次の商を、四捨五入で、$\frac{1}{10}$ の位までの概数で表しましょう。 各2点(6点)

① 22.4÷9.7 =2.30…　（ 2.3 ）

② 7.4÷0.34 =21.76…　（ 21.8 ）

③ 21.3÷6.7 =3.17…　（ 3.2 ）

7 次の式をくふうして計算しましょう。とちゅうの式もかきましょう。 各2点(6点)

① 0.18+3.45+0.82 =(0.18+0.82)+3.45 =1+3.45=4.45

② 2.3×6+2.7×6 =(2.3+2.7)×6 =5×6=30

③ 104×0.5 =(100+4)×0.5 =100×0.5+4×0.5 =50+2=52

26 ページ

1 整数や小数を 10 倍、100 倍すると、小数点は右にそれぞれ 1 けた、2 けた移ります。また、$\frac{1}{10}$、$\frac{1}{100}$ にすると、小数点は左にそれぞれ 1 けた、2 けた移ります。

2 ③1000 倍するので、小数点が右へ 3 つ移ります。小数点の左に 0 をつけたします。

⑤100 でわるので、小数点が左へ 2 つ移ります。小数点の左に 0 をつけたします。

3 ①10 倍した数をかけて、あとで、10 でわります。

27 ページ

4 ④わる数が整数になるように、わられる数とわる数にそれぞれ 10 をかけます。

⑬わる数の小数点を右に 1 つ移すので、わられる数は 0 を 1 つつけたします。

7 ②□×△+○×△ ＝(□+○)×△

おうちのかたへ
かけ算、わり算のそれぞれの性質を区別して使えるよう、覚えさせましょう。

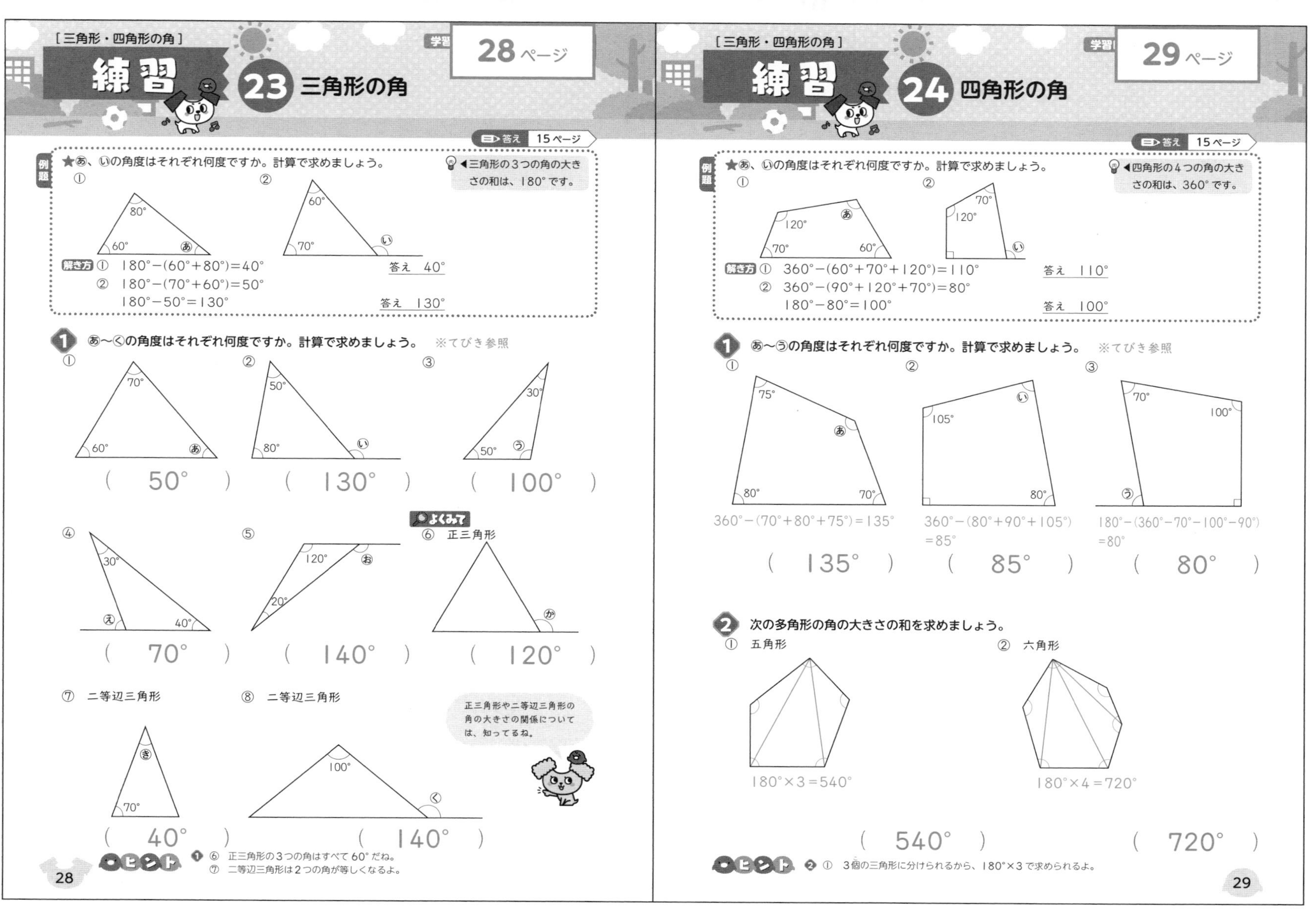

［三角形・四角形の角］

練習 23 三角形の角　28ページ

答え 15ページ

例題 ★あ、いの角度はそれぞれ何度ですか。計算で求めましょう。

◀三角形の3つの角の大きさの和は、180°です。

解き方 ① 180°−(60°+80°)=40°　答え 40°

② 180°−(70°+60°)=50°

180°−50°=130°　答え 130°

❶ あ～くの角度はそれぞれ何度ですか。計算で求めましょう。※てびき参照

① (50°)　② (130°)　③ (100°)

④ (70°)　⑤ (140°)　よくみて ⑥ 正三角形 (120°)

⑦ 二等辺三角形 (40°)　⑧ 二等辺三角形 (140°)

正三角形や二等辺三角形の角の大きさの関係については、知ってるね。

ヒント ❶ ⑥ 正三角形の3つの角はすべて60°だね。

⑦ 二等辺三角形は2つの角が等しくなるよ。

28

［三角形・四角形の角］

練習 24 四角形の角　29ページ

答え 15ページ

例題 ★あ、いの角度はそれぞれ何度ですか。計算で求めましょう。

◀四角形の4つの角の大きさの和は、360°です。

解き方 ① 360°−(60°+70°+120°)=110°　答え 110°

② 360°−(90°+120°+70°)=80°

180°−80°=100°　答え 100°

❶ あ～うの角度はそれぞれ何度ですか。計算で求めましょう。※てびき参照

① 360°−(70°+80°+75°)=135°　(135°)

② 360°−(80°+90°+105°)=85°　(85°)

③ 180°−(360°−70°−100°−90°)=80°　(80°)

❷ 次の多角形の角の大きさの和を求めましょう。

① 五角形　180°×3=540°　(540°)

② 六角形　180°×4=720°　(720°)

ヒント ❷ ① 3個の三角形に分けられるから、180°×3で求められるよ。

29

28 ページ

❶ ①180°−(60°+70°)=50°

②180°−(80°+50°)=50°

180°−50°=130°

③180°−(50°+30°)=100°

④180°−(30°+40°)=110°

180°−110°=70°

⑤180°−(20°+120°)=40°

180°−40°=140°

⑥正三角形の3つの角の大きさはどれも60°なので、180°−60°=120°

⑦二等辺三角形の2つの角は等しいので、

180°−70°×2=40°

⑧(180°−100°)÷2=40°

180°−40°=140°

29 ページ

❶ 四角形の4つの角の大きさの和は360°です。

❷ 五角形は3個の三角形に、六角形は4個の三角形に分けられます。

おうちのかたへ

何角形になっても、三角形の角の大きさを基本として考えられることを理解させましょう。

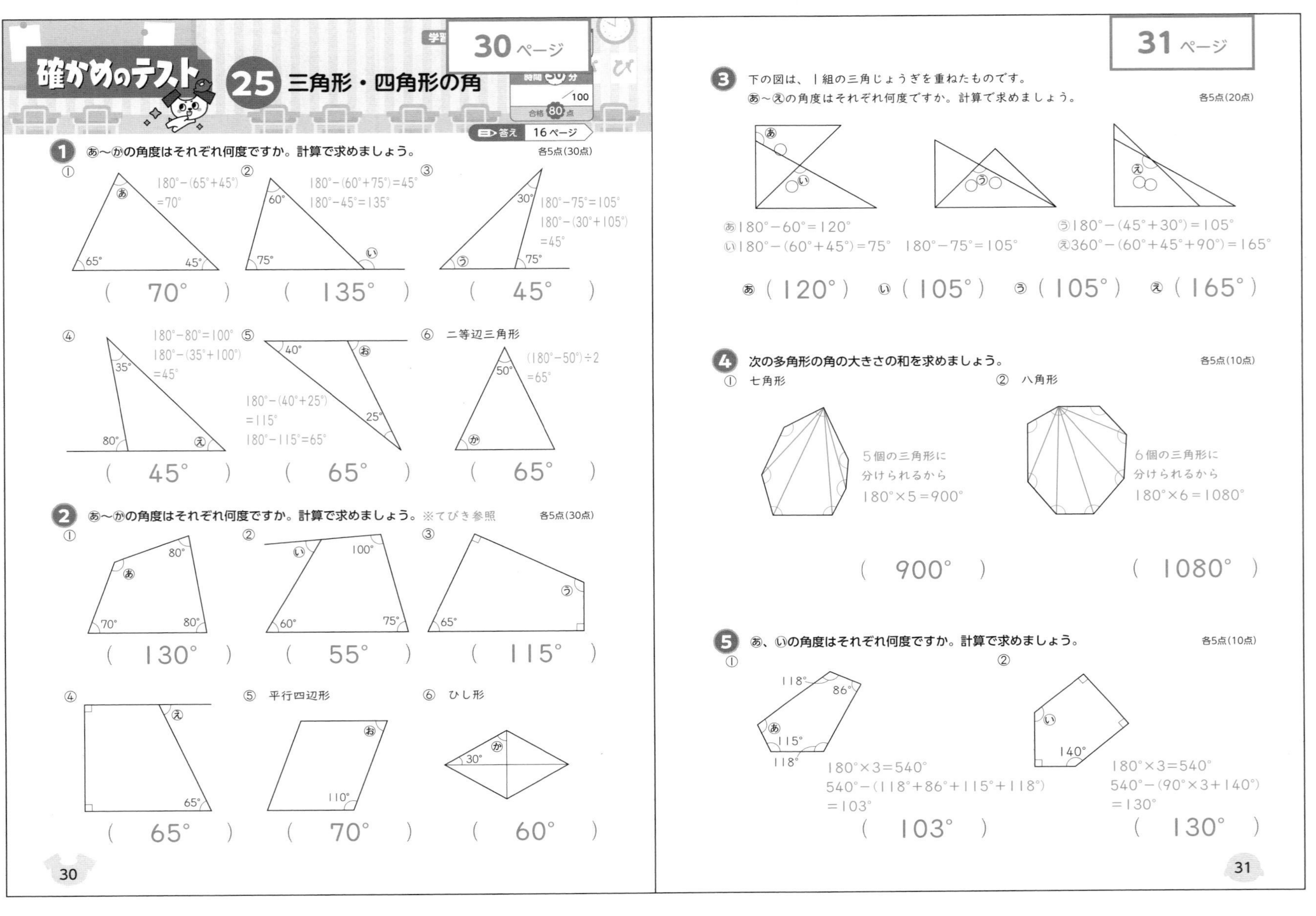

30 ページ

❶ ⑥二等辺三角形では、２つの角の大きさは同じです。

❷ ①360°−(80°＋80°＋70°)
＝130°
②360°−(100°＋75°＋60°)
＝125°
180°−125°＝55°
③360°−(90°＋90°＋65°)
＝115°
④360°−(90°＋90°＋65°)
＝115°
180°−115°＝65°
⑤平行四辺形の向かい合った角の大きさは同じです。
360°−(110°＋110°)
＝140°
140°÷2＝70°
⑥ひし形の対角線は、垂直（すいちょく）に交わるので、４つの直角三角形ができます。
180°−(30°＋90°)＝60°

31 ページ

❸ １組の三角じょうぎでは、１つは90°と45°と45°、もう１つは90°と60°と30°です。

おうちのかたへ
平行四辺形やひし形の性質については、４年生の四角形の内容を振り返りさせましょう。

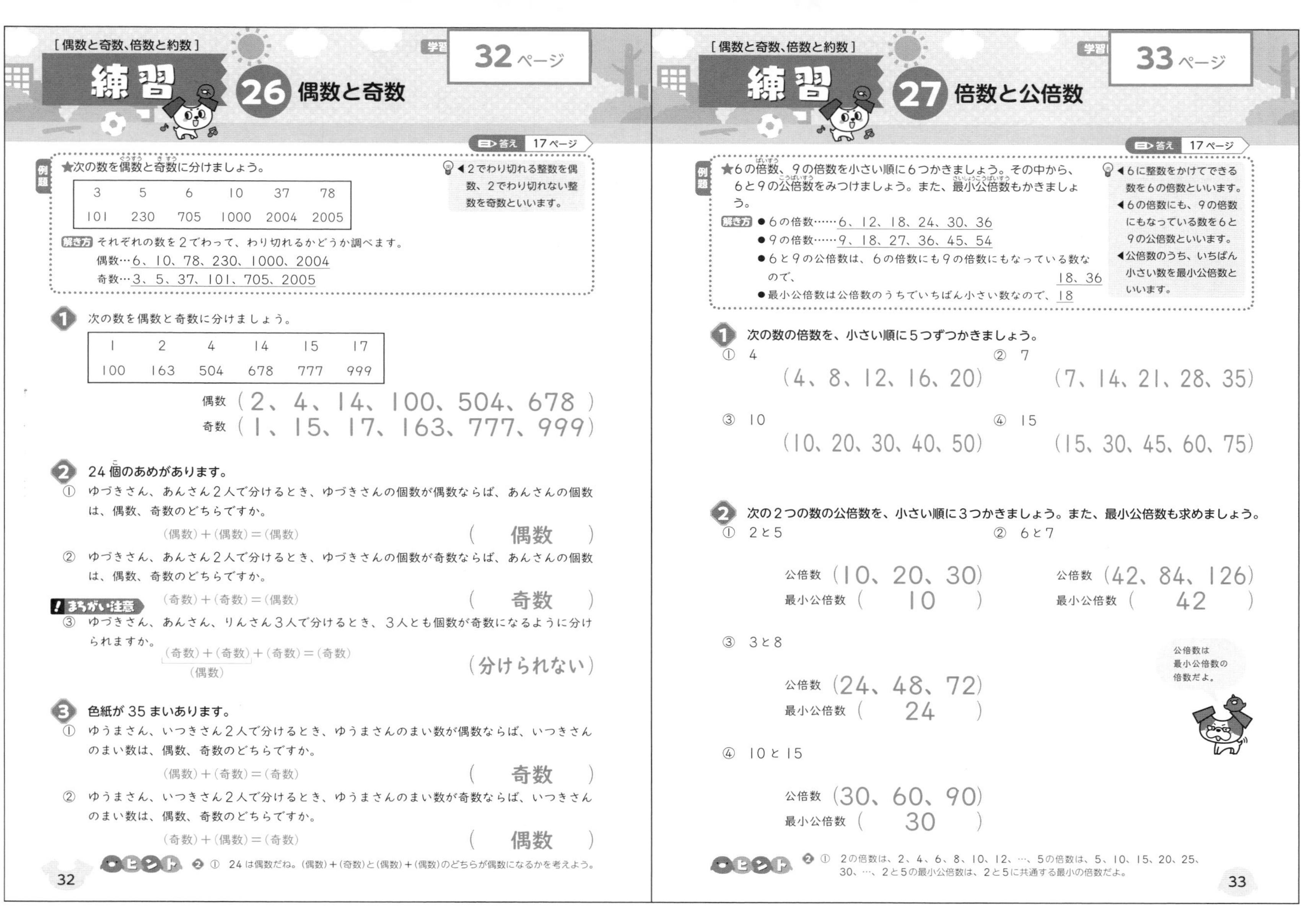

［偶数と奇数、倍数と約数］

練習 26 偶数と奇数

32ページ

答え 17ページ

例題 ★次の数を偶数と奇数に分けましょう。

3	5	6	10	37	78
101	230	705	1000	2004	2005

◀2でわり切れる整数を偶数、2でわり切れない整数を奇数といいます。

解き方 それぞれの数を2でわって、わり切れるかどうか調べます。
偶数…6、10、78、230、1000、2004
奇数…3、5、37、101、705、2005

1 次の数を偶数と奇数に分けましょう。

1	2	4	14	15	17
100	163	504	678	777	999

偶数（2、4、14、100、504、678）
奇数（1、15、17、163、777、999）

2 24個のあめがあります。

① ゆづきさん、あんさん2人で分けるとき、ゆづきさんの個数が偶数ならば、あんさんの個数は、偶数、奇数のどちらですか。
（偶数）＋（偶数）＝（偶数）　（偶数）

② ゆづきさん、あんさん2人で分けるとき、ゆづきさんの個数が奇数ならば、あんさんの個数は、偶数、奇数のどちらですか。
（奇数）＋（奇数）＝（偶数）　（奇数）

！まちがい注意
③ ゆづきさん、あんさん、りんさん3人で分けるとき、3人とも個数が奇数になるように分けられますか。
（奇数）＋（奇数）＋（奇数）＝（奇数）
（偶数）
（分けられない）

3 色紙が35まいあります。

① ゆうまさん、いつきさん2人で分けるとき、ゆうまさんのまい数が偶数ならば、いつきさんのまい数は、偶数、奇数のどちらですか。
（偶数）＋（奇数）＝（奇数）　（奇数）

② ゆうまさん、いつきさん2人で分けるとき、ゆうまさんのまい数が奇数ならば、いつきさんのまい数は、偶数、奇数のどちらですか。
（奇数）＋（偶数）＝（奇数）　（偶数）

ヒント 2 ① 24は偶数だね。（偶数）＋（奇数）と（偶数）＋（偶数）のどちらが偶数になるかを考えよう。

32

［偶数と奇数、倍数と約数］

練習 27 倍数と公倍数

33ページ

答え 17ページ

例題 ★6の倍数、9の倍数を小さい順に6つかきましょう。その中から、6と9の公倍数をみつけましょう。また、最小公倍数もかきましょう。

解き方
●6の倍数……6、12、18、24、30、36
●9の倍数……9、18、27、36、45、54
●6と9の公倍数は、6の倍数にも9の倍数にもなっている数なので、18、36
●最小公倍数は公倍数のうちでいちばん小さい数なので、18

◀6に整数をかけてできる数を6の倍数といいます。
◀6の倍数にも、9の倍数にもなっている数を6と9の公倍数といいます。
◀公倍数のうち、いちばん小さい数を最小公倍数といいます。

1 次の数の倍数を、小さい順に5つずつかきましょう。

① 4　（4、8、12、16、20）
② 7　（7、14、21、28、35）
③ 10　（10、20、30、40、50）
④ 15　（15、30、45、60、75）

2 次の2つの数の公倍数を、小さい順に3つかきましょう。また、最小公倍数も求めましょう。

① 2と5
公倍数（10、20、30）
最小公倍数（10）

② 6と7
公倍数（42、84、126）
最小公倍数（42）

③ 3と8
公倍数（24、48、72）
最小公倍数（24）

④ 10と15
公倍数（30、60、90）
最小公倍数（30）

ヒント 2 ① 2の倍数は、2、4、6、8、10、12、…、5の倍数は、5、10、15、20、25、30、…、2と5の最小公倍数は、2と5に共通する最小の倍数だよ。

33

32 ページ

1 2でわり切れる整数が偶数、2でわり切れない整数が奇数です。

2 24は2でわり切れるので偶数です。

3 35は2でわり切れないので奇数です。

33 ページ

1 ある整数に整数をかけてできる数を、もとの整数の倍数といいます。

2 ①2の倍数は2、4、6、8、10、12、…、5の倍数は5、10、15、…なので、最小公倍数は10。公倍数は最小公倍数の倍数なので、小さいほうから3つかくと10、20、30。
④10の倍数は10、20、30、40、…、15の倍数は15、30、45、…なので、最小公倍数は30。公倍数は最小公倍数の倍数なので、小さいほうから3つかくと30、60、90。

おうちのかたへ
32ページはたし算における偶数と奇数の関係について問う問題です。

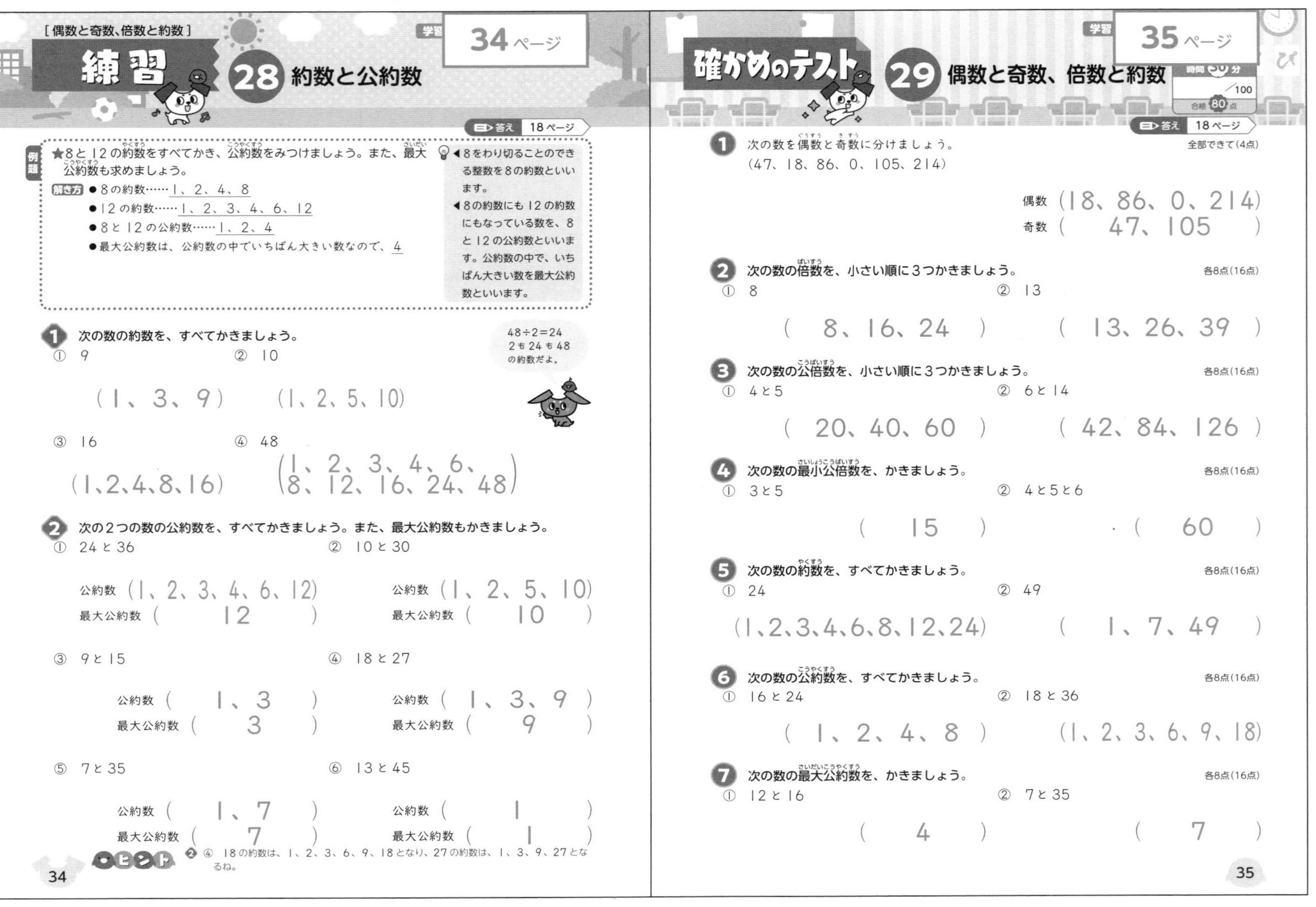

［偶数と奇数、倍数と約数］

練習 28 約数と公約数

34ページ

答え 18ページ

例題 ★8と12の約数をすべてかき、公約数をみつけましょう。また、最大公約数も求めましょう。

解き方 ●8の約数……1、2、4、8
●12の約数……1、2、3、4、6、12
●8と12の公約数……1、2、4
●最大公約数は、公約数の中でいちばん大きい数なので、4

◀8をわり切ることのできる整数を8の約数といいます。
◀8の約数にも12の約数にもなっている数を、8と12の公約数といいます。公約数の中で、いちばん大きい数を最大公約数といいます。

1 次の数の約数を、すべてかきましょう。

48÷2=24
2も24も48の約数だよ。

① 9 （1、3、9）　② 10 （1、2、5、10）
③ 16 （1、2、4、8、16）　④ 48 （1、2、3、4、6、8、12、16、24、48）

2 次の2つの数の公約数を、すべてかきましょう。また、最大公約数もかきましょう。

① 24と36　公約数（1、2、3、4、6、12）　最大公約数（12）
② 10と30　公約数（1、2、5、10）　最大公約数（10）
③ 9と15　公約数（1、3）　最大公約数（3）
④ 18と27　公約数（1、3、9）　最大公約数（9）
⑤ 7と35　公約数（1、7）　最大公約数（7）
⑥ 13と45　公約数（1）　最大公約数（1）

ヒント ❷④ 18の約数は、1、2、3、6、9、18となり、27の約数は、1、3、9、27となるね。

34

確かめのテスト 29 偶数と奇数、倍数と約数

35ページ

時間 20分　/100　合格 80点

答え 18ページ

1 次の数を偶数と奇数に分けましょう。　全部できて(4点)
（47、18、86、0、105、214）
偶数（18、86、0、214）
奇数（47、105）

2 次の数の倍数を、小さい順に3つかきましょう。　各8点(16点)
① 8 （8、16、24）　② 13 （13、26、39）

3 次の数の公倍数を、小さい順に3つかきましょう。　各8点(16点)
① 4と5 （20、40、60）　② 6と14 （42、84、126）

4 次の数の最小公倍数を、かきましょう。　各8点(16点)
① 3と5 （15）　② 4と5と6 （60）

5 次の数の約数を、すべてかきましょう。　各8点(16点)
① 24 （1、2、3、4、6、8、12、24）　② 49 （1、7、49）

6 次の数の公約数を、すべてかきましょう。　各8点(16点)
① 16と24 （1、2、4、8）　② 18と36 （1、2、3、6、9、18）

7 次の数の最大公約数を、かきましょう。　各8点(16点)
① 12と16 （4）　② 7と35 （7）

35

34ページ

❶ ある整数をわり切ることのできる整数をある整数の約数といいます。

❷ 1はすべての整数の約数です。
①24の約数は1、2、3、4、6、8、12、24。36の約数は1、2、3、4、6、9、12、18、36。

35ページ

❶ 0を2でわると、0÷2=0となり、2でわり切れるので偶数です。

❸ ①4の倍数は4、8、12、16、20、…、5の倍数は5、10、15、20、…なので、最小公倍数は20。公倍数は最小公倍数の倍数なので、20、40、60。

❹ ②3つの数の最小公倍数も、2つの数の公倍数と同じように求めることができます。

❻ ①16の約数は1、2、4、8、16。24の約数は1、2、3、4、6、8、12、24。

おうちのかたへ
0は偶数であること、倍数には0を入れないことに注意させましょう。

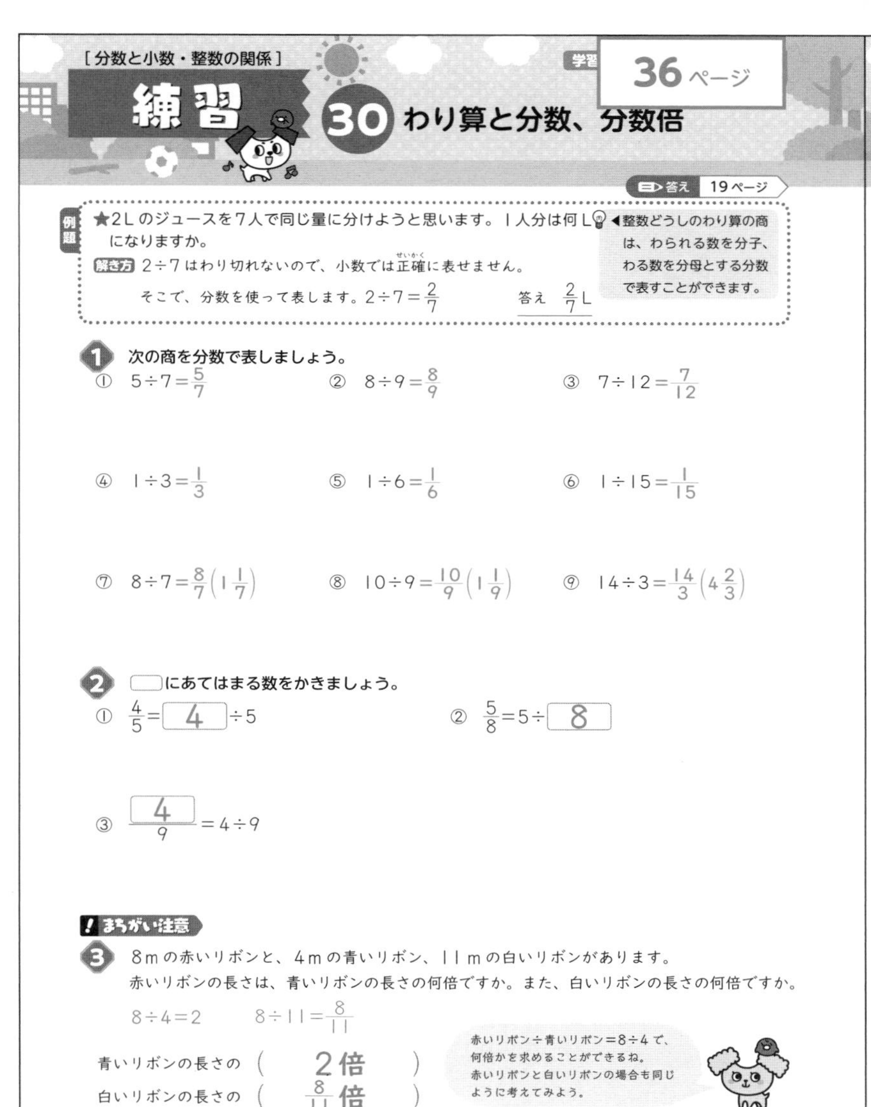
[分数と小数・整数の関係]

練習 30 わり算と分数、分数倍　36ページ　答え 19ページ

例題 ★2Lのジュースを7人で同じ量に分けようと思います。1人分は何Lになりますか。

解き方 2÷7はわり切れないので、小数では正確に表せません。
そこで、分数を使って表します。$2\div7=\frac{2}{7}$　答え $\frac{2}{7}$L

◀整数どうしのわり算の商は、わられる数を分子、わる数を分母とする分数で表すことができます。

1 次の商を分数で表しましょう。
① $5\div7=\frac{5}{7}$　② $8\div9=\frac{8}{9}$　③ $7\div12=\frac{7}{12}$
④ $1\div3=\frac{1}{3}$　⑤ $1\div6=\frac{1}{6}$　⑥ $1\div15=\frac{1}{15}$
⑦ $8\div7=\frac{8}{7}\left(1\frac{1}{7}\right)$　⑧ $10\div9=\frac{10}{9}\left(1\frac{1}{9}\right)$　⑨ $14\div3=\frac{14}{3}\left(4\frac{2}{3}\right)$

2 □にあてはまる数をかきましょう。
① $\frac{4}{5}=$ 4 $\div5$　② $\frac{5}{8}=5\div$ 8
③ $\frac{4}{9}=4\div9$

まちがい注意
3 8mの赤いリボンと、4mの青いリボン、11mの白いリボンがあります。
赤いリボンの長さは、青いリボンの長さの何倍ですか。また、白いリボンの長さの何倍ですか。
$8\div4=2$　$8\div11=\frac{8}{11}$
青いリボンの長さの（2倍）
白いリボンの長さの（$\frac{8}{11}$倍）

赤いリボン÷青いリボン=8÷4で、何倍かを求めることができるね。赤いリボンと白いリボンの場合も同じように考えてみよう。

ヒント 2 ① わられる数が分子、わる数が分母になるよ。

36

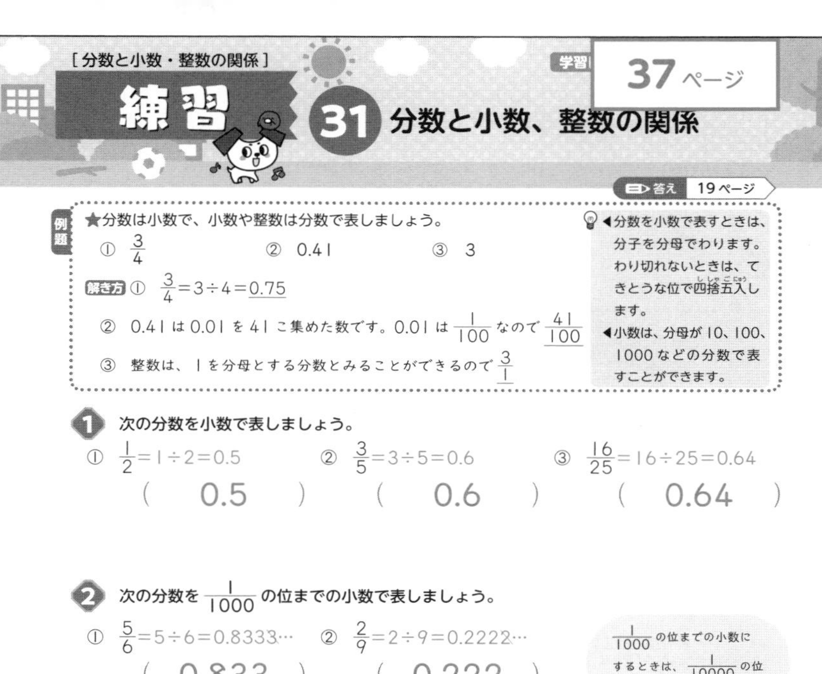
[分数と小数・整数の関係]

練習 31 分数と小数、整数の関係　37ページ　答え 19ページ

例題 ★分数は小数で、小数や整数は分数で表しましょう。
① $\frac{3}{4}$　② 0.41　③ 3

解き方 ① $\frac{3}{4}=3\div4=0.75$
② 0.41は0.01を41こ集めた数です。0.01は$\frac{1}{100}$なので$\frac{41}{100}$
③ 整数は、1を分母とする分数とみることができるので$\frac{3}{1}$

◀分数を小数で表すときは、分子を分母でわります。わり切れないときは、てきとうな位で四捨五入します。
◀小数は、分母が10、100、1000などの分数で表すことができます。

1 次の分数を小数で表しましょう。
① $\frac{1}{2}=1\div2=0.5$（0.5）　② $\frac{3}{5}=3\div5=0.6$（0.6）　③ $\frac{16}{25}=16\div25=0.64$（0.64）

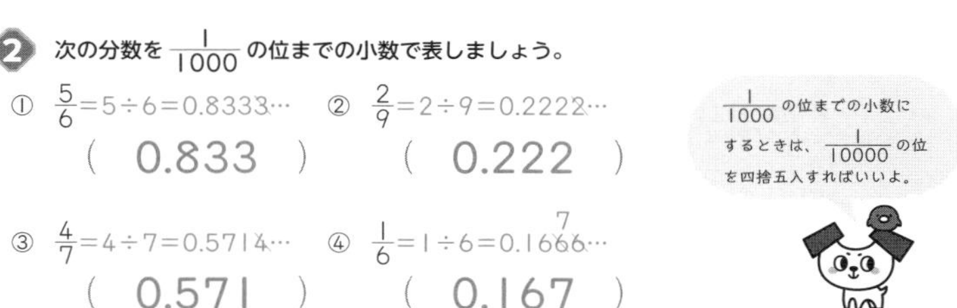
2 次の分数を$\frac{1}{1000}$の位までの小数で表しましょう。
① $\frac{5}{6}=5\div6=0.8333\cdots$（0.833）　② $\frac{2}{9}=2\div9=0.2222\cdots$（0.222）
③ $\frac{4}{7}=4\div7=0.5714\cdots$（0.571）　④ $\frac{1}{6}=1\div6=0.1666\cdots$（0.167）

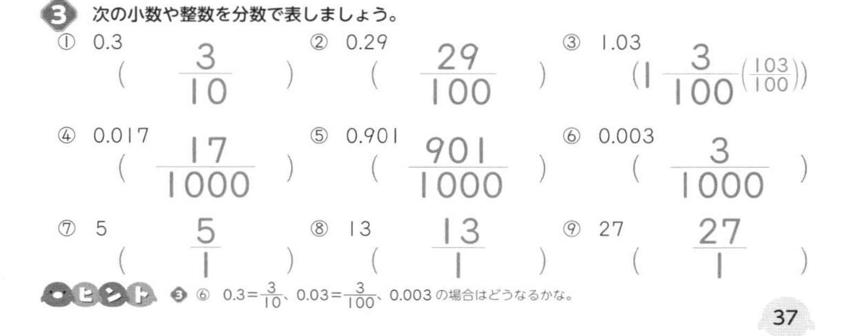
3 次の小数や整数を分数で表しましょう。
① 0.3（$\frac{3}{10}$）　② 0.29（$\frac{29}{100}$）　③ 1.03（$1\frac{3}{100}$（$\frac{103}{100}$））
④ 0.017（$\frac{17}{1000}$）　⑤ 0.901（$\frac{901}{1000}$）　⑥ 0.003（$\frac{3}{1000}$）
⑦ 5（$\frac{5}{1}$）　⑧ 13（$\frac{13}{1}$）　⑨ 27（$\frac{27}{1}$）

ヒント 3 ⑥ $0.3=\frac{3}{10}$、$0.03=\frac{3}{100}$、0.003の場合はどうなるかな。

37

36ページ

1 $○\div□=\frac{○}{□}$

2 わられる数が分子、わる数が分母になります。

3 何倍かを求めるには、きじゅんとなる長さがわる数になります。
青いリボンの長さの何倍かを求めるときは、青いリボンの長さがわる数になります。
白いリボンの長さの何倍かを求めるときは、白いリボンの長さがわる数になります。

37ページ

1 $\frac{○}{□}=○\div□$

2 $\frac{1}{10000}$の位を四捨五入します。

3 $0.1=\frac{1}{10}$、$0.01=\frac{1}{100}$、$0.001=\frac{1}{1000}$
①0.3は0.1が3こ分なので、$\frac{1}{10}$が3こ分で$\frac{3}{10}$になります。
⑦$5=5\div1$だから、$\frac{5}{1}$になります。

おうちのかたへ
わり算を分数で表すことは、$8\div9=0.88\cdots$などわり切れない数も正確な数字で表せるという点がポイントです。

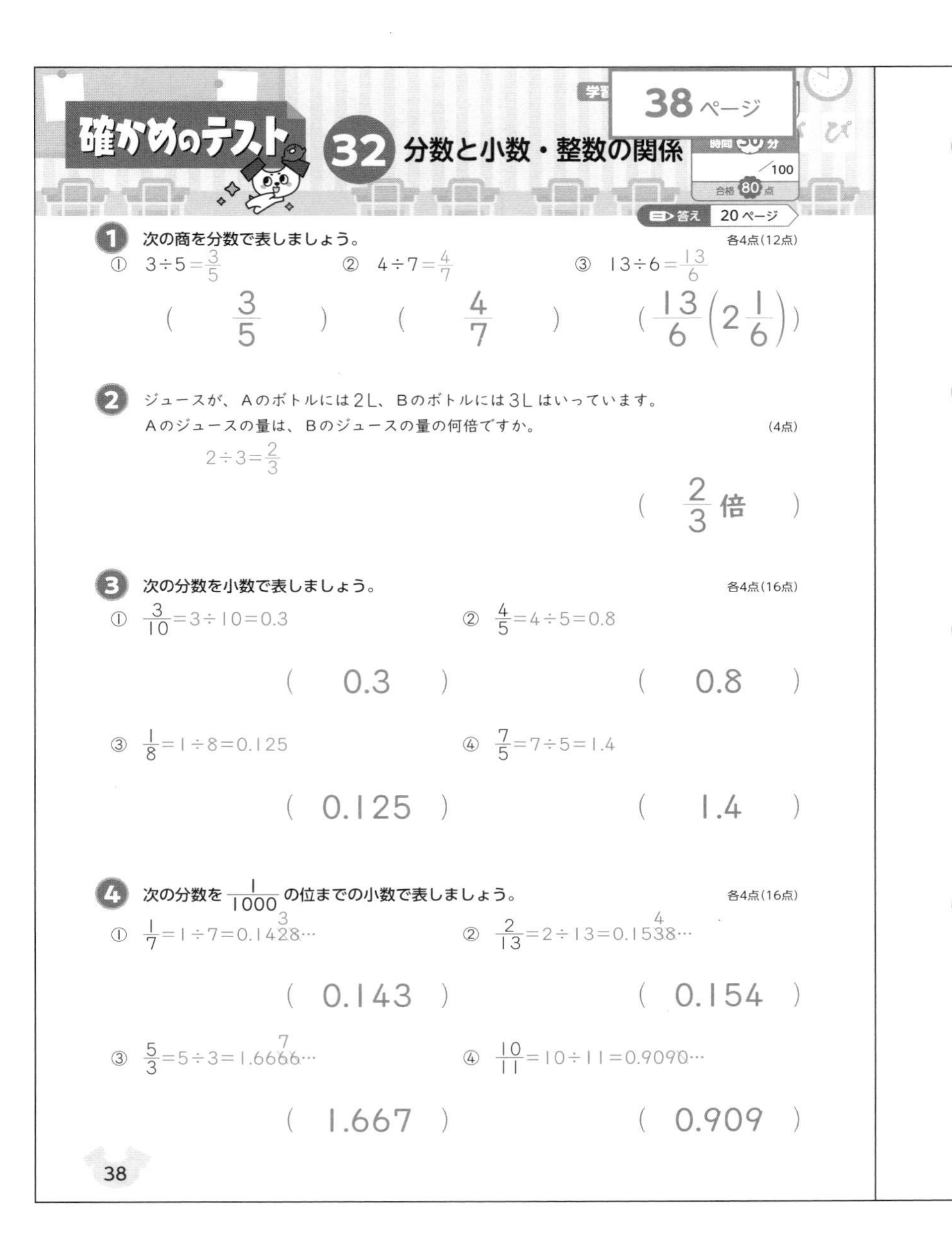
確かめのテスト 32 分数と小数・整数の関係

38ページ

時間 30分　/100　合格 80点

答え 20ページ

1 次の商を分数で表しましょう。　各4点(12点)

① $3 \div 5 = \frac{3}{5}$　($\frac{3}{5}$)

② $4 \div 7 = \frac{4}{7}$　($\frac{4}{7}$)

③ $13 \div 6 = \frac{13}{6}$　($\frac{13}{6}$ ($2\frac{1}{6}$))

2 ジュースが、Aのボトルには2L、Bのボトルには3Lはいっています。
Aのジュースの量は、Bのジュースの量の何倍ですか。　(4点)

$2 \div 3 = \frac{2}{3}$　($\frac{2}{3}$ 倍)

3 次の分数を小数で表しましょう。　各4点(16点)

① $\frac{3}{10} = 3 \div 10 = 0.3$　(0.3)

② $\frac{4}{5} = 4 \div 5 = 0.8$　(0.8)

③ $\frac{1}{8} = 1 \div 8 = 0.125$　(0.125)

④ $\frac{7}{5} = 7 \div 5 = 1.4$　(1.4)

4 次の分数を $\frac{1}{1000}$ の位までの小数で表しましょう。　各4点(16点)

① $\frac{1}{7} = 1 \div 7 = 0.1428\cdots$　(0.143)

② $\frac{2}{13} = 2 \div 13 = 0.1538\cdots$　(0.154)

③ $\frac{5}{3} = 5 \div 3 = 1.6666\cdots$　(1.667)

④ $\frac{10}{11} = 10 \div 11 = 0.9090\cdots$　(0.909)

39ページ

5 次の小数や整数を分数で表しましょう。　各4点(24点)

① 0.7　($\frac{7}{10}$)

② 0.37　($\frac{37}{100}$)

③ 0.029　($\frac{29}{1000}$)

④ 1.7　($1\frac{7}{10}$ ($\frac{17}{10}$))

⑤ 3.07　($3\frac{7}{100}$ ($\frac{307}{100}$))

⑥ 24　($\frac{24}{1}$)

6 次の数の大小を下の数直線を使って考え、大きい順に数をかきましょう。　全部できて(4点)

㋐ 1.3　㋑ 0.6　㋒ $\frac{4}{5}$　㋓ $\frac{5}{4}$　㋔ $1\frac{1}{2}$　㋕ 2.1

0　1　2

㋑ ㋒ ㋓ ㋐ ㋔ ㋕

(2.1、$1\frac{1}{2}$、1.3、$\frac{5}{4}$、$\frac{4}{5}$、0.6)

7 次の2つの数のうち、大きいほうの数をかきましょう。　各4点(16点)

① $\frac{5}{8}$　0.6
$\frac{5}{8} = 5 \div 8 = 0.625$　($\frac{5}{8}$)

② 1.3　$1\frac{1}{4}$
$1\frac{1}{4} = \frac{5}{4} = 5 \div 4 = 1.25$　(1.3)

できたらスゴイ!

③ 0.31　$\frac{1}{3}$
$\frac{1}{3} = 1 \div 3 = 0.33\cdots$　($\frac{1}{3}$)

④ 1.66　$1\frac{2}{3}$
$1\frac{2}{3} = \frac{5}{3} = 5 \div 3 = 1.666\cdots$　($1\frac{2}{3}$)

8 右の表は、3つの建物の高さを表しています。　各4点(8点)

① 学校の高さは、デパートの高さの何倍ですか。小数で表しましょう。
$8 \div 16 = 0.5$　(0.5倍)

② 学校の高さは、銀行の高さの何倍ですか。分数で表しましょう。
$8 \div 12 = \frac{8}{12}$　($\frac{8}{12}$ 倍)

建物の高さ

	高さ(m)
学校	8
デパート	16
銀行	12

38ページ

1 $\bigcirc \div \square = \frac{\bigcirc}{\square}$

2 Bのジュースの量の何倍かを求めるので、Bのジュースの量がわる数になります。

3 $\frac{\bigcirc}{\square} = \bigcirc \div \square$

4 $\frac{1}{10000}$ の位を四捨五入(ししゃごにゅう)します。

39ページ

5 ①0.7は0.1が7こ分なので、$\frac{1}{10}$ が7こ分です。
③0.029は0.001が29こ分なので、$\frac{1}{1000}$ が29こ分です。

6 ㋒ $\frac{4}{5} = 4 \div 5 = 0.8$
㋓ $\frac{5}{4} = 5 \div 4 = 1.25$
㋔ $1\frac{1}{2} = \frac{3}{2} = 3 \div 2 = 1.5$

7 分数を小数になおしてくらべます。

8 ①学校の高さ÷デパートの高さで求めます。
②学校の高さ÷銀行の高さで求めます。

おうちのかたへ
同じ大きさの数を分数で表したり小数で表したりすることで、今後、目的に応じて使い分けることができます。

答え 21ページ

例題 ★$\frac{16}{20}$に等しい分数を2つかきましょう。また、$\frac{16}{20}$を約分しましょう。

解き方 ●等しい分数をつくるには、分母と分子に同じ数をかけたり、同じ数でわったりすればよいので、

分母と分子を2でわって $\frac{16}{20}=\frac{8}{10}$　分母と分子に3をかけて $\frac{16}{20}=\frac{48}{60}$

●約分するには、分母と分子を、それらの公約数でわっていきます。

分母と分子を2と3でわって $\frac{12}{18}=\frac{6}{9}=\frac{2}{3}$

◀分母と分子に同じ数をかけても、分母と分子を同じ数でわっても、分数の大きさは変わりません。
◀分数の分母と分子を同じ数でわって、分母の小さな分数にすることを約分するといいます。

1 □にあてはまる数をかきましょう。

① $\frac{1}{5}=\frac{2}{10}=\frac{3}{15}=\frac{5}{25}=\frac{8}{40}$

② $\frac{24}{36}=\frac{12}{18}=\frac{6}{9}=\frac{4}{6}=\frac{2}{3}$

③ $\frac{5}{4}=\frac{10}{8}=\frac{15}{12}=\frac{30}{24}=\frac{60}{48}$

2 次の分数と等しい分数を、分母の小さいものから順に、2つずつかきましょう。

① $\frac{1}{4}$ （$\frac{2}{8}$、$\frac{3}{12}$）　② $\frac{5}{9}$ （$\frac{10}{18}$、$\frac{15}{27}$）　③ $\frac{20}{30}$ （$\frac{2}{3}$、$\frac{4}{6}$）

3 次の分数を約分しましょう。

① $\frac{3}{6}$ （$\frac{1}{2}$）　② $\frac{6}{10}$ （$\frac{3}{5}$）　③ $\frac{16}{18}$ （$\frac{8}{9}$）

④ $\frac{12}{20}$ （$\frac{3}{5}$）　⑤ $\frac{42}{60}$ （$\frac{7}{10}$）　⑥ $\frac{24}{56}$ （$\frac{3}{7}$）

⑦ $\frac{45}{63}$ （$\frac{5}{7}$）　⑧ $\frac{64}{48}$ （$\frac{4}{3}$ ($1\frac{1}{3}$)）　よくみて ⑨ $\frac{72}{90}$ （$\frac{4}{5}$）

ヒント 3 ⑨ 分母と分子の最大公約数がすぐにわからないときは、両方でわることのできる数をさがそう。72は9×8、90は9×10だね。

[分数のたし算とひき算]
練習
34 通分、大きさくらべ
41 ページ

答え 21ページ

例題 ★$\frac{2}{3}$と$\frac{1}{5}$、$\frac{5}{6}$と$\frac{7}{9}$の大きさをそれぞれ通分してくらべましょう。

解き方 $\frac{2}{3}$と$\frac{1}{5}$
3と5の最小公倍数15を分母とする分数になおします。
$\frac{2}{3}=\frac{2×5}{3×5}=\frac{10}{15}$
$\frac{1}{5}=\frac{1×3}{5×3}=\frac{3}{15}$
$\frac{2}{3}$のほうが大きい

$\frac{5}{6}$と$\frac{7}{9}$
6と9の最小公倍数18を分母とする分数になおします。
$\frac{5}{6}=\frac{5×3}{6×3}=\frac{15}{18}$
$\frac{7}{9}=\frac{7×2}{9×2}=\frac{14}{18}$
$\frac{5}{6}$のほうが大きい

◀分母がちがう分数を、分母が同じ分数になおすことを通分するといいます。
◀いくつかの分数を通分するには、ふつう、分母の最小公倍数をみつけて、それを分母とする分数になおします。

1 次の分数を通分しましょう。

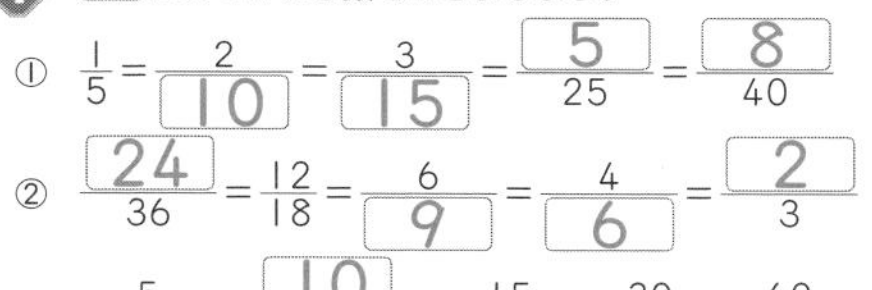

① $\frac{3}{5}$と$\frac{2}{3}$ （$\frac{9}{15}$と$\frac{10}{15}$）　② $\frac{3}{4}$と$\frac{5}{6}$ （$\frac{9}{12}$と$\frac{10}{12}$）

③ $\frac{5}{12}$と$\frac{7}{8}$ （$\frac{10}{24}$と$\frac{21}{24}$）　④ $\frac{7}{12}$と$\frac{15}{24}$ （$\frac{14}{24}$と$\frac{15}{24}$）

⑤ $\frac{1}{5}$と$\frac{3}{4}$と$\frac{1}{10}$ （$\frac{4}{20}$と$\frac{15}{20}$と$\frac{2}{20}$）　⑥ $\frac{2}{7}$と$\frac{5}{6}$と$\frac{2}{3}$ （$\frac{12}{42}$と$\frac{35}{42}$と$\frac{28}{42}$）

2 次の2つの分数のうち、大きいほうの分数をかきましょう。

① $\frac{2}{3}$と$\frac{3}{4}$　$\frac{2}{3}=\frac{2×4}{3×4}=\frac{8}{12}$　$\frac{3}{4}=\frac{3×3}{4×3}=\frac{9}{12}$ （$\frac{3}{4}$）

② $\frac{3}{5}$と$\frac{4}{7}$　$\frac{3}{5}=\frac{3×7}{5×7}=\frac{21}{35}$　$\frac{4}{7}=\frac{4×5}{7×5}=\frac{20}{35}$ （$\frac{3}{5}$）

③ $\frac{8}{9}$と$\frac{13}{15}$　$\frac{8}{9}=\frac{8×5}{9×5}=\frac{40}{45}$　$\frac{13}{15}=\frac{13×3}{15×3}=\frac{39}{45}$ （$\frac{8}{9}$）

分数の大小は、
それぞれの分数を
通分して、くらべよう！

ヒント 1 ⑥ 7と6と3の最小公倍数は42だよ。それぞれの数を42を分母とする分数になおそう。

40 ページ

1 ①$\frac{1}{5}$とくらべると、分子が2のとき、分子が2倍になっているので、分母も2倍にして、5×2=10になります。分子が3のとき、分子が3倍になっているので、分母も3倍にして、5×3=15になります。

2 ①$\frac{1×2}{4×2}=\frac{2}{8}$、$\frac{1×3}{4×3}=\frac{3}{12}$

3 ⑧64と48の最大公約数は16なので、
$\frac{64÷16}{48÷16}=\frac{4}{3}$

41 ページ

1 それぞれの分母の最小公倍数を求め、それを分母とする分数になおします。
⑤5と4と10の最小公倍数は20です。
$\frac{1×4}{5×4}=\frac{4}{20}$
$\frac{3×5}{4×5}=\frac{15}{20}$
$\frac{1×2}{10×2}=\frac{2}{20}$

2 通分して大きさをくらべます。通分した分数をくらべたとき、分子が大きいほど大きくなります。

おうちのかたへ
約分には最大公約数、通分には最小公倍数を利用します。ここで最大公約数、最小公倍数について振り返りさせましょう。

練習 35 分数のたし算とひき算のしかた

答え 22ページ

例題 ★$\frac{1}{4}+\frac{2}{5}$、$\frac{1}{3}-\frac{1}{4}$ の計算をしましょう。

解き方 $\frac{1}{4}+\frac{2}{5}=\frac{5}{20}+\frac{8}{20}=\frac{13}{20}$

$\frac{1}{3}-\frac{1}{4}=\frac{4}{12}-\frac{3}{12}=\frac{1}{12}$

◀分母のちがう分数のたし算、ひき算は、通分して、分母を同じにしてから計算します。

1 次のたし算をしましょう。

① $\frac{2}{3}+\frac{1}{4}=\frac{8}{12}+\frac{3}{12}=\frac{11}{12}$

② $\frac{2}{5}+\frac{1}{2}=\frac{4}{10}+\frac{5}{10}=\frac{9}{10}$

③ $\frac{3}{7}+\frac{2}{5}=\frac{15}{35}+\frac{14}{35}=\frac{29}{35}$

④ $\frac{2}{9}+\frac{2}{3}=\frac{2}{9}+\frac{6}{9}=\frac{8}{9}$

⑤ $\frac{3}{4}+\frac{1}{6}=\frac{9}{12}+\frac{2}{12}=\frac{11}{12}$

⑥ $\frac{3}{14}+\frac{5}{21}=\frac{9}{42}+\frac{10}{42}=\frac{19}{42}$

⑦ $\frac{8}{15}+\frac{7}{10}=\frac{16}{30}+\frac{21}{30}=\frac{37}{30}\left(1\frac{7}{30}\right)$

よくみて

⑧ $\frac{1}{4}+\frac{1}{6}+\frac{1}{6}=\frac{1}{4}+\frac{2}{6}=\frac{1}{4}+\frac{1}{3}$
$=\frac{3}{12}+\frac{4}{12}=\frac{7}{12}$

2 次のひき算をしましょう。

① $\frac{3}{5}-\frac{1}{2}=\frac{6}{10}-\frac{5}{10}=\frac{1}{10}$

② $\frac{2}{3}-\frac{1}{5}=\frac{10}{15}-\frac{3}{15}=\frac{7}{15}$

③ $\frac{7}{4}-\frac{1}{2}=\frac{7}{4}-\frac{2}{4}=\frac{5}{4}\left(1\frac{1}{4}\right)$

④ $\frac{5}{6}-\frac{5}{12}=\frac{10}{12}-\frac{5}{12}=\frac{5}{12}$

⑤ $\frac{7}{9}-\frac{5}{12}=\frac{28}{36}-\frac{15}{36}=\frac{13}{36}$

⑥ $\frac{23}{15}-\frac{9}{10}=\frac{46}{30}-\frac{27}{30}=\frac{19}{30}$

⑦ $\frac{11}{12}-\frac{7}{8}=\frac{22}{24}-\frac{21}{24}=\frac{1}{24}$

⑧ $\frac{10}{21}-\frac{3}{14}=\frac{20}{42}-\frac{9}{42}=\frac{11}{42}$

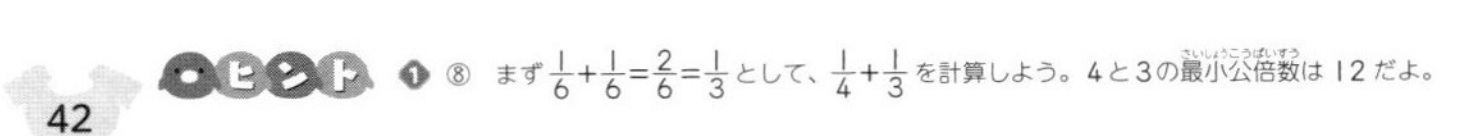

ヒント **1** ⑧ まず $\frac{1}{6}+\frac{1}{6}=\frac{2}{6}=\frac{1}{3}$ として、$\frac{1}{4}+\frac{1}{3}$ を計算しよう。4と3の最小公倍数は12だよ。

練習 36 答えが約分できる分数のたし算とひき算

答え 22ページ

例題 ★$\frac{2}{3}+\frac{5}{6}$、$\frac{5}{6}-\frac{7}{12}$ の計算をしましょう。

解き方 $\frac{2}{3}+\frac{5}{6}=\frac{4}{6}+\frac{5}{6}=\frac{9}{6}=\frac{3}{2}\left(1\frac{1}{2}\right)$

$\frac{5}{6}-\frac{7}{12}=\frac{10}{12}-\frac{7}{12}=\frac{3}{12}=\frac{1}{4}$

◀答えが約分できるときは、約分しておきます。

1 次のたし算をしましょう。

① $\frac{1}{2}+\frac{1}{6}=\frac{3}{6}+\frac{1}{6}=\frac{4}{6}=\frac{2}{3}$

② $\frac{7}{10}+\frac{1}{6}=\frac{21}{30}+\frac{5}{30}=\frac{26}{30}=\frac{13}{15}$

③ $\frac{1}{5}+\frac{3}{10}=\frac{2}{10}+\frac{3}{10}=\frac{5}{10}=\frac{1}{2}$

④ $\frac{5}{12}+\frac{3}{4}=\frac{5}{12}+\frac{9}{12}=\frac{14}{12}=\frac{7}{6}\left(1\frac{1}{6}\right)$

⑤ $\frac{9}{14}+\frac{5}{6}=\frac{27}{42}+\frac{35}{42}=\frac{62}{42}=\frac{31}{21}\left(1\frac{10}{21}\right)$

⑥ $\frac{2}{21}+\frac{9}{28}=\frac{8}{84}+\frac{27}{84}=\frac{35}{84}=\frac{5}{12}$

⑦ $\frac{7}{10}+\frac{1}{20}=\frac{14}{20}+\frac{1}{20}=\frac{15}{20}=\frac{3}{4}$

⑧ $\frac{1}{15}+\frac{1}{30}=\frac{2}{30}+\frac{1}{30}=\frac{3}{30}=\frac{1}{10}$

2 次のひき算をしましょう。

約分できるかな？

① $\frac{3}{5}-\frac{1}{10}=\frac{6}{10}-\frac{1}{10}=\frac{5}{10}=\frac{1}{2}$

② $\frac{2}{3}-\frac{1}{24}=\frac{16}{24}-\frac{1}{24}=\frac{15}{24}$
$=\frac{5}{8}$

③ $\frac{5}{6}-\frac{2}{15}=\frac{25}{30}-\frac{4}{30}=\frac{21}{30}=\frac{7}{10}$

④ $\frac{9}{10}-\frac{1}{6}=\frac{27}{30}-\frac{5}{30}=\frac{22}{30}=\frac{11}{15}$

⑤ $\frac{7}{12}-\frac{1}{4}=\frac{7}{12}-\frac{3}{12}=\frac{4}{12}=\frac{1}{3}$

⑥ $\frac{9}{14}-\frac{1}{6}=\frac{27}{42}-\frac{7}{42}=\frac{20}{42}=\frac{10}{21}$

⑦ $\frac{11}{20}-\frac{5}{12}=\frac{33}{60}-\frac{25}{60}=\frac{8}{60}=\frac{2}{15}$

⑧ $\frac{8}{21}-\frac{3}{14}=\frac{16}{42}-\frac{9}{42}=\frac{7}{42}=\frac{1}{6}$

ヒント **1** ⑦ 10と20の最小公倍数は20だね。最後に約分できるかを、必ず確かめよう。

42ページ

1 分母のちがう分数のたし算は、通分して分母を同じにしてから計算します。
⑧4と6の最小公倍数が12なので、

$\frac{1}{4}+\frac{1}{6}+\frac{1}{6}$

$=\frac{3}{12}+\frac{2}{12}+\frac{2}{12}=\frac{7}{12}$

と計算してもよいです。

2 たし算と同じように、分母のちがう分数のひき算は、通分して分母を同じにしてから計算します。

43ページ

1 通分して分子を計算したあと、約分できるときは必ず約分します。

2 たし算と同じように、通分して分子を計算したあと、約分できるときは必ず約分します。

おうちのかたへ

分数のたし算・ひき算についての理解が不足している場合、4年生の分数の内容を振り返りさせましょう。

[分数のたし算とひき算]

練習 37 仮分数や3つの分数のたし算とひき算

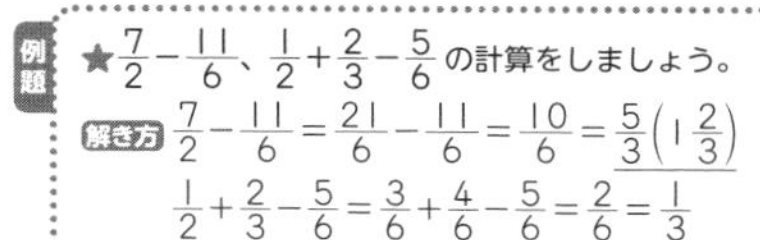

44 ページ

答え 23ページ

例題 ★$\frac{7}{2}-\frac{11}{6}$、$\frac{1}{2}+\frac{2}{3}-\frac{5}{6}$ の計算をしましょう。

解き方 $\frac{7}{2}-\frac{11}{6}=\frac{21}{6}-\frac{11}{6}=\frac{10}{6}=\frac{5}{3}\left(1\frac{2}{3}\right)$

$\frac{1}{2}+\frac{2}{3}-\frac{5}{6}=\frac{3}{6}+\frac{4}{6}-\frac{5}{6}=\frac{2}{6}=\frac{1}{3}$

◀仮分数のたし算、ひき算も、3つの分数のたし算、ひき算も、通分してから計算します。答えが約分できるときは、約分しておきます。

1 次の計算をしましょう。

① $\frac{4}{3}+\frac{1}{4}=\frac{16}{12}+\frac{3}{12}=\frac{19}{12}\left(1\frac{7}{12}\right)$

② $\frac{1}{2}+\frac{6}{5}=\frac{5}{10}+\frac{12}{10}=\frac{17}{10}\left(1\frac{7}{10}\right)$

③ $\frac{7}{6}+\frac{5}{8}=\frac{28}{24}+\frac{15}{24}=\frac{43}{24}\left(1\frac{19}{24}\right)$

④ $\frac{10}{9}+\frac{13}{12}=\frac{40}{36}+\frac{39}{36}=\frac{79}{36}\left(2\frac{7}{36}\right)$

⑤ $\frac{6}{5}+\frac{5}{4}=\frac{24}{20}+\frac{25}{20}=\frac{49}{20}\left(2\frac{9}{20}\right)$

⑥ $\frac{7}{4}-\frac{1}{3}=\frac{21}{12}-\frac{4}{12}=\frac{17}{12}\left(1\frac{5}{12}\right)$

⑦ $\frac{11}{9}-\frac{5}{6}=\frac{22}{18}-\frac{15}{18}=\frac{7}{18}$

⑧ $\frac{13}{8}-\frac{5}{4}=\frac{13}{8}-\frac{10}{8}=\frac{3}{8}$

⑨ $\frac{23}{15}-\frac{11}{10}=\frac{46}{30}-\frac{33}{30}=\frac{13}{30}$

3つの数の最小公倍数は、いちばん大きい数の倍数に目をつけると、はやくみつかるよ。
6……6、⑫、18、…
3……3、6、9、⑫、…
4……4、8、⑫、…

2 次の計算をしましょう。

① $\frac{1}{3}+\frac{3}{4}+\frac{1}{6}=\frac{4}{12}+\frac{9}{12}+\frac{2}{12}=\frac{15}{12}=\frac{5}{4}\left(1\frac{1}{4}\right)$

② $\frac{3}{5}+\frac{3}{10}-\frac{5}{6}=\frac{18}{30}+\frac{9}{30}-\frac{25}{30}=\frac{2}{30}=\frac{1}{15}$

よくみて

③ $1-\frac{5}{24}-\frac{1}{4}=\frac{24}{24}-\frac{5}{24}-\frac{6}{24}=\frac{13}{24}$

④ $\frac{1}{2}-\frac{2}{5}+\frac{1}{10}=\frac{5}{10}-\frac{4}{10}+\frac{1}{10}=\frac{2}{10}=\frac{1}{5}$

ヒント **2** ③ 1を分数にするときは残りの分数を通分し、それと同じ分母にあわせるといいよ。$1-\frac{5}{24}-\frac{1}{4}=\frac{24}{24}-\frac{5}{24}-\frac{6}{24}$ という式になるね。

[分数のたし算とひき算]

練習 38 帯分数のはいったたし算

45 ページ

答え 23ページ

例題 ★$2\frac{1}{6}+1\frac{1}{2}$ の計算をしましょう。

解き方 ① 仮分数になおして計算する。

$2\frac{1}{6}+1\frac{1}{2}$

$=\frac{13}{6}+\frac{3}{2}=\frac{13}{6}+\frac{9}{6}$

$=\frac{22}{6}=\frac{11}{3}\left(3\frac{2}{3}\right)$

② 整数と分数に分けて計算する。

$2\frac{1}{6}+1\frac{1}{2}=(2+1)+\left(\frac{1}{6}+\frac{1}{2}\right)$

$=3+\frac{1}{6}+\frac{3}{6}$

$=3+\frac{4}{6}=3\frac{2}{3}$

◀帯分数のはいったたし算は、解き方①、②のどちらかで計算します。

1 次のたし算をしましょう。

① $1\frac{1}{4}+\frac{2}{3}=\frac{5}{4}+\frac{2}{3}=\frac{15}{12}+\frac{8}{12}=\frac{23}{12}\left(1\frac{11}{12}\right)$

② $\frac{5}{7}+2\frac{1}{3}=\frac{5}{7}+\frac{7}{3}=\frac{15}{21}+\frac{49}{21}=\frac{64}{21}\left(3\frac{1}{21}\right)$

③ $1\frac{5}{6}+2\frac{1}{2}=\frac{11}{6}+\frac{5}{2}=\frac{11}{6}+\frac{15}{6}=\frac{26}{6}=\frac{13}{3}\left(4\frac{1}{3}\right)$

④ $4\frac{1}{3}+2\frac{1}{2}=\frac{13}{3}+\frac{5}{2}=\frac{26}{6}+\frac{15}{6}=\frac{41}{6}\left(6\frac{5}{6}\right)$

⑤ $2\frac{3}{8}+1\frac{5}{6}=\frac{19}{8}+\frac{11}{6}=\frac{57}{24}+\frac{44}{24}=\frac{101}{24}\left(4\frac{5}{24}\right)$

⑥ $1\frac{3}{10}+1\frac{4}{5}=\frac{13}{10}+\frac{9}{5}=\frac{13}{10}+\frac{18}{10}=\frac{31}{10}\left(3\frac{1}{10}\right)$

⑦ $1\frac{5}{12}+1\frac{1}{15}=\frac{17}{12}+\frac{16}{15}=\frac{85}{60}+\frac{64}{60}=\frac{149}{60}\left(2\frac{29}{60}\right)$

＋－計算に強くなる！×÷
分数の計算をしたあとは、必ず約分ができるかどうか確かめよう。

2 例のように小数は分数になおして計算しましょう。

(例) $1\frac{1}{5}+0.7$
$=1\frac{1}{5}+\frac{7}{10}=\frac{6}{5}+\frac{7}{10}$
$=\frac{12}{10}+\frac{7}{10}$
$=\frac{19}{10}\left(1\frac{9}{10}\right)$

① $0.3+1\frac{1}{2}$
$=\frac{3}{10}+\frac{3}{2}=\frac{3}{10}+\frac{15}{10}$
$=\frac{18}{10}$
$=\frac{9}{5}\left(1\frac{4}{5}\right)$

よくみて

② $2\frac{3}{4}+0.8$
$=\frac{11}{4}+\frac{8}{10}=\frac{55}{20}+\frac{16}{20}$
$=\frac{71}{20}\left(3\frac{11}{20}\right)$

ヒント **2** ② $2\frac{3}{4}$ を仮分数になおすと、$\frac{8}{4}+\frac{3}{4}$ で $\frac{11}{4}$ になるね。0.8 を分数になおすと $\frac{8}{10}$ だね。

44 ページ

1 仮分数のたし算・ひき算の場合でも、真分数のときと同じように通分してから計算します。

2 3つの分数のたし算・ひき算の場合でも、同じように通分してから計算します。
①3と4と6の最小公倍数をみつけます。
③24と4の最小公倍数が24なので、1は$\frac{24}{24}$とします。

45 ページ

1 ①整数と分数に分けて計算すると、$1\frac{1}{4}+\frac{2}{3}=1+\left(\frac{1}{4}+\frac{2}{3}\right)=1+\frac{3}{12}+\frac{8}{12}=1+\frac{11}{12}=1\frac{11}{12}$

⑤整数と分数に分けて計算すると、$2\frac{3}{8}+1\frac{5}{6}=(2+1)+\left(\frac{3}{8}+\frac{5}{6}\right)=3+\frac{9}{24}+\frac{20}{24}=3+\frac{29}{24}=3+1\frac{5}{24}=4\frac{5}{24}$

2 ①$0.3=\frac{3}{10}$として計算します。

おうちのかたへ
分数の計算をしたあとは必ず、約分できるかどうかたしかめさせましょう。

練習 39 帯分数のはいったひき算

答え 24 ページ

例題 ★$3\frac{1}{10}-1\frac{3}{5}$ を計算しましょう。

◀帯分数のはいったひき算は、解き方①、②のどちらかで計算します。

解き方 ① 仮分数になおして計算する。

$3\frac{1}{10}-1\frac{3}{5}$
$=\frac{31}{10}-\frac{8}{5}=\frac{31}{10}-\frac{16}{10}$
$=\frac{15}{10}=\frac{3}{2}\left(1\frac{1}{2}\right)$

② 整数と分数に分けて計算する。

$3\frac{1}{10}-1\frac{3}{5}=(3-1)+\left(\frac{1}{10}-\frac{3}{5}\right)$
$=2+\frac{1}{10}-\frac{6}{10}$
$=1+\frac{11}{10}-\frac{6}{10}$
$=1\frac{5}{10}=1\frac{1}{2}$

1 次のひき算をしましょう。

① $1\frac{1}{5}-\frac{3}{4}=\frac{6}{5}-\frac{3}{4}=\frac{24}{20}-\frac{15}{20}=\frac{9}{20}$

② $2\frac{1}{15}-1\frac{9}{10}=\frac{31}{15}-\frac{19}{10}=\frac{62}{30}-\frac{57}{30}=\frac{5}{30}=\frac{1}{6}$

③ $2\frac{1}{6}-1\frac{3}{5}=\frac{13}{6}-\frac{8}{5}=\frac{65}{30}-\frac{48}{30}=\frac{17}{30}$

④ $3\frac{5}{12}-1\frac{7}{8}=\frac{41}{12}-\frac{15}{8}=\frac{82}{24}-\frac{45}{24}=\frac{37}{24}\left(1\frac{13}{24}\right)$

⑤ $2\frac{2}{9}-1\frac{3}{4}=\frac{20}{9}-\frac{7}{4}=\frac{80}{36}-\frac{63}{36}=\frac{17}{36}$

⑥ $3\frac{3}{7}-1\frac{17}{28}=\frac{24}{7}-\frac{45}{28}=\frac{96}{28}-\frac{45}{28}=\frac{51}{28}\left(1\frac{23}{28}\right)$

⑦ $3-1\frac{8}{15}=2\frac{15}{15}-1\frac{8}{15}=1\frac{7}{15}\left(\frac{22}{15}\right)$

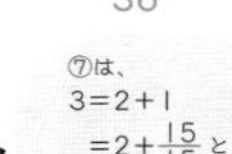

⑦は、$3=2+1$ $=2+\frac{15}{15}$ と考えるといいよ。

2 例のように小数は分数になおして計算しましょう。 よくみて

（例） $1\frac{1}{4}-0.3=\frac{5}{4}-\frac{3}{10}=\frac{25}{20}-\frac{6}{20}=\frac{19}{20}$

① $2\frac{3}{5}-0.7=\frac{13}{5}-\frac{7}{10}=\frac{26}{10}-\frac{7}{10}=\frac{19}{10}\left(1\frac{9}{10}\right)$

② $1.5-\frac{5}{6}=\frac{15}{10}-\frac{5}{6}=\frac{45}{30}-\frac{25}{30}=\frac{20}{30}=\frac{2}{3}$

ヒント **2** ② まず、小数を分数になおすと、$1.5-\frac{5}{6}=\frac{15}{10}-\frac{5}{6}$ となるね。計算のとちゅうで約分できるときはしておこう。

練習 40 時間と分数

答え 24 ページ

例題 ★次の問いに答えましょう。

① $\frac{1}{3}$ 時間は何分ですか。

② 15 分は何時間ですか。

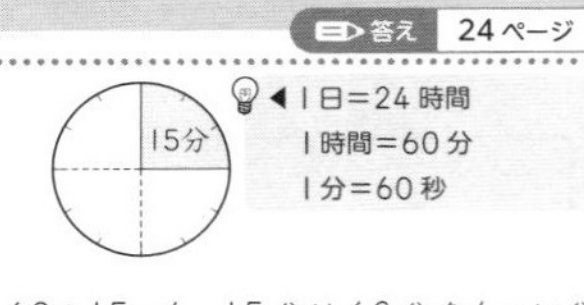

◀1日＝24 時間
1時間＝60 分
1分＝60 秒

解き方 時計の文字盤を見て考えましょう。

① 1時間は 60 分なので、$\frac{1}{3}$ 時間は 60 分を3つに分けた1つ分で、
60÷3＝20　　20 分

② 60÷15＝4　15 分は 60 分を4つに分けた1つ分なので、
$\frac{1}{4}$ 時間

1 □にあてはまる数をかきましょう。

① $\frac{1}{5}$ 時間は、60 分を［5］つに分けた1つ分なので、60÷5＝［12］　［12］分

② 60÷20＝3より、20 秒は、60 秒を［3］つに分けた1つ分なので、［$\frac{1}{3}$］分

2 右の表の㋐～㋒にあてはまる数をかきましょう。

1分は 60 秒だから、60 分は 60×60 秒だね。

㋐（ $\frac{1}{3600}$ ）

㋑（ $\frac{1}{60}$ ）

㋒（ $\frac{1}{60}$ ）

時間、分、秒の関係

時間	分	秒
㋐	㋑	1
㋒	1	60
1	60	3600

3 （　）の中の単位で表しましょう。

① $\frac{1}{2}$ 時間 （分）
60÷2＝30
（ 30 分 ）

② $\frac{1}{6}$ 分 （秒）
60÷6＝10
（ 10 秒 ）

③ 20 分 （時間）
60÷20＝3
（ $\frac{1}{3}$ 時間 ）

④ 10 秒 （分）
60÷10＝6
（ $\frac{1}{6}$ 分 ）

ヒント **3** ② $\frac{1}{6}$ 分は、1分＝60 秒を6つに分けた1つ分だよ。
④ 1分＝60 秒だから、10 秒は1分を6つに分けた1つ分だね。

46 ページ

1 ⑦整数と分数に分けて計算すると、$3-1\frac{8}{15}=2\frac{15}{15}-1\frac{8}{15}=(2-1)+\left(\frac{15}{15}-\frac{8}{15}\right)$
$=1+\frac{7}{15}=1\frac{7}{15}$

2 ②$1.5=\frac{15}{10}$ として計算します。

47 ページ

1 ①$\frac{1}{5}$ 時間は、1時間を5つに分けた1つ分、つまり、60 分を5つに分けた1つ分。

2 時間、分、秒は、60 ごとに単位がかわるので、分数を使って表すことが多いです。㋐1秒を時間の単位に表すと、1時間は 60×60 で 3600 秒なので、1秒は $\frac{1}{3600}$ 時間です。

3 ③1時間＝60分で、60÷20＝3だから、20 分は1時間を3つに分けた1つ分なので、$\frac{1}{3}$ 時間です。

④1分＝60 秒で、60÷10＝6だから、10 秒は1分を6つに分けた1つ分なので、$\frac{1}{6}$ 分です。

おうちのかたへ
時間の単位の表しかたをかえるときは、1時間、1分を何等分かしたうちの何こ分かを考えさせましょう。

48ページ

1 □にあてはまる数をかきましょう。　□各2点(22点)

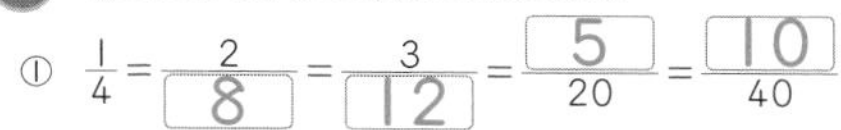

① $\frac{1}{4}=\frac{2}{8}=\frac{3}{12}=\frac{5}{20}=\frac{10}{40}$

② $\frac{24}{72}=\frac{8}{24}=\frac{4}{12}=\frac{1}{3}$

③ $\frac{2}{3}=\frac{4}{6}=\frac{16}{24}=\frac{24}{36}=\frac{32}{48}$

2 次の分数を約分しましょう。　各2点(6点)

① $\frac{49}{56}$　($\frac{7}{8}$)

② $\frac{36}{96}$　($\frac{3}{8}$)

③ $\frac{42}{102}$　($\frac{7}{17}$)

3 次の2つの分数のうち、大きいほうの分数をかきましょう。　各3点(6点)

① $\frac{4}{9}$ と $\frac{7}{15}$
$\frac{4}{9}=\frac{20}{45}$
$\frac{7}{15}=\frac{21}{45}$
($\frac{7}{15}$)

② $\frac{11}{15}$ と $\frac{18}{25}$
$\frac{11}{15}=\frac{55}{75}$
$\frac{18}{25}=\frac{54}{75}$
($\frac{11}{15}$)

4 次のたし算をしましょう。　各3点(18点)

① $\frac{2}{3}+\frac{1}{5}=\frac{10}{15}+\frac{3}{15}=\frac{13}{15}$

② $\frac{1}{2}+\frac{3}{7}=\frac{7}{14}+\frac{6}{14}=\frac{13}{14}$

③ $\frac{1}{6}+\frac{3}{8}=\frac{4}{24}+\frac{9}{24}=\frac{13}{24}$

④ $\frac{3}{4}+\frac{5}{8}=\frac{6}{8}+\frac{5}{8}=\frac{11}{8}\left(1\frac{3}{8}\right)$

⑤ $\frac{6}{5}+\frac{4}{15}=\frac{18}{15}+\frac{4}{15}=\frac{22}{15}\left(1\frac{7}{15}\right)$

⑥ $\frac{7}{6}+\frac{15}{14}=\frac{49}{42}+\frac{45}{42}=\frac{94}{42}$
$=\frac{47}{21}\left(2\frac{5}{21}\right)$

49ページ

5 次のひき算をしましょう。　各3点(18点)

① $\frac{2}{3}-\frac{1}{2}=\frac{4}{6}-\frac{3}{6}=\frac{1}{6}$

② $\frac{5}{9}-\frac{1}{3}=\frac{5}{9}-\frac{3}{9}=\frac{2}{9}$

③ $\frac{3}{4}-\frac{2}{3}=\frac{9}{12}-\frac{8}{12}=\frac{1}{12}$

④ $\frac{3}{4}-\frac{3}{5}=\frac{15}{20}-\frac{12}{20}=\frac{3}{20}$

⑤ $\frac{13}{10}-\frac{7}{6}=\frac{39}{30}-\frac{35}{30}=\frac{4}{30}=\frac{2}{15}$

⑥ $\frac{15}{9}-\frac{1}{2}=\frac{30}{18}-\frac{9}{18}=\frac{21}{18}=\frac{7}{6}\left(1\frac{1}{6}\right)$

6 次の計算をしましょう。　各3点(18点)

① $4\frac{1}{3}+2\frac{1}{5}=\frac{13}{3}+\frac{11}{5}=\frac{65}{15}+\frac{33}{15}$
$=\frac{98}{15}\left(6\frac{8}{15}\right)$

② $1\frac{17}{20}+\frac{5}{12}=\frac{37}{20}+\frac{5}{12}=\frac{111}{60}+\frac{25}{60}$
$=\frac{136}{60}=\frac{34}{15}\left(2\frac{4}{15}\right)$

③ $2\frac{5}{6}+1\frac{4}{9}=\frac{17}{6}+\frac{13}{9}=\frac{51}{18}+\frac{26}{18}$
$=\frac{77}{18}\left(4\frac{5}{18}\right)$

④ $2\frac{2}{5}-\frac{9}{10}=\frac{12}{5}-\frac{9}{10}=\frac{24}{10}-\frac{9}{10}$
$=\frac{15}{10}=\frac{3}{2}\left(1\frac{1}{2}\right)$

⑤ $3\frac{5}{6}-1\frac{6}{7}=\frac{23}{6}-\frac{13}{7}=\frac{161}{42}-\frac{78}{42}$
$=\frac{83}{42}\left(1\frac{41}{42}\right)$

⑥ $5\frac{1}{18}-3\frac{1}{2}=\frac{91}{18}-\frac{7}{2}=\frac{91}{18}-\frac{63}{18}$
$=\frac{28}{18}=\frac{14}{9}\left(1\frac{5}{9}\right)$

7 次の計算をしましょう。小数は分数になおして、計算しましょう。　各3点(12点)

① $\frac{2}{3}+\frac{1}{6}+\frac{2}{9}=\frac{12}{18}+\frac{3}{18}+\frac{4}{18}$
$=\frac{19}{18}\left(1\frac{1}{18}\right)$

② $1\frac{1}{2}+\frac{1}{6}-\frac{1}{9}=\frac{3}{2}+\frac{1}{6}-\frac{1}{9}$
$=\frac{27}{18}+\frac{3}{18}-\frac{2}{18}=\frac{28}{18}=\frac{14}{9}\left(1\frac{5}{9}\right)$

③ $\frac{7}{8}-\frac{4}{5}+1\frac{1}{2}=\frac{7}{8}-\frac{4}{5}+\frac{3}{2}$
$=\frac{35}{40}-\frac{32}{40}+\frac{60}{40}$
$=\frac{63}{40}\left(1\frac{23}{40}\right)$

できたらスゴイ!

④ $2\frac{3}{4}-1.4+\frac{1}{6}=\frac{11}{4}-\frac{14}{10}+\frac{1}{6}$
$=\frac{165}{60}-\frac{84}{60}+\frac{10}{60}$
$=\frac{91}{60}\left(1\frac{31}{60}\right)$

おうちのかたへ
分数のたし算・ひき算の計算をしたあと、答えを約分することを忘れないようにしましょう。

48ページ

1 分母と分子に同じ数をかけても、同じ数でわっても、分数の大きさは変わりません。

2 約分(やくぶん)するときは、分母と分子の最大公約数(さいだいこうやくすう)でわるか、わり切れなくなるまで公約数でわっていきます。

3 分数の大きさをくらべるときは、通分(つうぶん)して分子の大きさをくらべます。

4 通分して計算します。答えが約分できるときは、約分します。

49ページ

5 通分して計算します。答えが約分できるときは、約分します。

6 ①整数と分数に分けて計算すると、

$4\frac{1}{3}+2\frac{1}{5}=$
$(4+2)+\left(\frac{1}{3}+\frac{1}{5}\right)$
$=6+\frac{5}{15}+\frac{3}{15}$
$=6+\frac{8}{15}=6\frac{8}{15}$

7 3つの分数のたし算・ひき算の場合でも、通分してから計算します。

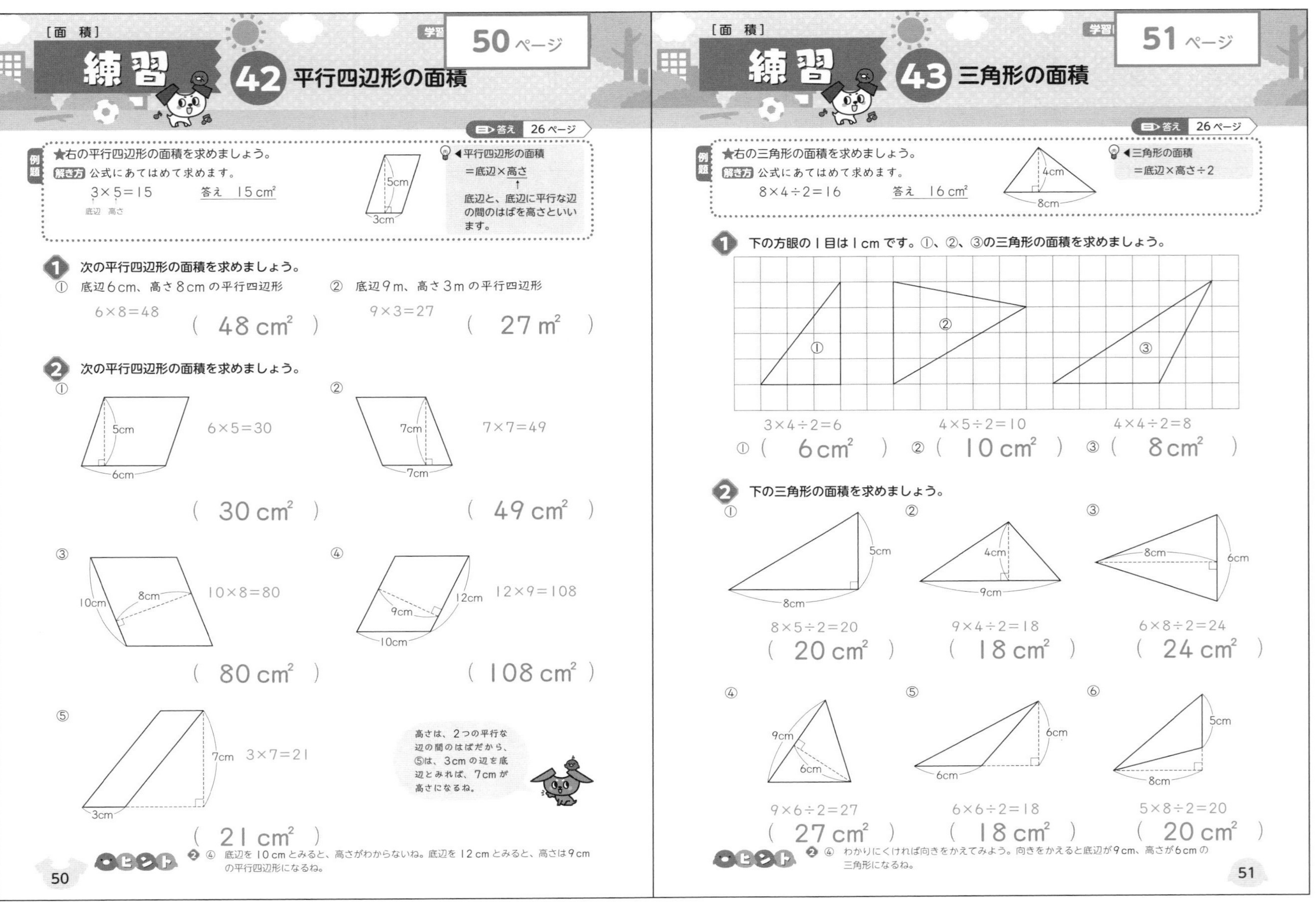
[面 積]

練習 42 平行四辺形の面積　50ページ

答え 26ページ

例題 ★右の平行四辺形の面積を求めましょう。

解き方 公式にあてはめて求めます。

3×5＝15（底辺　高さ）　答え　15 cm^2

◀平行四辺形の面積
＝底辺×高さ
底辺と、底辺に平行な辺の間のはばを高さといいます。

1 次の平行四辺形の面積を求めましょう。

① 底辺6cm、高さ8cmの平行四辺形　6×8＝48　（48 cm^2）

② 底辺9m、高さ3mの平行四辺形　9×3＝27　（27 m^2）

2 次の平行四辺形の面積を求めましょう。

① 6×5＝30　（30 cm^2）

② 7×7＝49　（49 cm^2）

③ 10×8＝80　（80 cm^2）

④ 12×9＝108　（108 cm^2）

⑤ 3×7＝21　（21 cm^2）

高さは、2つの平行な辺の間のはばだから、⑤は、3cmの辺を底辺とみれば、7cmが高さになるね。

ヒント 2 ④ 底辺を10cmとみると、高さがわからないね。底辺を12cmとみると、高さは9cmの平行四辺形になるね。

50

[面 積]

練習 43 三角形の面積　51ページ

答え 26ページ

例題 ★右の三角形の面積を求めましょう。

解き方 公式にあてはめて求めます。

8×4÷2＝16　答え　16 cm^2

◀三角形の面積
＝底辺×高さ÷2

1 下の方眼の1目は1cmです。①、②、③の三角形の面積を求めましょう。

3×4÷2＝6　①（6 cm^2）

4×5÷2＝10　②（10 cm^2）

4×4÷2＝8　③（8 cm^2）

2 下の三角形の面積を求めましょう。

① 8×5÷2＝20　（20 cm^2）

② 9×4÷2＝18　（18 cm^2）

③ 6×8÷2＝24　（24 cm^2）

④ 9×6÷2＝27　（27 cm^2）

⑤ 6×6÷2＝18　（18 cm^2）

⑥ 5×8÷2＝20　（20 cm^2）

ヒント 2 ④ わかりにくければ向きをかえてみよう。向きをかえると底辺が9cm、高さが6cmの三角形になるね。

51

50ページ

1 平行四辺形の面積
＝底辺×高さ
①単位は cm^2 です。
②単位は m^2 です。

2 ④9cmの高さに対する底辺は12cmです。平行四辺形の底辺と高さは、垂直(90°)の関係です。
⑤3cmを底辺とみると、高さは7cmです。

51ページ

1 三角形の面積
＝底辺×高さ÷2
②底辺を方眼のたてにそった辺とすると4cm、高さは5cmです。
③頂点から底辺に垂直にひいた直線の長さが高さになるので、底辺を4cmの辺とすると、高さは4cmです。

2 ⑥底辺が5cm、高さが8cmになります。

おうちのかたへ
平行四辺形でも三角形でも、底辺と高さは垂直であることを身につけさせましょう。

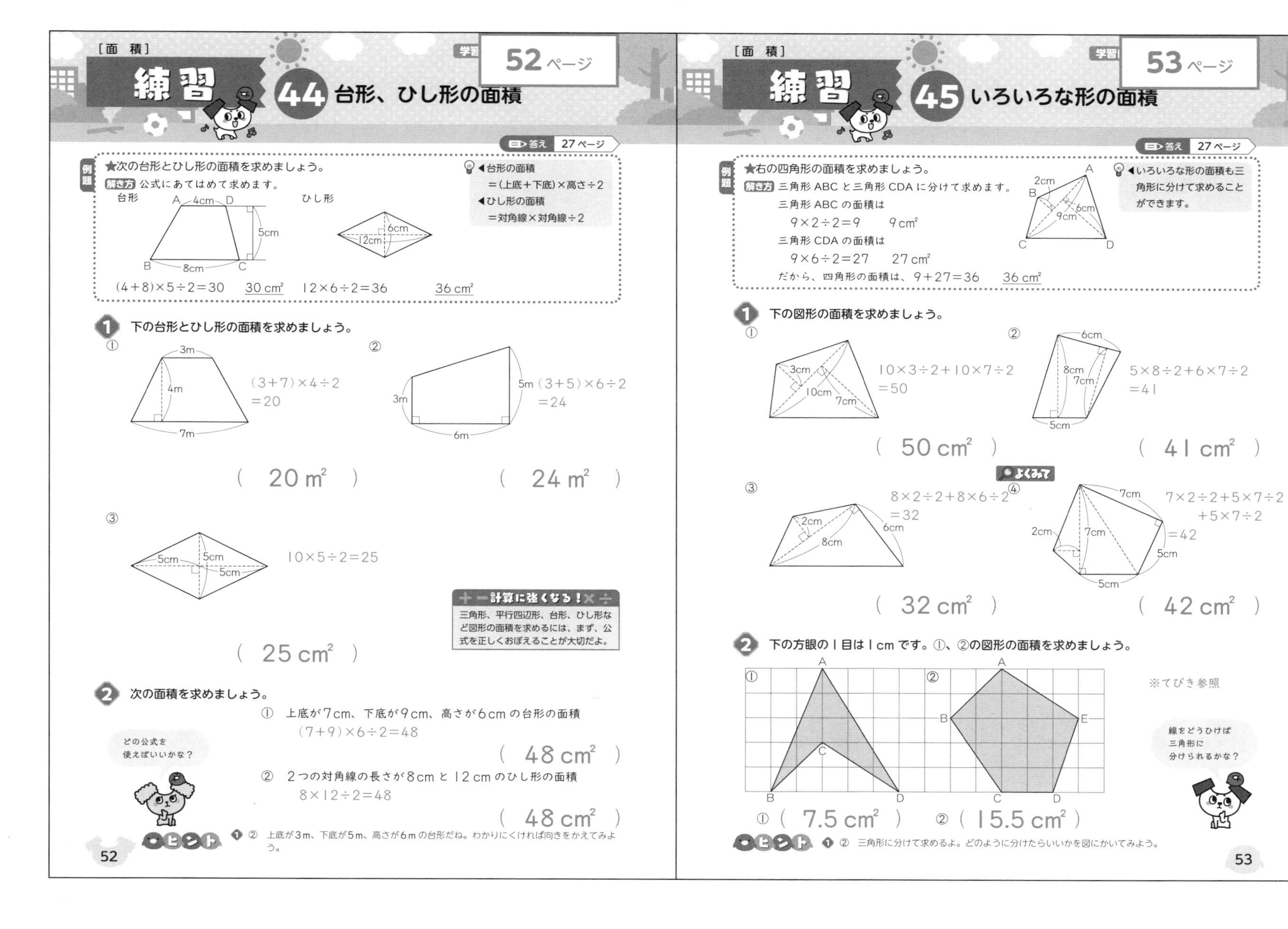

[面 積]

練習 44 台形、ひし形の面積

52ページ

答え 27ページ

例題 ★次の台形とひし形の面積を求めましょう。

解き方 公式にあてはめて求めます。

台形　ひし形

(4+8)×5÷2=30　30 cm²　12×6÷2=36　36 cm²

◀台形の面積 =(上底+下底)×高さ÷2

◀ひし形の面積 =対角線×対角線÷2

1 下の台形とひし形の面積を求めましょう。

① (3+7)×4÷2 =20　(20 m²)

② (3+5)×6÷2 =24　(24 m²)

③ 10×5÷2=25　(25 cm²)

＋－計算に強くなる！×÷ 三角形、平行四辺形、台形、ひし形など図形の面積を求めるには、まず、公式を正しくおぼえることが大切だよ。

2 次の面積を求めましょう。

① 上底が7cm、下底が9cm、高さが6cmの台形の面積　(7+9)×6÷2=48　(48 cm²)

② 2つの対角線の長さが8cmと12cmのひし形の面積　8×12÷2=48　(48 cm²)

どの公式を使えばいいかな？

ヒント 1 ② 上底が3m、下底が5m、高さが6mの台形だね。わかりにくければ向きをかえてみよう。

52

[面 積]

練習 45 いろいろな形の面積

53ページ

答え 27ページ

例題 ★右の四角形の面積を求めましょう。

解き方 三角形ABCと三角形CDAに分けて求めます。

三角形ABCの面積は 9×2÷2=9　9 cm²

三角形CDAの面積は 9×6÷2=27　27 cm²

だから、四角形の面積は、9+27=36　36 cm²

◀いろいろな形の面積も三角形に分けて求めることができます。

1 下の図形の面積を求めましょう。

① 10×3÷2+10×7÷2 =50　(50 cm²)

② 5×8÷2+6×7÷2 =41　(41 cm²)

③ 8×2÷2+8×6÷2 =32　(32 cm²)

よくみて ④ 7×2÷2+5×7÷2 +5×7÷2 =42　(42 cm²)

2 下の方眼の1目は1cmです。①、②の図形の面積を求めましょう。

※てびき参照

線をどうひけば三角形に分けられるかな？

① (7.5 cm²)　② (15.5 cm²)

ヒント 1 ② 三角形に分けて求めるよ。どのように分けたらいいかを図にかいてみよう。

53

52ページ

1 台形の面積＝(上底＋下底)×高さ÷2
ひし形の面積
＝対角線×対角線÷2
②向きをかえて考えましょう。上底3m、下底5m、高さ6mとみることができます。

53ページ

1 ②底辺5cm、高さ8cmの三角形と、底辺6cm、高さ7cmの三角形に分けて求めます。
④3つの三角形に分けて求めます。

2 ①三角形ＡＢＤの面積から三角形ＣＢＤの面積をひきます。
5×5÷2－5×2÷2
＝7.5
または、三角形ＡＢＣと三角形ＡＣＤの面積をたして求めることもできます。
②三角形ＡＢＥと台形ＢＣＤＥの面積をたします。
5×2÷2＋(5＋2)×3÷2＝15.5

おうちのかたへ
底辺、高さなどがわかりにくいときは、向きをかえて考えさせましょう。

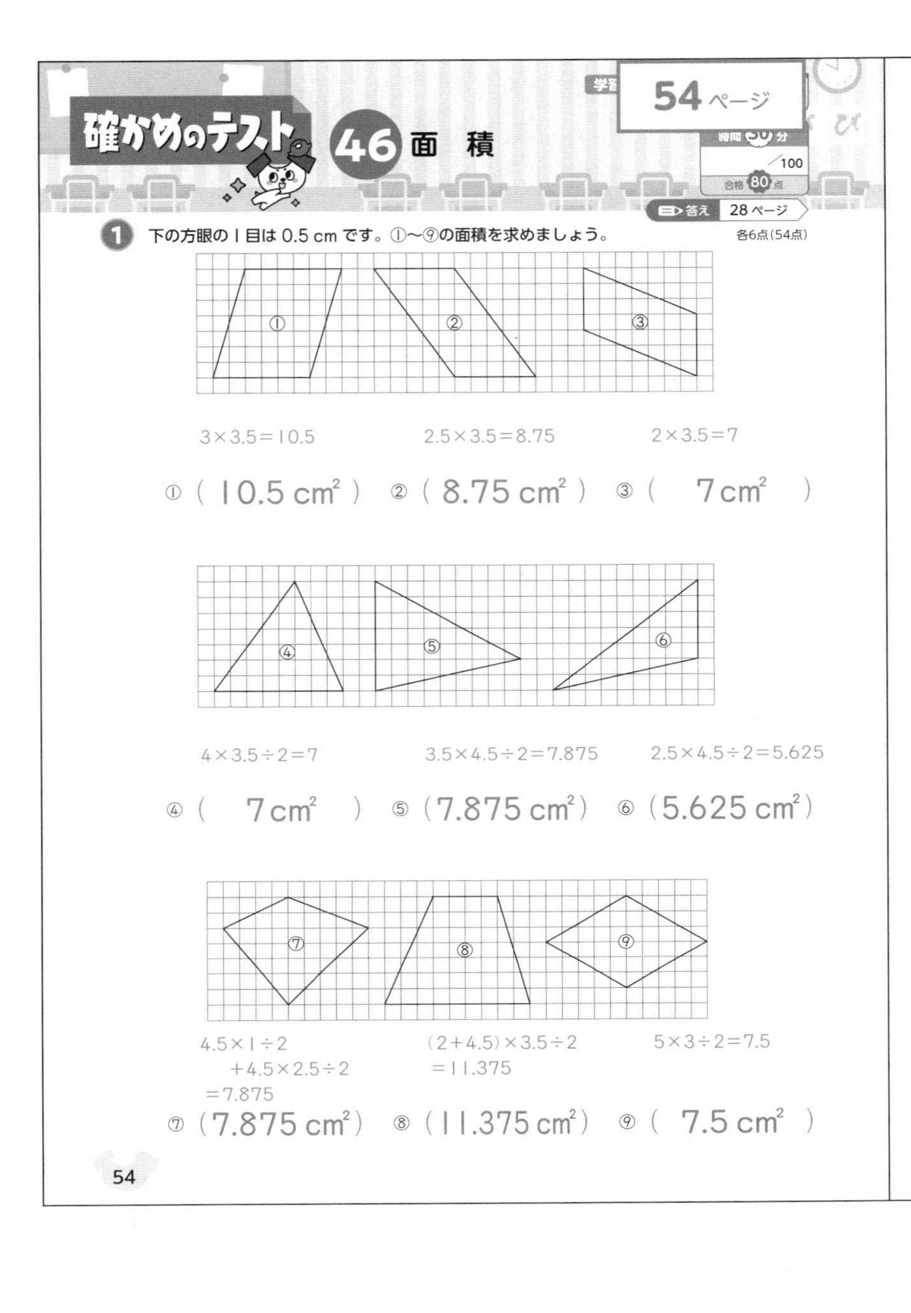

確かめのテスト 46 面積

54ページ

答え 28ページ

1 下の方眼の1目は0.5 cmです。①～⑨の面積を求めましょう。 各6点(54点)

$3\times3.5=10.5$　$2.5\times3.5=8.75$　$2\times3.5=7$

① (10.5 cm²)　② (8.75 cm²)　③ (7cm²)

$4\times3.5\div2=7$　$3.5\times4.5\div2=7.875$　$2.5\times4.5\div2=5.625$

④ (7cm²)　⑤ (7.875 cm²)　⑥ (5.625 cm²)

$4.5\times1\div2+4.5\times2.5\div2=7.875$　$(2+4.5)\times3.5\div2=11.375$　$5\times3\div2=7.5$

⑦ (7.875 cm²)　⑧ (11.375 cm²)　⑨ (7.5 cm²)

55ページ

2 右の図のように、長方形をあ、い、うの3つに分けました。いは平行四辺形です。あ、い、うの面積をそれぞれ求めましょう。 各6点(18点)

あ$30\times35\div2=525$

い$25\times35=875$

う長方形は、$35\times(25+45)=2450$

$2450-(525+875)=1050$

あ (525 cm²)　い (875 cm²)　う (1050 cm²)

3 次の長さを求めましょう。 各6点(18点)

① 面積が56 cm²で、底辺の長さが8 cmの平行四辺形の高さ

$56\div8=7$

(7cm)

② 面積が31.5 cm²で、底辺の長さが3.5 cmの三角形の高さ

$31.5\times2\div3.5=18$

(18 cm)

③ 面積が58.5 cm²で、上底が7cm、下底が6cmの台形の高さ

$58.5\times2\div(7+6)=9$

(9cm)

できたらスゴイ!

4 次の長方形ＡＢＣＤ、平行四辺形ＥＦＧＨで、色のついた部分の面積を求めましょう。 各5点(10点)

①

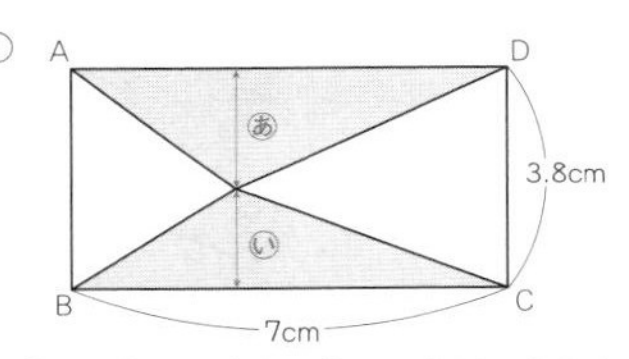

あの三角形の高さといの三角形の高さをたすと3.8 cmになり、底辺7cm、高さ3.8 cmの三角形の面積を求めるのと同じ。

$7\times3.8\div2=13.3$ (13.3 cm²)

②

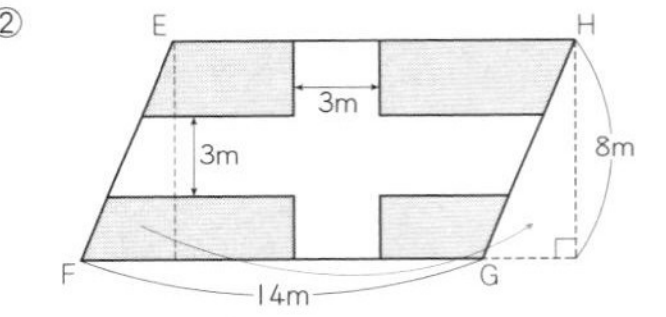

三角形を移して、白い部分をとると、たて5m、横11 mの長方形になる。

$5\times11=55$

(55 m²)

54ページ

1 1目が0.5 cmであることに気をつけましょう。

①～③は平行四辺形、④～⑥は三角形の面積の公式を使います。

⑦2つの三角形に分けて求めます。

⑧上底2cm、下底4.5 cm、高さ3.5 cmの台形です。

⑨対角線の長さが5cm、3cmのひし形です。

55ページ

2 あ、い、うはすべて高さが35 cmです。

3 ①高さを□cmとすると、$8\times□=56$と表せます。

②高さを□cmとすると、$3.5\times□\div2=31.5$と表せます。

③高さを□cmとすると、$(7+6)\times□\div2=58.5$と表せます。

おうちのかたへ

平行四辺形、三角形、台形、ひし形の面積の公式を正しく覚えることが大切です。

[平均とその利用]

練習 47 平均

56ページ

答え 29ページ

例題 ★5個のりんごの重さをはかったら184g、225g、209g、197g、210gでした。

① このりんご5個の重さは、合計何gですか。

② このりんご1個の平均の重さは何gですか。

解き方 ① 184+225+209+197+210=1025　答え 1025g

② 1025÷5=205　答え 205g

◀いくつかの数量を、同じ大きさになるようにならしたものを、それらの数量の平均といいます。

◀平均は、数量の合計を、個数でわれば求められます。

1 次の平均を求めましょう。

① 体重が28.4kg、31.6kg、26.3kg、29.8kg、31.9kgの男子5人の体重の平均

28.4+31.6+26.3+29.8+31.9=148

148÷5=29.6

(29.6 kg)

② 身長が136cm、142cm、127cm、138cm、130cmの女子5人の身長の平均

136+142+127+138+130=673

673÷5=134.6

(134.6 cm)

2 5年生が、先週、図書室から借りた本のさっ数は、下のようでした。

図書室から借りた本のさっ数

曜日	月	火	水	木	金
さっ数	6	7	0	5	8

1日平均何さつ借りたことになりますか。

6+7+0+5+8=26

26÷5=5.2

(5.2 さつ)

平均を求めるとさっ数でも小数になることがあるよ。

まちがい注意

3 右の表は、5年1組と2組の人数と身長の平均をまとめたものです。5年1組と2組あわせた身長の平均は何cmですか。

人数と身長の平均

	人数	身長の平均
1組	20人	132.7cm
2組	16人	134.5cm

132.7×20+134.5×16=4806

4806÷(20+16)=133.5

(133.5 cm)

ヒント 3 1組の身長の合計は132.7×20、2組の身長の合計は134.5×16、この2つの合計を5年1組と2組あわせた人数でわればいいよ。

[平均とその利用]

練習 48 平均を使って

57ページ

答え 29ページ

例題 ★りょうさんが、10歩歩いた道のりは6m23cmでした。

① りょうさんの歩はばは、何mといえばよいですか。上から2けたの概数で表しましょう。

② りょうさんの家から図書館までの歩数を調べたら、860歩ありました。家から図書館まで、約何mありますか。上から2けたの概数で表しましょう。

解き方 ① 6.23÷10=0.623　答え 約0.62m

② 0.62×860=533.2　答え 約530m

◀歩はばが上から2けたの概数のときは、道のりも上から2けたの概数にします。

1 はやとさんは家から学校を通って公園に行くまでの道のりを調べました。家から学校までは710歩、学校から公園までは480歩ありました。はやとさんの歩はばは、約0.62mです。

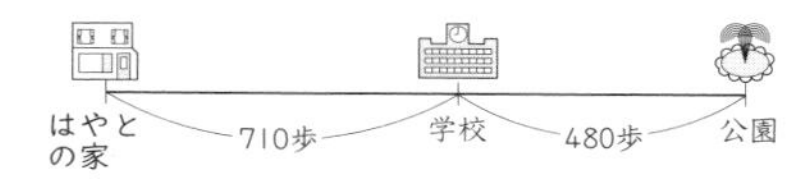

① 家から学校までは、約何mありますか。

0.62×710=440.2

(約 440 m)

② 家から学校までと、学校から公園までとは、約何mちがいますか。

学校から公園までの道のりは、

0.62×480=297.6　約300m

ちがいは、440−300=140

(約 140 m)

2 4個のトマトの重さを1個ずつはかったら、240g、252g、232g、236gでした。トマト1個の平均の重さを、次の2つの方法で求めましょう。

① どれも200gより重いので、200gより重い重さ分の平均を求めてから、200gにたします。200gより重い重さ分の合計は、

40+52+32+36=160　平均は、160÷4=40

200+40=240

(240 g)

まちがい注意

② いちばん軽い232gに目をつけて、232gより重い重さ分の平均を求めてから、232gにたします。232gより重い重さ分の合計は、

8+20+0+4=32　平均は、32÷4=8

232+8=240

(240 g)

232gより重い重さ分の合計は、8+20+0+4だね。

ヒント 1 ① 歩はばは、1歩で進む道のりだよ。家から学校まで710歩だから、式は0.62×710となるね。

56ページ

1 平均＝合計÷個数

2 平均を求めるときは、0の場合も個数にふくめます。

3 全体の平均は、それぞれの部分の平均から全体の合計を求め、それを全体の個数でわって求めます。

57ページ

1 上から2けたの概数のかけ算では、答えも上から2けたの概数にします。

②学校から公園までの道のりも上から2けたの概数で求めて、ちがいを計算します。

2 ①200gをこえた分はそれぞれ、40g、52g、32g、36gになっています。

②232gをこえた分はそれぞれ8g、20g、0g、4gで、平均を求めるときは0gも個数に入れるので4でわります。

おうちのかたへ

平均を求めるときは、「合計」と「個数」にあたるものが何になるかを考えます。

1 右の表は、ある家のにわとりが、先週産んだたまごの数を調べたものです。1日平均何個のたまごを産んだことになりますか。（7点）

たまごの数

曜日	日	月	火	水	木	金	土
数(個)	25	22	23	27	22	23	26

25+22+23+27+22+23+26=168
168÷7=24

（ 24 個 ）

2 6個のたまごの重さをはかったら、次のようでした。
54 g、52 g、53 g、58 g、54 g、53 g　各7点(14点)

① このたまご1個の平均の重さは何 g ですか。
54+52+53+58+54+53=324
324÷6=54

（ 54 g ）

② たまご 50 個の重さは、約何 kg になると考えられますか。
54×50=2700　2700 g=2.7 kg

（ 約 2.7 kg ）

3 ある野球チームの最近の5試合の得点は、6点、4点、0点、0点、2点でした。1試合平均何点とったことになりますか。（7点）
6+4+0+0+2=12
12÷5=2.4

（ 2.4 点 ）

4 右の表は、5年1組と2組の人数と、それぞれの体重の平均をまとめたものです。5年1組と2組あわせた体重の平均は何 kg ですか。（7点）

体重の平均

	人数	体重の平均
1組	20人	37.2 kg
2組	16人	38.1 kg

37.2×20=744　38.1×16=609.6
744+609.6=1353.6
1353.6÷(20+16)=37.6

（ 37.6 kg ）

5 計算テストの1回目から4回目までの平均は 82 点で、5回目の点数は 97 点でした。5回の計算テストの平均点は何点になりますか。（10点）
4回目までのテストの合計点は、82×4=328
5回目の点数をたすと、328+97=425
5回の平均点は、425÷5=85

（ 85 点 ）

6 りなさんが 10 歩の長さを5回はかったら、5.7 m、5.6 m、5.5 m、5.8 m、5.5 m でした。　各7点(14点)

① りなさんの歩はばは約何 m ですか。上から2けたの概数で求めましょう。
5.7+5.6+5.5+5.8+5.5=28.1
10 歩の長さの平均は、28.1÷5=5.62
歩はばは、5.62÷10=0.562

（約 0.56 m）

② 学校の運動場のまわりを歩いたら、720 歩でした。運動場のまわりは、約何 m ありますか。
0.56×720=403.2

（約 400 m）

7 ゆうきさんは、家の近くの長方形の形をした土地の面積を調べようと思って、土地のたて、横の長さを歩数で調べました。
ゆうきさんの歩はばは約 0.58 m で、たては 51 歩、横は 85 歩ありました。　各7点(21点)

① この土地のたて、横の長さは、それぞれ約何 m ありますか。
たての長さは、0.58×51=29.58
横の長さは、0.58×85=49.3

たて（ 約 30 m ）
横（ 約 49 m ）

② この土地の面積を、上から2けたの概数で求めましょう。
①よりたて 30 m、横 49 m なので、
30×49=1470

（約 1500 m²）

できたらスゴイ!

8 なおやさんの走りはばとびの5回の平均は 308 cm でした。
右の表は、そのときの記録ですが、5回目の記録のところが破れていて、わかりません。　各10点(20点)

回	1	2	3	4	5
長さ(cm)	305	306	312	307	

① 5回の走りはばとびの記録の合計は何 cm ですか。
308×5=1540

（ 1540 cm ）

② 5回目は何 cm とびましたか。
1540−(305+306+312+307)=310

（ 310 cm ）

58ページ

1 1日の平均の個数＝たまごの個数の合計÷日数

2 ①1個の平均の重さ
＝合計の重さ÷個数
②1個 54 g と考えて、計算します。
1000 g＝1 kg なので、
2700 g＝2.7 kg です。

3 得点が0点の試合が2試合ありますが、試合数にはふくめます。

4 平均の体重×人数で合計の体重が求められます。

59ページ

5 4回目までの平均から、4回目までの合計点を求められます。それに5回目の点数をたすことで、5回の合計点を求めます。

6 歩はばは、1歩の長さです。

8 ①5回の合計の長さ
＝5回の平均の長さ×5
②5回目の長さ
＝5回の合計の長さ－4回目までの合計の長さ

おうちのかたへ
平均から合計を求めたり、応用するためには、平均の意味を理解することが必要です。

[単位量あたりの大きさ]

練習 50 単位量あたりの大きさ

60ページ

答え 31ページ

例題 ★面積のわりに人口が多いのは、東京都と大阪府の、どちらですか。

面積と人口

	面積(km²)	人口(万人)
東京都	2194	1409
大阪府	1905	878

解き方 1km² あたりの人数を調べると
東京都……14090000÷2194=6422.0…
大阪府……8780000÷1905=4608.9…

答え 東京都のほうが多い

◀人数と面積のように、2つの量で表されたものは「1km² あたり何人」など単位量あたりの大きさでくらべます。
◀1km² あたりの人口のことを人口みつ度といいます。

よくよんで

1 右の表は、学校の2つの花だんA、Bの面積と、そこにうえた球根の数を表したものです。

	面積(m²)	球根の数(個)
A	5	40
B	6	60

① A、B2つの花だんそれぞれについて、1m² あたりの球根の個数を求めましょう。
A 40÷5=8　A（ 8個 ）
B 60÷6=10　B（ 10個 ）

② A、B2つの花だんそれぞれについて、球根1個あたりの面積を求めましょう。
A 5÷40=0.125　A（ 0.125 m² ）
B 6÷60=0.1　B（ 0.1 m² ）

③ 花だんAと花だんBとでは、どちらがこんでいるといえますか。
1m²あたりの球根の数が多いほうが、こんでいるといえます。（ 花だんB ）

2 Aの自動車は24Lのガソリンで300km、Bの自動車は25Lのガソリンで320km走ります。ガソリン1Lあたり長く走るのは、どちらですか。
A 300÷24=12.5　1Lあたり 12.5km
B 320÷25=12.8　1Lあたり 12.8km
（Bの自動車）

3 鉄と銅のかたまりがあります。それぞれの体積と重さをはかったら、右の表のとおりでした。鉄と銅ではどちらが重いか、1cm³ あたりの重さでくらべてみましょう。

鉄と銅の体積と重さ

	体積(cm³)	重さ(g)
鉄	20	157
銅	27	241

鉄 157÷20=7.85
銅 241÷27=8.925…
（ 銅 ）

ヒント ② Aの自動車がガソリン1Lで走るきょりは300÷24、Bの自動車は320÷25で求められるよ。

確かめのテスト 51 単位量あたりの大きさ

61ページ

時間 30分　/100　合格 80点

答え 31ページ

1 20本940円のえんぴつAと、30本1350円のえんぴつBでは、どちらのほうが安いといえますか。(20点)
A 940÷20=47　1本47円
B 1350÷30=45　1本45円
（えんぴつB）

2 学級園に肥料をまきます。1組の学級園の広さは24m²で、まいた肥料は、4.8kgです。各15点(30点)

① 1m² あたり何kgの肥料をまきましたか。
4.8÷24=0.2
（ 0.2 kg ）

② 2組の学級園の広さは30m²です。肥料を1組と同じようにまくとすると、何kgいりますか。
0.2×30=6
（ 6kg ）

3 右の表は、2つの市の人口と面積を表したものです。各10点(30点)

人口と面積

	人口(人)	面積(km²)
A市	108500	117
B市	63750	69

① 人口みつ度を、それぞれ上から2けたの概数で求めましょう。
A市 108500÷117=927.3
B市 63750÷69=923.9
A市（ 930人 ）　B市（ 920人 ）

② 面積のわりに人口が多いのはどちらですか。
（ A市 ）

できたらスゴイ!

4 あるコピー機は4分間に360まいコピーができます。このコピー機で、135まいコピーするのに、何分何秒かかりますか。(20点)
1分間にコピーできるまい数は、360÷4=90　90まい
135まいコピーするのにかかる時間は、
135÷90=1.5　1.5分
（ 1分30秒 ）

60ページ

1 ①1m² あたりの球根の数を求めるには、球根の数を面積でわります。
②球根1個あたりの面積を求めるには、面積を球根の個数でわります。

2 AとBのそれぞれで、ガソリン1Lあたり走るきょりを求めます。

3 1cm³ あたりの重さを求めるには、重さを体積でわります。

61ページ

1 1本あたりのねだんを求めてくらべます。ねだん÷本数で求められます。

2 ①肥料の重さ÷面積
②1m² あたりにまく肥料×面積

3 ①人口みつ度は、1km² あたりの人口です。

4 0.5分を秒になおすと、60×0.5=30なので、30秒です。

おうちのかたへ
単位量あたりの大きさを求めるときは、基準となる大きさがわる数になることを身につけさせましょう。

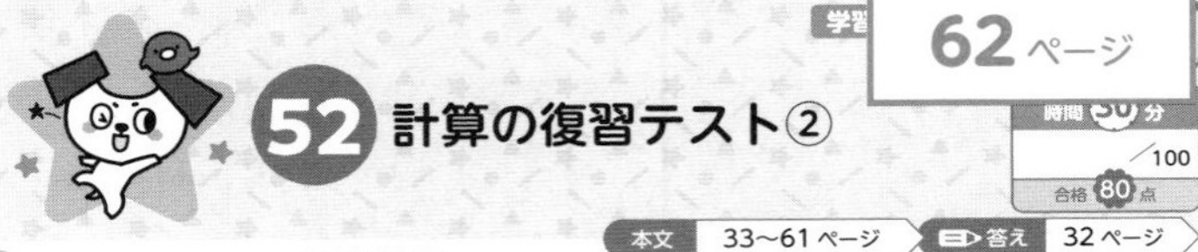

52 計算の復習テスト②

学習 時間30分 ／100 合格80点

本文 33〜61ページ　答え 32ページ

1 (　)の中の数の、最小公倍数を求めましょう。各3点(9点)

① (4、10)　(20)
② (9、12)　(36)
③ (12、15、20)　(60)

2 (　)の中の数の、最大公約数を求めましょう。各3点(9点)

① (26、39)　(13)
② (31、93)　(31)
③ (22、77)　(11)

3 次の計算をしましょう。各2点(36点)

① $\frac{2}{3}+\frac{2}{5}=\frac{10}{15}+\frac{6}{15}=\frac{16}{15}\left(1\frac{1}{15}\right)$

② $\frac{3}{7}+\frac{5}{6}=\frac{18}{42}+\frac{35}{42}=\frac{53}{42}\left(1\frac{11}{42}\right)$

③ $\frac{1}{8}+\frac{2}{3}=\frac{3}{24}+\frac{16}{24}=\frac{19}{24}$

④ $\frac{7}{8}-\frac{1}{5}=\frac{35}{40}-\frac{8}{40}=\frac{27}{40}$

⑤ $\frac{5}{7}-\frac{2}{3}=\frac{15}{21}-\frac{14}{21}=\frac{1}{21}$

⑥ $\frac{7}{5}-\frac{1}{2}=\frac{14}{10}-\frac{5}{10}=\frac{9}{10}$

⑦ $\frac{3}{10}+\frac{1}{2}=\frac{3}{10}+\frac{5}{10}=\frac{8}{10}=\frac{4}{5}$

⑧ $\frac{5}{6}+\frac{3}{10}=\frac{25}{30}+\frac{9}{30}=\frac{34}{30}=\frac{17}{15}\left(1\frac{2}{15}\right)$

⑨ $\frac{8}{15}+\frac{3}{5}=\frac{8}{15}+\frac{9}{15}=\frac{17}{15}\left(1\frac{2}{15}\right)$

⑩ $\frac{3}{4}-\frac{7}{12}=\frac{9}{12}-\frac{7}{12}=\frac{2}{12}=\frac{1}{6}$

⑪ $\frac{13}{30}-\frac{3}{20}=\frac{26}{60}-\frac{9}{60}=\frac{17}{60}$

⑫ $\frac{7}{15}-\frac{3}{10}=\frac{14}{30}-\frac{9}{30}=\frac{5}{30}=\frac{1}{6}$

⑬ $\frac{9}{7}+\frac{15}{14}=\frac{18}{14}+\frac{15}{14}=\frac{33}{14}\left(2\frac{5}{14}\right)$

⑭ $\frac{11}{6}-\frac{1}{3}=\frac{11}{6}-\frac{2}{6}=\frac{9}{6}=\frac{3}{2}\left(1\frac{1}{2}\right)$

⑮ $\frac{13}{10}-\frac{7}{6}=\frac{39}{30}-\frac{35}{30}=\frac{4}{30}=\frac{2}{15}$

⑯ $\frac{2}{3}+\frac{1}{6}+\frac{5}{9}=\frac{12}{18}+\frac{3}{18}+\frac{10}{18}=\frac{25}{18}\left(1\frac{7}{18}\right)$

⑰ $\frac{1}{2}-\frac{1}{6}-\frac{1}{9}=\frac{9}{18}-\frac{3}{18}-\frac{2}{18}=\frac{4}{18}=\frac{2}{9}$

⑱ $\frac{9}{8}-\frac{4}{5}+\frac{3}{2}=\frac{45}{40}-\frac{32}{40}+\frac{60}{40}=\frac{73}{40}\left(1\frac{33}{40}\right)$

4 次の計算をしましょう。各2点(18点)

① $1\frac{1}{3}+2\frac{2}{5}=\frac{4}{3}+\frac{12}{5}=\frac{20}{15}+\frac{36}{15}=\frac{56}{15}\left(3\frac{11}{15}\right)$

② $2\frac{5}{12}+1\frac{1}{4}=\frac{29}{12}+\frac{5}{4}=\frac{29}{12}+\frac{15}{12}=\frac{44}{12}=\frac{11}{3}\left(3\frac{2}{3}\right)$

③ $\frac{5}{6}+2\frac{4}{9}=\frac{5}{6}+\frac{22}{9}=\frac{15}{18}+\frac{44}{18}=\frac{59}{18}\left(3\frac{5}{18}\right)$

④ $1\frac{3}{7}-\frac{2}{3}=\frac{10}{7}-\frac{2}{3}=\frac{30}{21}-\frac{14}{21}=\frac{16}{21}$

⑤ $2\frac{2}{5}-1\frac{9}{10}=\frac{12}{5}-\frac{19}{10}=\frac{24}{10}-\frac{19}{10}=\frac{5}{10}=\frac{1}{2}$

⑥ $3\frac{5}{6}-1\frac{6}{7}=\frac{23}{6}-\frac{13}{7}=\frac{161}{42}-\frac{78}{42}=\frac{83}{42}\left(1\frac{41}{42}\right)$

⑦ $3-1\frac{1}{4}+2\frac{2}{7}=3-\frac{5}{4}+\frac{16}{7}=\frac{84}{28}-\frac{35}{28}+\frac{64}{28}=\frac{113}{28}\left(4\frac{1}{28}\right)$

⑧ $1\frac{1}{12}+0.6=\frac{13}{12}+\frac{6}{10}=\frac{65}{60}+\frac{36}{60}=\frac{101}{60}\left(1\frac{41}{60}\right)$

⑨ $2\frac{3}{4}-0.9=\frac{11}{4}-\frac{9}{10}=\frac{55}{20}-\frac{18}{20}=\frac{37}{20}\left(1\frac{17}{20}\right)$

5 次のわり算の商を分数で表しましょう。各3点(9点)

① 6÷7　($\frac{6}{7}$)
② 5÷12　($\frac{5}{12}$)
③ 16÷14 $=\frac{16}{14}=\frac{8}{7}$　($\frac{8}{7}\left(1\frac{1}{7}\right)$)

6 次の分数は小数で、小数は分数で表しましょう。各2点(12点)

① $\frac{3}{8}$　(0.375)
② $\frac{12}{5}$　(2.4)
③ $\frac{5}{4}$　(1.25)
④ 0.1　($\frac{1}{10}$)
⑤ 0.09　($\frac{9}{100}$)
⑥ 3.01　($3\frac{1}{100}\left(\frac{301}{100}\right)$)

7 5個のみかんの重さを1個ずつはかったら、次のようでした。1個平均何gですか。(4点)

320g、340g、335g、305g、310g

320+340+335+305+310=1610
1610÷5=322　(322g)

8 25Lのガソリンで400km走れる自動車Aと、30Lのガソリンで540km走れる自動車Bがあります。1Lのガソリンで多く走れるのは、どちらですか。(3点)

自動車A　400÷25=16　16km
自動車B　540÷30=18　18km　(自動車B)

62ページ

1 ③12の倍数は12、24、36、48、60、…。15の倍数は15、30、45、60、…。20の倍数は20、40、60、…。最小公倍数は60。

2 ②31の約数は1、31。93の約数は1、3、31、93。最大公約数は31。

3 分数のたし算・ひき算は、まず通分して計算します。答えが約分できるときは約分します。

63ページ

4 帯分数のはいったたし算・ひき算は、仮分数になおして計算するか、整数と分数にわけて計算します。

5 $○÷□=\frac{○}{□}$

6 $\frac{○}{□}=○÷□$

$0.1=\frac{1}{10}$、$0.01=\frac{1}{100}$、$0.001=\frac{1}{1000}$

7 平均＝全体の合計÷個数

8 走れるきょり÷ガソリンの量

おうちのかたへ
最小公倍数、最大公約数が素早く求められるようになると、分数の計算にも役立ちます。

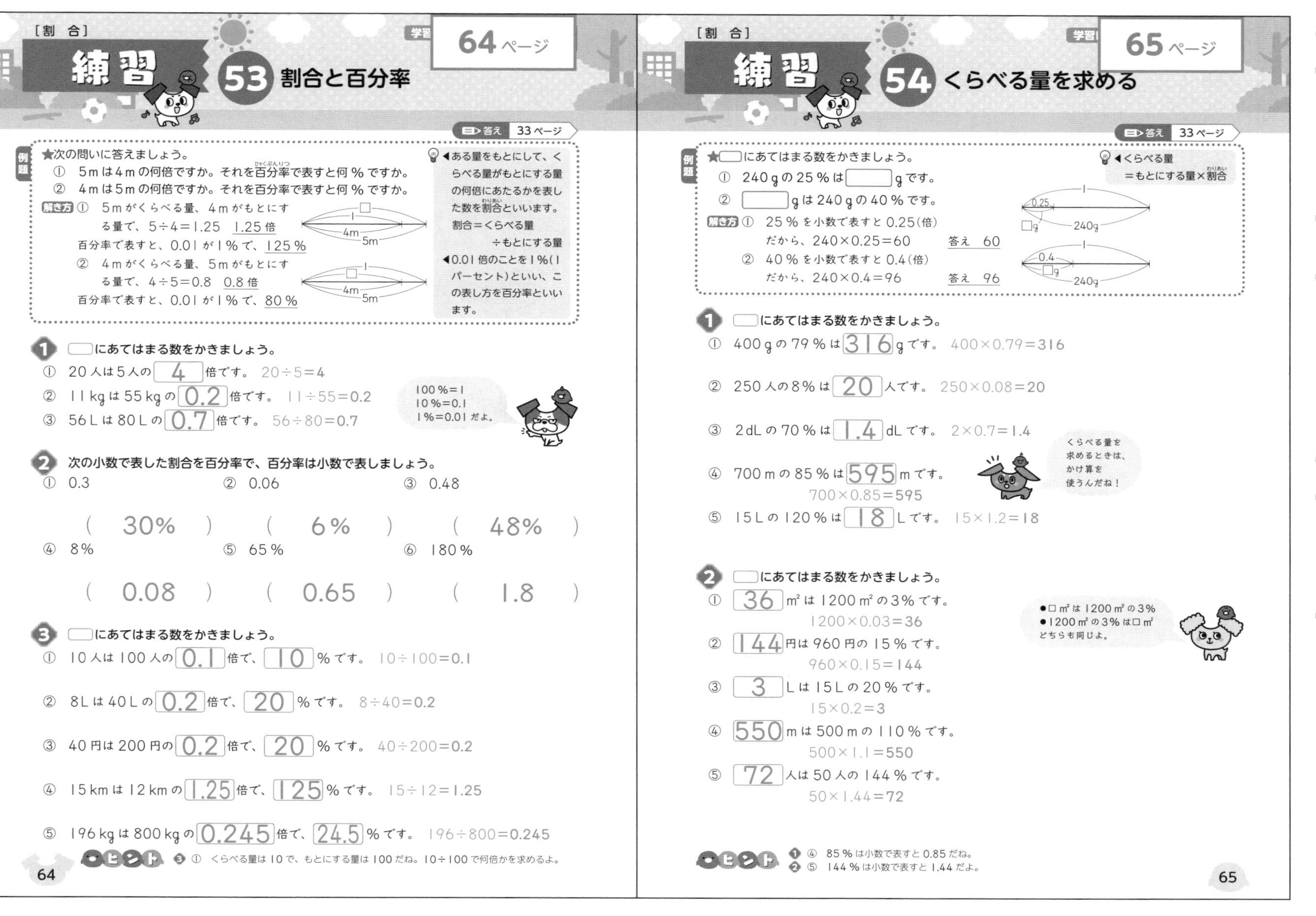
［割 合］

練習 53 割合と百分率

64ページ

答え 33ページ

例題 ★次の問いに答えましょう。
① 5mは4mの何倍ですか。それを百分率(ひゃくぶんりつ)で表すと何％ですか。
② 4mは5mの何倍ですか。それを百分率で表すと何％ですか。

解き方 ① 5mがくらべる量、4mがもとにする量で、5÷4＝1.25　1.25倍
百分率で表すと、0.01が1％で、125％
② 4mがくらべる量、5mがもとにする量で、4÷5＝0.8　0.8倍
百分率で表すと、0.01が1％で、80％

◀ある量をもとにして、くらべる量がもとにする量の何倍にあたるかを表した数を割合(わりあい)といいます。
割合＝くらべる量÷もとにする量
◀0.01倍のことを1％(1パーセント)といい、この表し方を百分率といいます。

❶ □にあてはまる数をかきましょう。
① 20人は5人の 4 倍です。　20÷5＝4
② 11kgは55kgの 0.2 倍です。　11÷55＝0.2
③ 56Lは80Lの 0.7 倍です。　56÷80＝0.7

100％＝1
10％＝0.1
1％＝0.01だよ。

❷ 次の小数で表した割合を百分率で、百分率は小数で表しましょう。
① 0.3　（30％）
② 0.06　（6％）
③ 0.48　（48％）
④ 8％　（0.08）
⑤ 65％　（0.65）
⑥ 180％　（1.8）

❸ □にあてはまる数をかきましょう。
① 10人は100人の 0.1 倍で、 10 ％です。　10÷100＝0.1
② 8Lは40Lの 0.2 倍で、 20 ％です。　8÷40＝0.2
③ 40円は200円の 0.2 倍で、 20 ％です。　40÷200＝0.2
④ 15kmは12kmの 1.25 倍で、 125 ％です。　15÷12＝1.25
⑤ 196kgは800kgの 0.245 倍で、 24.5 ％です。　196÷800＝0.245

ヒント ❸ ① くらべる量は10で、もとにする量は100だね。10÷100で何倍かを求めるよ。

64

［割 合］

練習 54 くらべる量を求める

65ページ

答え 33ページ

例題 ★□にあてはまる数をかきましょう。
① 240gの25％は□gです。
② □gは240gの40％です。

解き方 ① 25％を小数で表すと0.25(倍)だから、240×0.25＝60　答え 60
② 40％を小数で表すと0.4(倍)だから、240×0.4＝96　答え 96

◀くらべる量＝もとにする量×割合(わりあい)

❶ □にあてはまる数をかきましょう。
① 400gの79％は 316 gです。　400×0.79＝316
② 250人の8％は 20 人です。　250×0.08＝20
③ 2dLの70％は 1.4 dLです。　2×0.7＝1.4
④ 700mの85％は 595 mです。　700×0.85＝595
⑤ 15Lの120％は 18 Lです。　15×1.2＝18

くらべる量を求めるときは、かけ算を使うんだね！

❷ □にあてはまる数をかきましょう。
① 36 m²は1200m²の3％です。　1200×0.03＝36
② 144 円は960円の15％です。　960×0.15＝144
③ 3 Lは15Lの20％です。　15×0.2＝3
④ 550 mは500mの110％です。　500×1.1＝550
⑤ 72 人は50人の144％です。　50×1.44＝72

●□m²は1200m²の3％
●1200m²の3％は□m²
どちらも同じだよ。

ヒント ❶ ④ 85％は小数で表すと0.85だね。
❷ ⑤ 144％は小数で表すと1.44だよ。

65

64ページ

❶ 割合(わりあい)
＝くらべる量÷もとにする量
②くらべる量が11kg、もとにする量が55kgです。

❷ 1＝100％、0.1＝10％、0.01＝1％

❸ ①くらべる量が10人、もとにする量が100人です。
④くらべる量が15km、もとにする量が12kmです。

65ページ

❶ くらべる量
＝もとにする量×割合
⑤120％は小数で表すと1.2です。

❷ ④110％は小数で表すと1.1です。
⑤144％は小数で表すと1.44です。

おうちのかたへ
何がくらべる量で、何がもとにする量かを問題をよく読んで考えさせましょう。

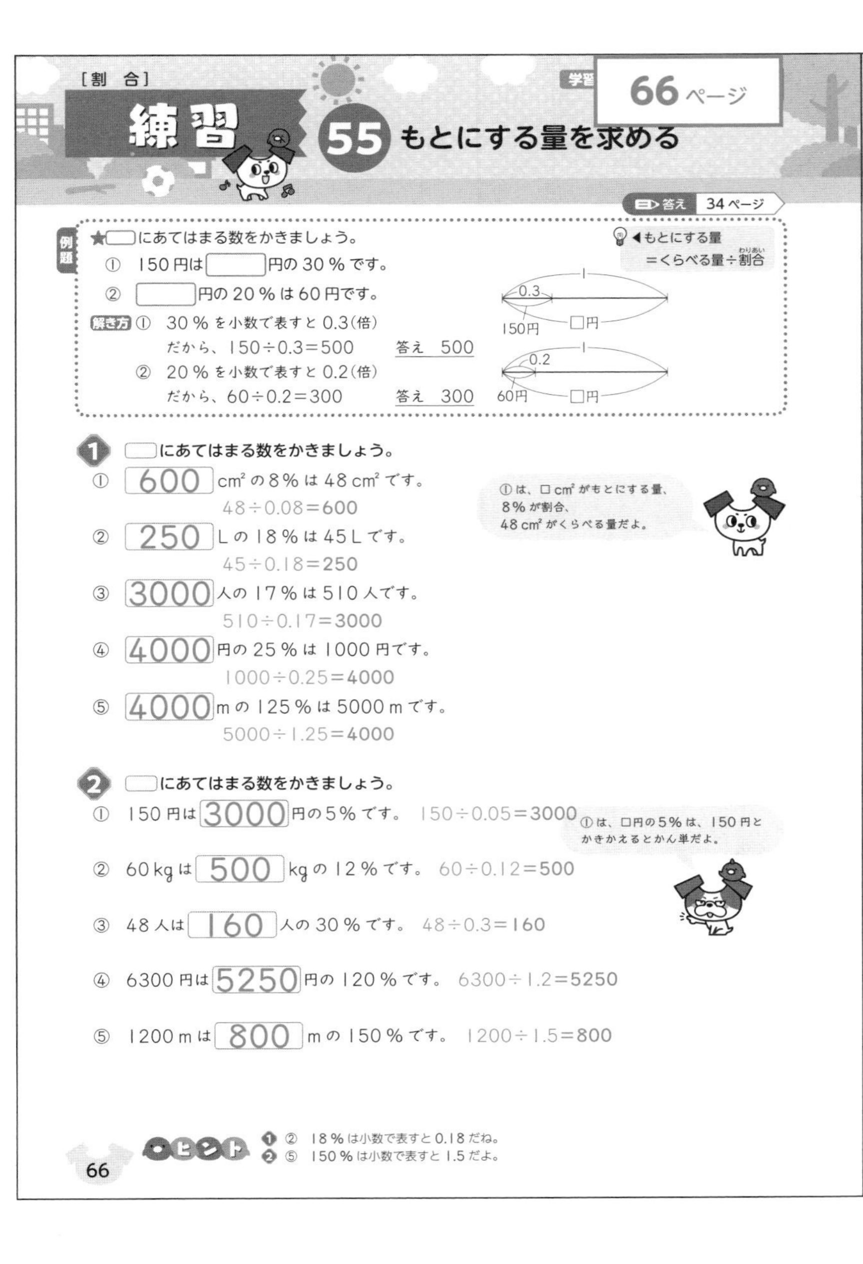
[割 合]

練習 55 もとにする量を求める

66ページ

答え 34ページ

例題 ★□にあてはまる数をかきましょう。

① 150円は□円の30％です。

② □円の20％は60円です。

◀もとにする量＝くらべる量÷割合（わりあい）

解き方 ① 30％を小数で表すと0.3（倍）だから、150÷0.3＝500　答え 500

② 20％を小数で表すと0.2（倍）だから、60÷0.2＝300　答え 300

1 □にあてはまる数をかきましょう。

① 600 cm² の8％は48cm² です。　48÷0.08＝600

② 250 Lの18％は45Lです。　45÷0.18＝250

③ 3000 人の17％は510人です。　510÷0.17＝3000

④ 4000 円の25％は1000円です。　1000÷0.25＝4000

⑤ 4000 mの125％は5000mです。　5000÷1.25＝4000

①は、□cm² がもとにする量、8％が割合、48cm² がくらべる量だよ。

2 □にあてはまる数をかきましょう。

① 150円は 3000 円の5％です。　150÷0.05＝3000

② 60kgは 500 kgの12％です。　60÷0.12＝500

③ 48人は 160 人の30％です。　48÷0.3＝160

④ 6300円は 5250 円の120％です。　6300÷1.2＝5250

⑤ 1200mは 800 mの150％です。　1200÷1.5＝800

①は、□円の5％は、150円とかきかえるとかん単だよ。

ヒント　**1** ② 18％は小数で表すと0.18だね。　**2** ⑤ 150％は小数で表すと1.5だよ。

66

[割 合]

練習 56 割合のグラフ

67ページ

答え 34ページ

例題 ★下の帯（おび）グラフは、ある食品にふくまれる成分A、B、C、D、Eの重さの割合（わりあい）を表したものです。

◀全体を長方形で表し、直線で区切って、割合を表したグラフを帯グラフといいます。

① A、Bの重さの割合は、それぞれ全体の何％ですか。

② Aの重さはCの重さの何倍ですか。

解き方 ① 目もりをよんで、A…30％、B…26％

② Aは30％、Cは20％だから、30÷20＝1.5　1.5倍

1 右の円グラフは、ある小学校の720人の全児童がどの町から通学しているかを調べたものです。

※てびき参照

全体を円で表し、半径で区切って割合を表したグラフを円グラフというよ。

① A町の児童数は、全体の何％ですか。　（ 20％ ）

② A町の児童数は、何人ですか。　（ 144人 ）

③ D町の児童数は、C町の児童数の何倍ですか。　（ 2倍 ）

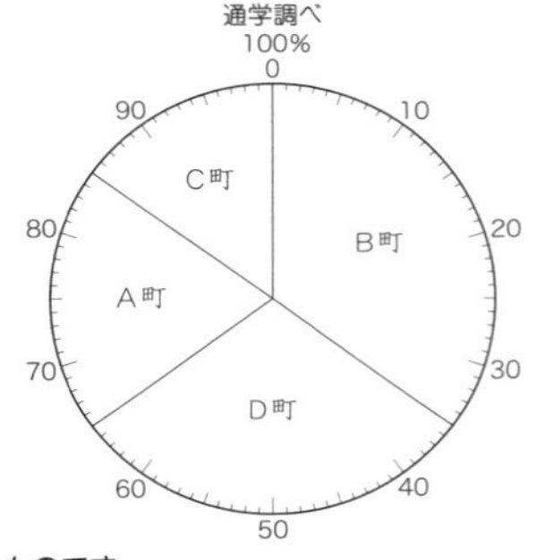

2 下の表は、ある会社が1年間に使った金額（きんがく）を調べたものです。

1年間に使った金額

	材料費	製造費	人件費	その他	合計
金額（百万円）	112	98	42	28	280
百分率（％）	㋐ 40	㋑ 35	㋒ 15	㋓ 10	㋔ 100

㋐ 112÷280×100＝40
㋑ 98÷280×100＝35
㋒ 42÷280×100＝15
㋓ 28÷280×100＝10
㋔ 40＋35＋15＋10＝100

① それぞれの金額が全体の何％になるかを求めて、上の表の㋐～㋔にかきましょう。

② 帯グラフにしましょう。

1年間に使った金額

材料費	製造費	人件費	その他

0 10 20 30 40 50 60 70 80 90 100%

帯グラフでは、左から百分率の大きい順に区切るよ。「その他」はいちばん右にかくよ。

ヒント　**1** ① A町の児童数は円グラフをみると20目もりだよ。　② 全体の人数は720人だから、式は720×0.2だね。

67

66ページ

1 もとにする量＝くらべる量÷割合（わりあい）

①くらべる量が48cm²、割合が8％です。8％は小数で表すと0.08です。

2 ①くらべる量が150円、割合が5％です。

④120％は小数で表すと1.2です。

67ページ

1 ①1目もりが1％で、A町の児童の割合は20目もり分なので、20％です。

②もとにする量は全児童数720人で、A町の児童数はその20％なので、720×0.2＝144（人）

③D町は30％、C町は15％なので、30÷15＝2で2倍。

2 ②左から百分率（ひゃくぶんりつ）の大きい順に区切っていきます。「その他」は右はしにかきます。

おうちのかたへ

割合＝くらべる量÷もとにする量

この関係を理解していると、くらべる量やもとにする量も求められます。

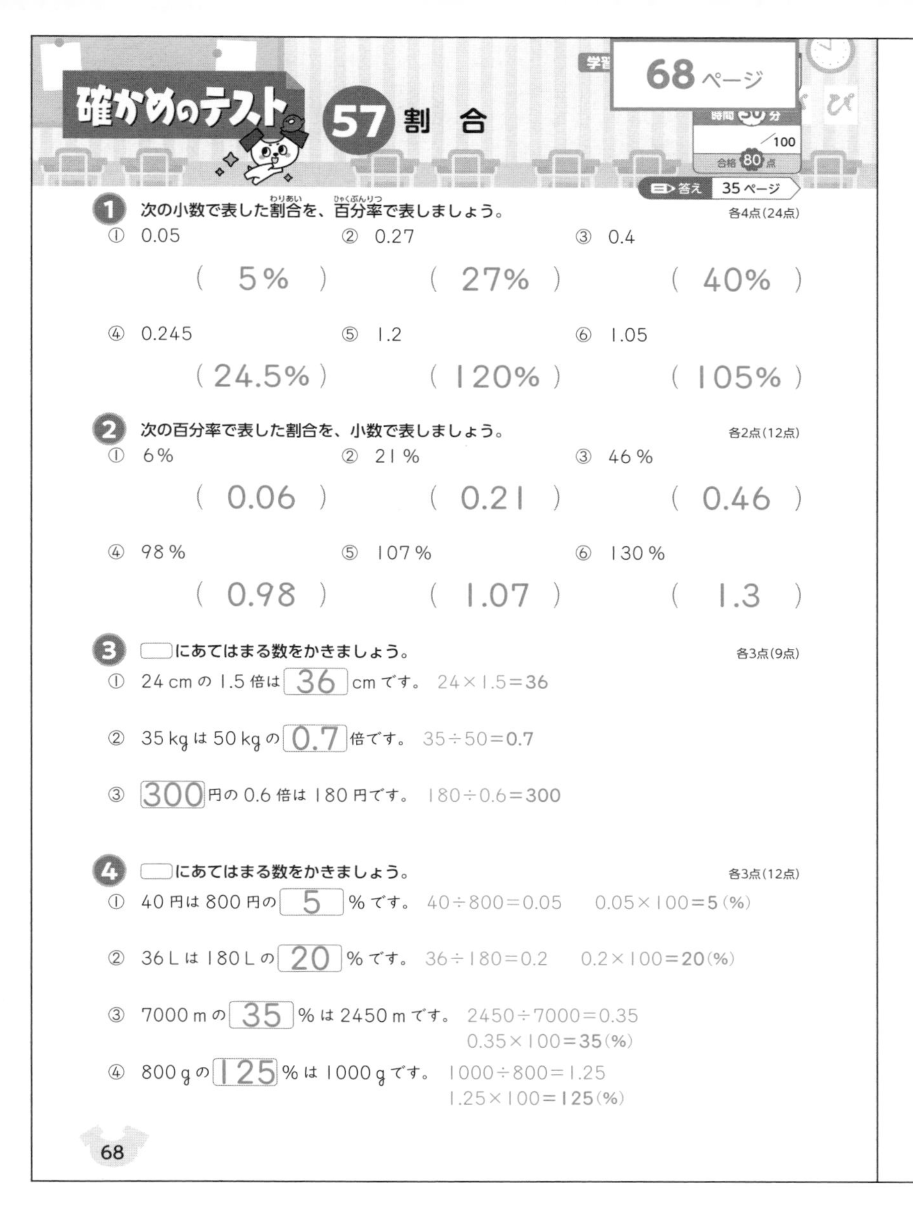
68ページ

確かめのテスト 57 割合

時間30分　/100　合格80点　答え 35ページ

1 次の小数で表した割合を、百分率で表しましょう。　各4点(24点)

① 0.05　(5%)　② 0.27　(27%)　③ 0.4　(40%)

④ 0.245　(24.5%)　⑤ 1.2　(120%)　⑥ 1.05　(105%)

2 次の百分率で表した割合を、小数で表しましょう。　各2点(12点)

① 6%　(0.06)　② 21%　(0.21)　③ 46%　(0.46)

④ 98%　(0.98)　⑤ 107%　(1.07)　⑥ 130%　(1.3)

3 □にあてはまる数をかきましょう。　各3点(9点)

① 24cmの1.5倍は[36]cmです。　24×1.5=36

② 35kgは50kgの[0.7]倍です。　35÷50=0.7

③ [300]円の0.6倍は180円です。　180÷0.6=300

4 □にあてはまる数をかきましょう。　各3点(12点)

① 40円は800円の[5]%です。　40÷800=0.05　0.05×100=5(%)

② 36Lは180Lの[20]%です。　36÷180=0.2　0.2×100=20(%)

③ 7000mの[35]%は2450mです。　2450÷7000=0.35　0.35×100=35(%)

④ 800gの[125]%は1000gです。　1000÷800=1.25　1.25×100=125(%)

68

69ページ

5 □にあてはまる数をかきましょう。　各3点(18点)

① 20Lの30%は[6]Lです。　20×0.3=6

② 350人の6%は[21]人です。　350×0.06=21

③ 600円は[12000]円の5%です。　600÷0.05=12000

④ [3570]mは4200mの85%です。　4200×0.85=3570

⑤ [4000]kgの17%は680kgです。　680÷0.17=4000

⑥ [6000]円の120%は7200円です。　7200÷1.2=6000

6 下の表は、ある町の店の数を調べたものです。　各3点(18点)

ある町の店の数

	食料品店	衣料品店	電気店	家具店	その他	合計
店の数	25	16	13	7	4	65
百分率(%)	㋐ 38	㋑ 25	㋒ 20	㋓ 11	㋔ 6	100

① ㋐～㋔の百分率を求めて、上の表にかきましょう。$\frac{1}{10}$の位を四捨五入して、一の位までの概数にしましょう。

㋐ 25÷65×100=38.4…　㋑ 16÷65×100=24.6…

㋒ 13÷65×100=20　㋓ 7÷65×100=10.7…

㋔ 4÷65×100=6.1…

② 帯グラフにしましょう。

ある町の店の数

食料品店　衣料品店　電気店　家具店　その他

0　10　20　30　40　50　60　70　80　90　100%

できたらスゴイ!

7 定価150円のジュースをAの店では50円引きで、Bの店では定価の70%で売っています。どちらの店のほうが何円安いですか。　(7点)

Aの店のねだん　150−50=100(円)

Bの店のねだん　150×0.7=105(円)

105−100=5

(Aの店のほうが5円安い)

69

68ページ

1、**2**　0.01=1%、0.1=10%、1=100%

3 ①くらべる量
=もとにする量×割合
②割合=くらべる量÷もとにする量
③もとにする量
=くらべる量÷割合

4 割合を求めて、百分率で表します。

69ページ

5 ①、②、④はくらべる量を、③、⑤、⑥はもとにする量を求めます。

6 ①百分率(%)=くらべる量÷もとにする量×100
②左から百分率の大きい順に区切っていきます。

7 70%を小数で表すと0.7なので、Bの店のねだんは、150円に0.7をかけて求めます。

おうちのかたへ
くらべる量=もとにする量×割合などの式にあてはめて計算するとき、百分率は小数になおして計算しましょう。

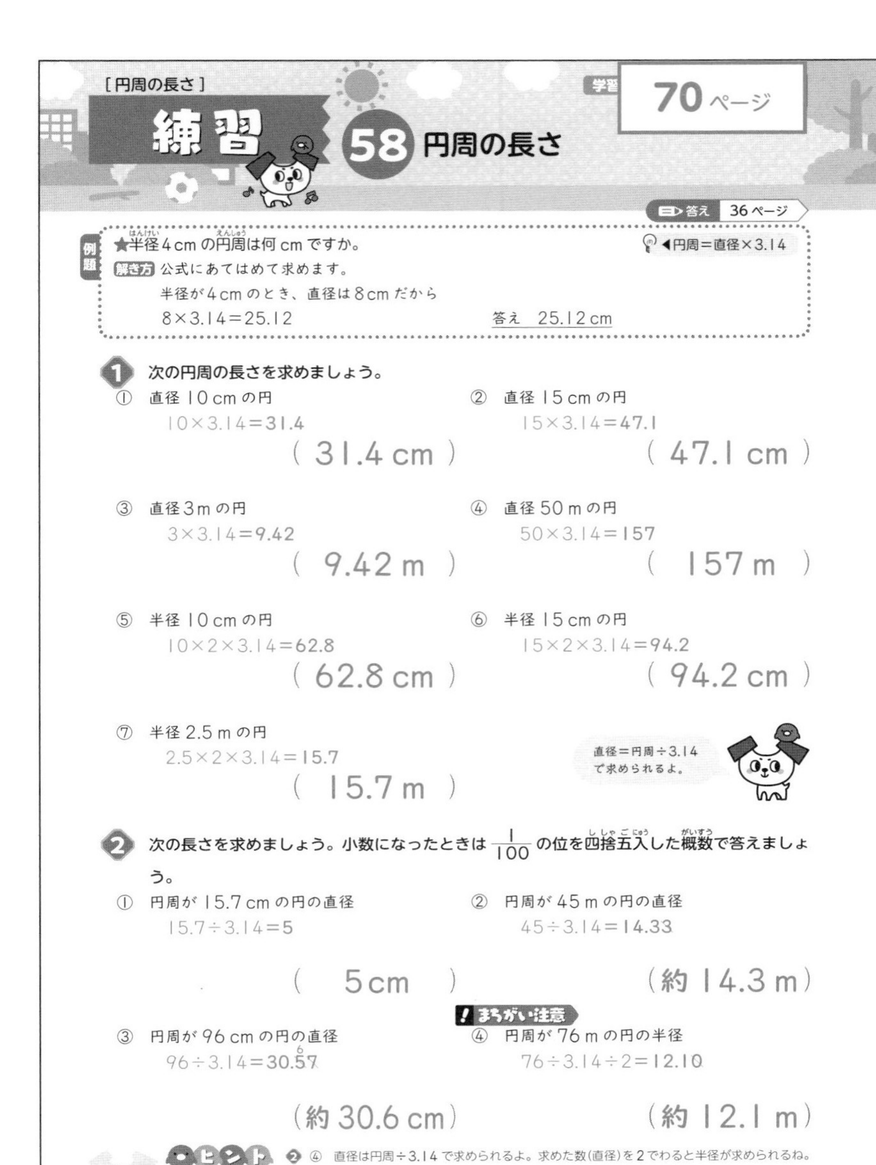

［円周の長さ］

練習 58 円周の長さ

学習 70ページ

答え 36ページ

例題 ★半径4cmの円周は何cmですか。　◀円周＝直径×3.14

解き方 公式にあてはめて求めます。

半径が4cmのとき、直径は8cmだから

8×3.14＝25.12　　答え　25.12cm

1 次の円周の長さを求めましょう。

① 直径10cmの円
10×3.14＝31.4
（31.4cm）

② 直径15cmの円
15×3.14＝47.1
（47.1cm）

③ 直径3mの円
3×3.14＝9.42
（9.42m）

④ 直径50mの円
50×3.14＝157
（157m）

⑤ 半径10cmの円
10×2×3.14＝62.8
（62.8cm）

⑥ 半径15cmの円
15×2×3.14＝94.2
（94.2cm）

⑦ 半径2.5mの円
2.5×2×3.14＝15.7
（15.7m）

直径＝円周÷3.14で求められるよ。

2 次の長さを求めましょう。小数になったときは$\frac{1}{100}$の位を四捨五入した概数で答えましょう。

① 円周が15.7cmの円の直径
15.7÷3.14＝5
（5cm）

② 円周が45mの円の直径
45÷3.14＝14.33
（約14.3m）

③ 円周が96cmの円の直径
96÷3.14＝30.57
（約30.6cm）

まちがい注意
④ 円周が76mの円の半径
76÷3.14÷2＝12.10
（約12.1m）

ヒント ２④ 直径は円周÷3.14で求められるよ。求めた数（直径）を2でわると半径が求められるね。

70

確かめのテスト 59 円周の長さ

学習 71ページ

答え 36ページ

1 次の長さを求めましょう。　各10点（20点）

① 半径3.5cmの円周
3.5×2×3.14＝21.98
（21.98cm）

② 円周が62.8cmの円の直径
62.8÷3.14＝20
（20cm）

2 右の図のような長方形と円の半分をあわせた図形の周の長さを求めましょう。　（20点）

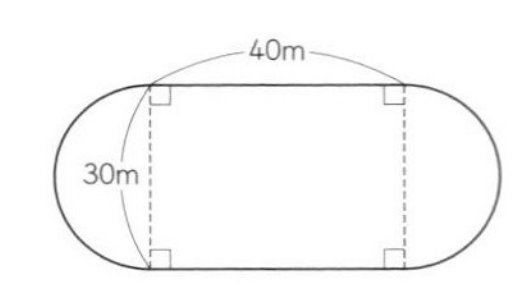

右と左の半円をあわせると円になるので
30×3.14＝94.2
直線の部分は、40×2＝80
あわせて、94.2＋80＝174.2
（174.2m）

できたらスゴイ！

3 右の図は、大、中、小3つの円の半分を組み合わせてかいたものです。　各20点（60点）

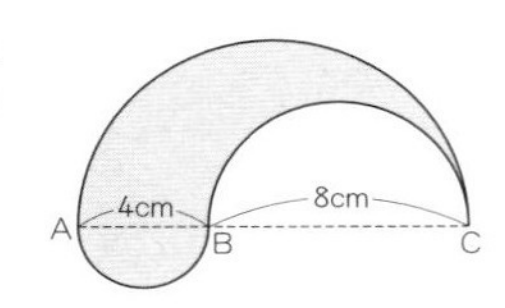

① 大きい円の周にそって、AからCまでの長さを求めましょう。
（4＋8）×3.14÷2＝18.84
（18.84cm）

② 円の周にそって、AからBを通ってCまでの長さを求めましょう。
AからBは、　4×3.14÷2＝6.28
BからCは、　8×3.14÷2＝12.56
あわせて、　6.28＋12.56＝18.84
（18.84cm）

③ かげをつけた図形のまわりの長さを求めましょう。
18.84＋18.84＝37.68
（37.68cm）

71

70ページ

1 円周＝直径×円周率
円周率はふつう3.14を使います。
⑤直径は10×2＝20で20cmになります。

2 直径＝円周÷3.14
②、③、④四捨五入するので、「約」をつけて答えます。
④半径＝直径÷2なので、円周÷3.14で直径を求めたあと、さらに2でわります。

71ページ

1 ①直径＝半径×2なので、円周＝半径×2×3.14で求めます。
②直径＝円周÷3.14

2 直線部分と曲線部分に分けて考えると、長方形と円になります。

3 ①4＋8＝12で、直径12cmの円の円周の半分です。
② AからBは直径4cmの円の円周の半分、BからCは直径8cmの円の円周の半分です。

おうちのかたへ
繰り返し練習し、円周の長さの公式を正しく覚えさせましょう。半径、直径の使い分けに注意します。

[速　さ]

練習 60 速さを求める

答え 37ページ

例題

★200 m を 25 秒で走る人と、180 m を 24 秒で走る人とでは、どちらの人のほうが速いですか。

解き方 200÷25＝8 …… 1 秒間あたり 8 m

180÷24＝7.5…… 1 秒間あたり 7.5 m

1 秒間あたりに走る道のりが長いほど、速いといえます。

答え　200 m を 25 秒で走る人

◀単位時間あたりに進む道のりや、一定のきょりを進むのにかかった時間から、速さを求めることができます。

1 右の表は、ちかさん、るみさん、りかこさんの 3 人が歩いたときの道のりとかかった時間を表しています。
だれがいちばん速く歩いたかを調べましょう。

歩いた道のりとかかった時間

	道のり	時間
ちかさん	1400 m	25 分
るみさん	1500 m	25 分
りかこさん	1500 m	30 分

① ちかさんとるみさんでは、どちらが速いですか。

（ るみさん ）

② るみさんとりかこさんでは、どちらが速いですか。

（ るみさん ）

道のりは同じだから、
時間でくらべよう。

③ だれがいちばん速く歩きましたか。

（ るみさん ）

④ 3 人の歩く速さを、1 分間あたりに歩いた道のりでくらべましょう。

ちかさん（ 56 m ）　るみさん（ 60 m ）　りかこさん（ 50 m ）

1400÷25＝56　1500÷25＝60　1500÷30＝50

2 4 時間に 260 km 走る電車Aと、5 時間に 330 km 走る電車Bがあります。

① それぞれの電車は、1 時間あたり何 km 走りますか。

電車A　260÷4＝65

電車B　330÷5＝66

電車A（65 km）　電車B（66 km）

② どちらの電車のほうが速いですか。

（ 電車B ）

ヒント ❷ ① 電車Aは 260÷4、電車Bは 330÷5 で 1 時間あたり何 km 走るか求められるよ。

[速　さ]

練習 61 時速、分速、秒速

答え 37ページ

例題

★400 m を 50 秒で走る人と、9 km を 10 分で走る自転車とでは、どちらのほうが速いですか。
それぞれの速さを秒速になおして、くらべましょう。

解き方 人……400÷50＝8　　秒速 8 m

自転車……10 分＝600 秒　9 km＝9000 m

9000÷600＝15　　秒速 15 m

答え　自転車のほうが速い

◀速さは、単位時間に進む道のりで表します。
速さ＝道のり÷時間

◀単位時間が
1 時間の速さが、時速
1 分間の速さが、分速
1 秒間の速さが、秒速

1 次の速さを求めましょう。

① 2400 km を 2 時間で飛んだ飛行機の時速

2400÷2＝1200

（時速 1200 km）

② 3600 m を 40 分で歩いた人の分速

3600÷40＝90

（ 分速 90 m ）

③ 5 秒間で 60 m 進んだ自転車の秒速

60÷5＝12

（ 秒速 12 m ）

④ 24 分間に 1800 m 歩いた人の分速

1800÷24＝75

（ 分速 75 m ）

＋－計算に強くなる！×÷

時速は km、分速、秒速は m で表されることが多いが、求める単位になおすことに気をつけよう。

2 5 時間に 270 km 走る自動車があります。次の問いに答えましょう。

① この自動車の分速は何 m ですか。

時速は、270÷5＝54(km)

54 km＝54000 m　54000÷60＝900

（分速 900 m）

よくみて

② この自動車の秒速は何 m ですか。

900÷60＝15

（秒速 15 m）

ヒント ❷ ① 時速は 270÷5＝54(km)だね。54 km を m になおしてから、60 でわろう。

72 ページ

1 ①かかった時間が同じなので、歩いた道のりが長いほうが、速く歩いたことになります。

②歩いた道のりが同じなので、かかった時間が短いほうが速く歩いたことになります。

④歩いた道のりをかかった時間でわります。

2 1 時間あたりに走った道のりが長いほうが速いことになります。

73 ページ

1 速さ＝道のり÷時間で求めます。単位に注意しましょう。

2 時速から分速、秒速を求められるようにしましょう。

①まずは、時速を求めてから、分速になおします。

おうちのかたへ

速さは単位時間に進む道のり、ということを理解することが大切です。

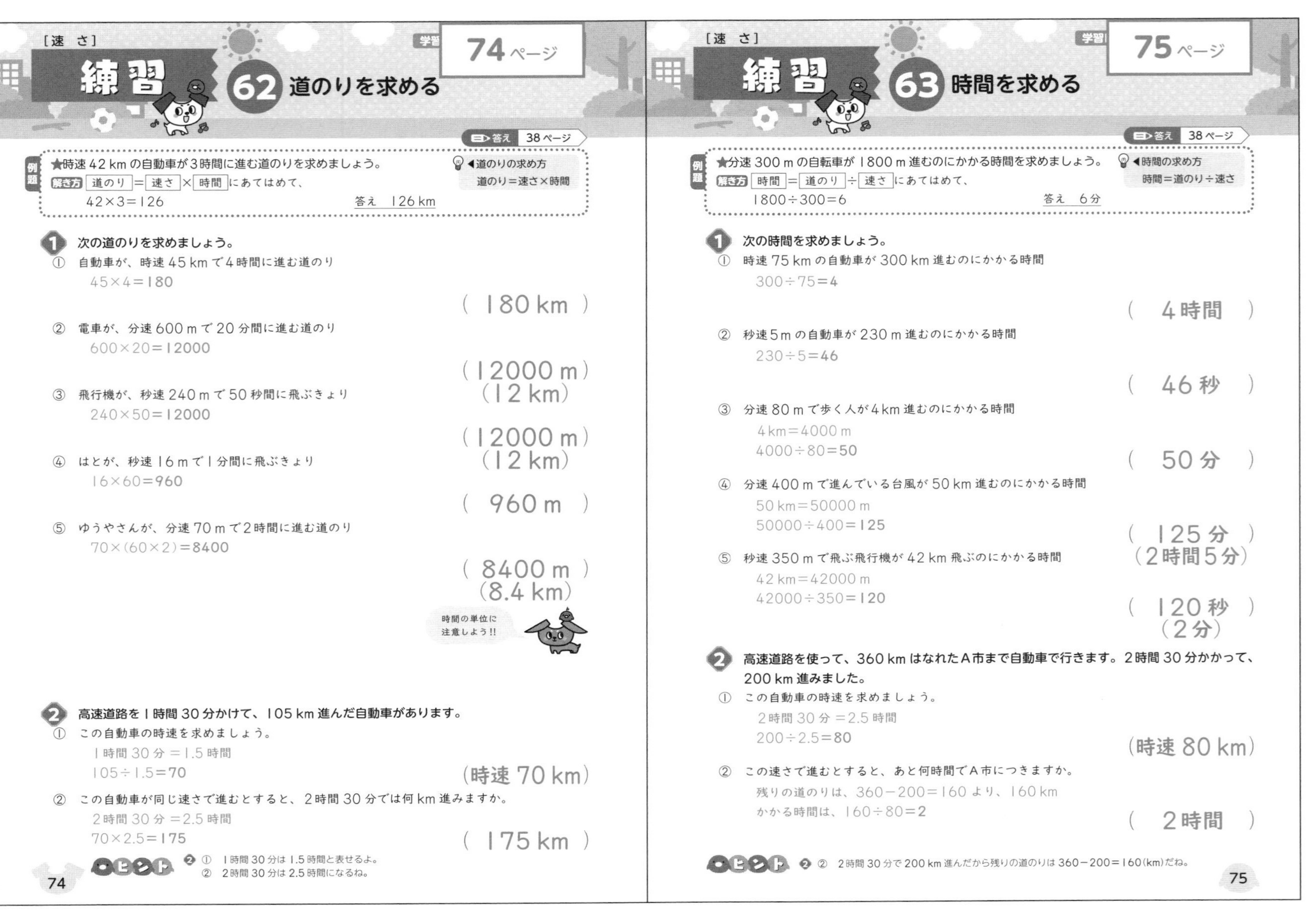

[速　さ]
練習 62 道のりを求める

74ページ

答え 38ページ

例題 ★時速 42 km の自動車が3時間に進む道のりを求めましょう。

解き方 道のり＝速さ×時間 にあてはめて、

42×3＝126　　答え　126 km

◀道のりの求め方
道のり＝速さ×時間

1 次の道のりを求めましょう。

① 自動車が、時速 45 km で4時間に進む道のり
45×4＝180
（ 180 km ）

② 電車が、分速 600 m で 20 分間に進む道のり
600×20＝12000
（12000 m）
（12 km）

③ 飛行機が、秒速 240 m で 50 秒間に飛ぶきょり
240×50＝12000
（12000 m）
（12 km）

④ はとが、秒速 16 m で1分間に飛ぶきょり
16×60＝960
（ 960 m ）

⑤ ゆうやさんが、分速 70 m で2時間に進む道のり
70×(60×2)＝8400
（ 8400 m ）
（8.4 km）

2 高速道路を1時間 30 分かけて、105 km 進んだ自動車があります。

① この自動車の時速を求めましょう。
1時間 30 分 ＝1.5 時間
105÷1.5＝70
（時速 70 km）

② この自動車が同じ速さで進むとすると、2時間 30 分では何 km 進みますか。
2時間 30 分 ＝2.5 時間
70×2.5＝175
（ 175 km ）

ヒント ❷ ① 1時間 30 分は 1.5 時間と表せるよ。
② 2時間 30 分は 2.5 時間になるね。

74

[速　さ]
練習 63 時間を求める

75ページ

答え 38ページ

例題 ★分速 300 m の自転車が 1800 m 進むのにかかる時間を求めましょう。

解き方 時間＝道のり÷速さ にあてはめて、

1800÷300＝6　　答え　6分

◀時間の求め方
時間＝道のり÷速さ

1 次の時間を求めましょう。

① 時速 75 km の自動車が 300 km 進むのにかかる時間
300÷75＝4
（ 4時間 ）

② 秒速5m の自動車が 230 m 進むのにかかる時間
230÷5＝46
（ 46 秒 ）

③ 分速 80 m で歩く人が4km 進むのにかかる時間
4km＝4000 m
4000÷80＝50
（ 50 分 ）

④ 分速 400 m で進んでいる台風が 50 km 進むのにかかる時間
50 km＝50000 m
50000÷400＝125
（ 125 分 ）
（2時間5分）

⑤ 秒速 350 m で飛ぶ飛行機が 42 km 飛ぶのにかかる時間
42 km＝42000 m
42000÷350＝120
（ 120 秒 ）
（2分）

2 高速道路を使って、360 km はなれたA市まで自動車で行きます。2時間 30 分かかって、200 km 進みました。

① この自動車の時速を求めましょう。
2時間 30 分 ＝2.5 時間
200÷2.5＝80
（時速 80 km）

② この速さで進むとすると、あと何時間でA市につきますか。
残りの道のりは、360−200＝160 より、160 km
かかる時間は、160÷80＝2
（ 2時間 ）

ヒント ❷ ② 2時間 30 分で 200 km 進んだから残りの道のりは 360−200＝160(km)だね。

75

74 ページ

1 道のり＝速さ×時間
④単位に注意します。速さが秒速なので、1分を 60 秒として式にあてはめて計算します。
⑤速さが分速なので、2時間を、60×2＝120(分)として式にあてはめて計算します。

75 ページ

1 時間＝道のり÷速さ
このとき、道のりと速さの単位をわすれずにそろえましょう。
④単位を km でそろえると、速さが分速 0.4 km になるので、50÷0.4＝125 で、125 分となります。
⑤単位を km でそろえると、速さが秒速 0.35 km になるので、42÷0.35＝120 で、120 秒になります。

おうちのかたへ
単位をそろえないと答えが違ってきてしまうので、問題をよく読んで考えさせましょう。

答え 39 ページ

1 右の表は、たいちさん、あつしさん、けんやさんの３人が走ったときの道のりとかかった時間を表しています。
だれがいちばん速く走ったかを調べましょう。 各4点(24点)

	道のり	時間
たいちさん	200 m	25 秒
あつしさん	210 m	25 秒
けんやさん	210 m	28 秒

① たいちさんとあつしさんでは、どちらが速く走りましたか。

（あつしさん）

② あつしさんとけんやさんでは、どちらが速く走りましたか。

（あつしさん）

③ だれがいちばん速く走りましたか。

（あつしさん）

④ ３人の走った速さを、１秒間あたりに走った道のりでくらべましょう。

たいちさん（ 8 m ） あつしさん（8.4 m） けんやさん（7.5 m）
200÷25＝8　210÷25＝8.4　210÷28＝7.5

2 次の速さを求めましょう。 各4点(12点)

① 280 km を４時間で走る自動車の時速
280÷4＝70
（時速 70 km）

② 3500 m を５分で走る電車の分速
3500÷5＝700
（分速 700 m）

③ 400 m を 50 秒で走る人の秒速
400÷50＝8
（ 秒速 8 m ）

3 次の道のりを求めましょう。 各4点(8点)

① 分速 65 m で歩く人が 20 分間に進む道のり
65×20＝1300
（ 1300 m ）
（1.3 km）

② 時速 63 km で走る自動車が３時間に進む道のり
63×3＝189
（ 189 km ）

4 次の時間を求めましょう。 各4点(8点)

① 時速 60 km のバスが、90 km 進むのにかかる時間
90÷60＝1.5
（ 1.5 時間 ）
（1時間 30 分）

② 秒速 15 m の船が、600 m 進むのにかかる時間
600÷15＝40
（ 40 秒 ）

5 右の表は乗り物の速さを調べたものです。あいているところにあてはまる数をかきましょう。 各4点(24点)
※てびき参照

	秒速	分速	時速
自転車	5 m	300 m	18 km
自動車	20 m	1200 m	72 km
飛行機	250 m	15000 m	900 km

6 時速 60 km で走っているバスがあります。次の問いに答えましょう。 各4点(12点)

① このバスは、１時間に何 km 進みますか。
（ 60 km ）

② このバスが、３時間に走る道のりは何 km ですか。
60×3＝180
（ 180 km ）

③ このバスが、300 km の道のりを走るのに何時間かかりますか。
300÷60＝5
（ 5 時間 ）

できたらスゴイ！

7 秒速 25 m で走っている長さ 250 m の電車があります。次の問いに答えましょう。 各6点(12点)

① 長さ 450 m のトンネルに入り始めてから全体が出るまでに何秒かかりますか。
(450＋250)÷25＝28
（ 28 秒 ）

② 長さ 200 m の鉄橋をわたり始めてからわたり終わるまでに何秒かかりますか。
(200＋250)÷25＝18
（ 18 秒 ）

76 ページ

1 ①かかった時間が同じなので、走った道のりが長いほうが速いことになります。
②走った道のりが同じなので、かかった時間が短いほうが速いことになります。

2 速さ＝道のり÷時間で求めます。

3 道のり＝速さ×時間で求めます。

77 ページ

5 自転車…18 km＝18000 m なので、分速は 18000÷60＝300 で、300 m。秒速は 300÷60＝5 で、5 m。
自動車…1200 m＝1.2 km なので、時速は 1.2×60＝72 で、72 km。秒速は 1200÷60＝20 で、20 m。
飛行機…分速は 250×60＝15000 で、15000 m。15000 m＝15 km なので、時速は 15×60＝900 で 900 km。

7 ①トンネルに入り始めてから全体が出るまでに電車が走った道のりは、450＋250＝700 で 700 m。

おうちのかたへ
公式にあてはめるだけでなく、意味を考えながら解かせましょう。

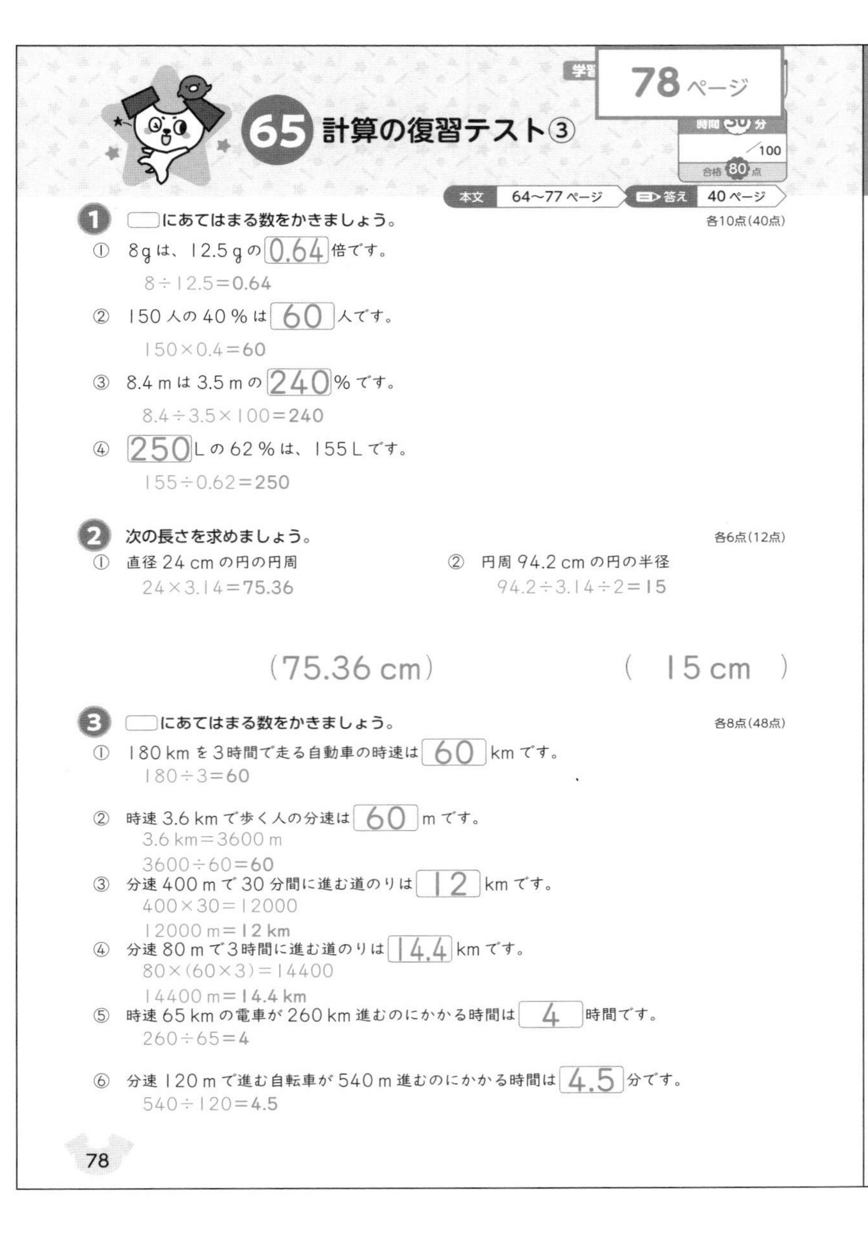

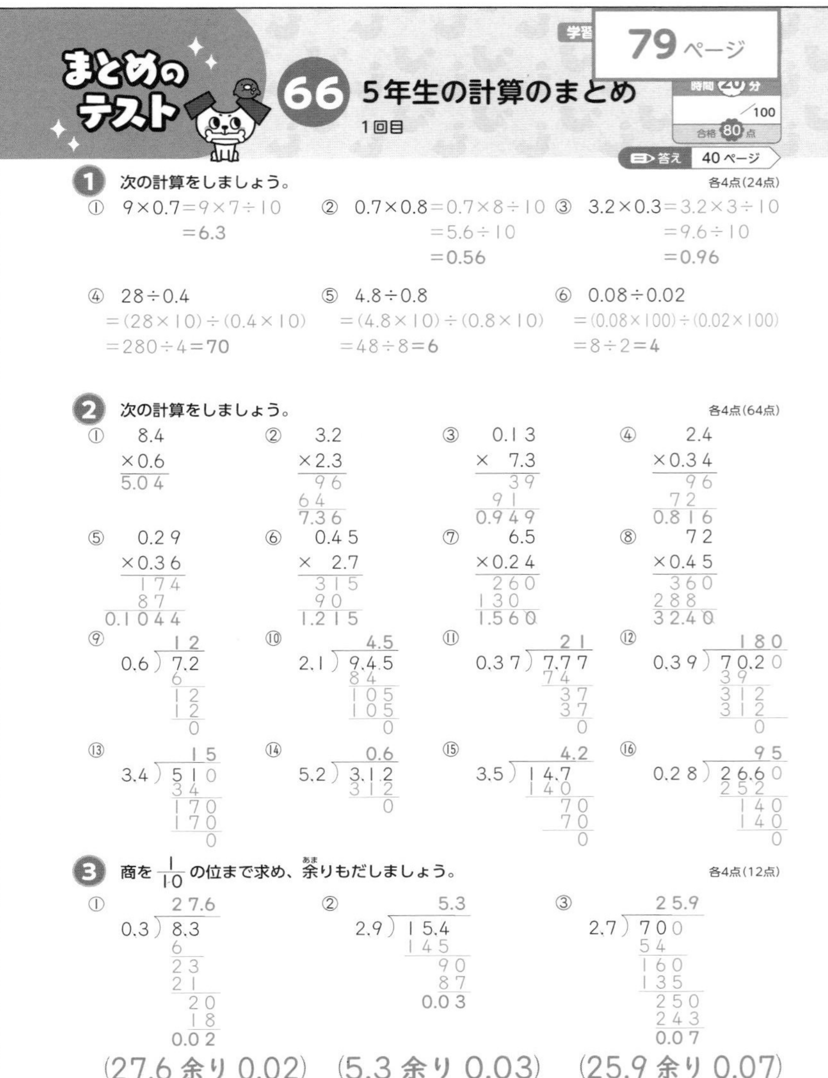

78 ページ

1 ②くらべる量
　＝もとにする量×割合
④もとにする量
　＝くらべる量÷割合

2 ②半径＝円周 ÷3.14÷2

3 速さ＝道のり÷時間
道のり＝速さ×時間
時間＝道のり÷速さ
単位に注意しましょう。

79 ページ

1 ①、②、③10倍した数をかけて、あとで10でわります。
④、⑤わる数とわられる数の両方に10をかけて、わる数を整数にして計算します。
⑥わる数とわられる数の両方に100をかけて、計算します。

2 積、商の小数点をうつ場所に気をつけましょう。

3 余りの小数点をうつ場所に気をつけましょう。余りはわる数より小さくなります。

おうちのかたへ
小数点をうつ場所は間違えやすいので、繰り返し計算の練習をして、身につけさせましょう。

67 5年生の計算のまとめ

2回目

時間20分 /100 合格80点

答え 41ページ

1 次のわり算の商を分数で表しましょう。 各3点(9点)

① 7÷8　($\frac{7}{8}$)

② 11÷13　($\frac{11}{13}$)

③ 15÷29　($\frac{15}{29}$)

2 次の分数は小数で、小数は分数で表しましょう。 各4点(16点)

① $\frac{1}{5}=1\div5=0.2$　(0.2)

② $1\frac{3}{8}=\frac{11}{8}=11\div8=1.375$　(1.375)

③ $0.75=\frac{75}{100}=\frac{3}{4}$　($\frac{3}{4}$)

④ $2.4=\frac{24}{10}=\frac{12}{5}$　($\frac{12}{5}\left(2\frac{2}{5}\right)$)

3 次の計算をしましょう。 各5点(75点)

① $\frac{1}{3}+\frac{2}{5}=\frac{5}{15}+\frac{6}{15}=\frac{11}{15}$

② $\frac{5}{12}+\frac{3}{4}=\frac{5}{12}+\frac{9}{12}=\frac{14}{12}=\frac{7}{6}\left(1\frac{1}{6}\right)$

③ $\frac{1}{2}+\frac{5}{6}=\frac{3}{6}+\frac{5}{6}=\frac{8}{6}=\frac{4}{3}\left(1\frac{1}{3}\right)$

④ $\frac{13}{15}+\frac{7}{12}=\frac{52}{60}+\frac{35}{60}=\frac{87}{60}=\frac{29}{20}\left(1\frac{9}{20}\right)$

⑤ $1\frac{1}{10}+\frac{1}{15}=\frac{11}{10}+\frac{1}{15}=\frac{33}{30}+\frac{2}{30}=\frac{35}{30}=\frac{7}{6}\left(1\frac{1}{6}\right)$

⑥ $2\frac{9}{14}+1\frac{6}{7}=\frac{37}{14}+\frac{13}{7}=\frac{37}{14}+\frac{26}{14}=\frac{63}{14}=\frac{9}{2}\left(4\frac{1}{2}\right)$

⑦ $\frac{2}{3}-\frac{3}{7}=\frac{14}{21}-\frac{9}{21}=\frac{5}{21}$

⑧ $\frac{9}{10}-\frac{2}{5}=\frac{9}{10}-\frac{4}{10}=\frac{5}{10}=\frac{1}{2}$

⑨ $\frac{16}{15}-\frac{3}{10}=\frac{32}{30}-\frac{9}{30}=\frac{23}{30}$

⑩ $1\frac{1}{3}-\frac{5}{6}=\frac{4}{3}-\frac{5}{6}=\frac{8}{6}-\frac{5}{6}=\frac{3}{6}=\frac{1}{2}$

⑪ $2\frac{1}{6}-1\frac{6}{7}=\frac{13}{6}-\frac{13}{7}=\frac{91}{42}-\frac{78}{42}=\frac{13}{42}$

⑫ $2\frac{1}{18}-1\frac{1}{2}=\frac{37}{18}-\frac{3}{2}=\frac{37}{18}-\frac{27}{18}=\frac{10}{18}=\frac{5}{9}$

⑬ $\frac{1}{2}+\frac{2}{9}-\frac{2}{3}=\frac{9}{18}+\frac{4}{18}-\frac{12}{18}=\frac{1}{18}$

⑭ $\frac{5}{8}+\frac{1}{6}+\frac{1}{4}=\frac{15}{24}+\frac{4}{24}+\frac{6}{24}=\frac{25}{24}\left(1\frac{1}{24}\right)$

⑮ $\frac{9}{10}-\frac{1}{4}-\frac{2}{5}=\frac{18}{20}-\frac{5}{20}-\frac{8}{20}=\frac{5}{20}=\frac{1}{4}$

この本の終わりにある「チャレンジテスト」をやってみよう！

80ページ

2 ③ $0.01=\frac{1}{100}$ で、0.75 は 0.01 が 75 こ分なので、$0.75=\frac{75}{100}$

④ $0.1=\frac{1}{10}$ で、2.4 は 0.1 が 24 こ分なので、$2.4=\frac{24}{10}$

3 通分して分母を同じにしてから計算します。答えが約分できるときは、約分します。

⑤整数と分数に分けて計算すると、$1\frac{1}{10}+\frac{1}{15}=1+\frac{3}{30}+\frac{2}{30}=1+\frac{5}{30}=1\frac{1}{6}$

⑪ 整数と分数に分けて計算すると、$2\frac{1}{6}-1\frac{6}{7}=1\frac{7}{6}-1\frac{6}{7}=(1-1)+\left(\frac{7}{6}-\frac{6}{7}\right)=\frac{49}{42}-\frac{36}{42}=\frac{13}{42}$

おうちのかたへ

帯分数の計算は、仮分数になおすか、整数と分数に分けるか、やりやすい方法で計算させましょう。

5年 チャレンジテスト①

名前　　月　日

答え42ページ

1 次の計算をしましょう。　各2点(8点)

① 0.53 × 1000
=530

② 1.8 × 0.05
=0.09

③ 0.7 × 0.06
=0.042

④ 2.3 × 0.008
=0.0184

2 次の計算をしましょう。　各3点(12点)

① 0.58 × 2.3
174
116
1.334

② 3.9 × 26.4
156
234
78
102.96

③ 79 × 37.5
395
553
237
2962.5

④ 0.72 × 4.2
144
288
3.024

3 次の計算をしましょう。　各2点(8点)

① 20.8 ÷ 100
=0.208

② 34 ÷ 0.2
=340÷2=170

③ 4 ÷ 0.05
=400÷5=80

④ 0.9 ÷ 0.15
=90÷15=6

4 次の㋐〜㋔のうち、答えが17より大きくなるものをすべて選んで、記号で答えましょう。　(全部できて　2点)

㋐ 17 × 1.2　㋑ 17 × 0.8　㋒ 17 × 1
㋓ 17 ÷ 1.4　㋔ 17 ÷ 0.1

(㋐、㋔)

5 次の計算をわり切れるまでしましょう。　各2点(8点)

① 1.6) 37.44 = 23.4
32
54
48
64
64
0

② 6.2) 3.41 = 0.55
310
310
310
0

③ 0.03) 13.5 = 450
12
15
15
0

④ 2.8) 17.78 = 6.35
168
98
84
140
140
0

6 次のわり算で、商は整数で求め、余りも出しましょう。　各3点(12点)

① 9.2 ÷ 3.1
3.1) 9.2 = 2
62
3.0

(2余り3)

② 42.5 ÷ 2.8
2.8) 42.5 = 15
28
145
140
0.5

(15余り0.5)

③ 98.9 ÷ 4.6
4.6) 98.9 = 21
92
69
46
2.3

(21余り2.3)

④ 15.7 ÷ 0.2
0.2) 15.7 = 78
14
17
16
0.1

(78余り0.1)

➡うらにも問題があります。

チャレンジテスト① おもて

1 ①1000倍すると、小数点が右に3つ移ります。
②1.8×0.05=1.8×5÷100
=9÷100=0.09
③0.7×0.06=0.7×6÷100
=4.2÷100=0.042
④2.3×0.008=2.3×8÷1000
=18.4÷1000=0.0184

2 積の小数点は、かけられる数とかける数の小数点の右にあるけた数の和だけ、右から数えてうちます。かけ算の計算は整数のときと同じように計算します。
①かけられる数の小数点より右には2けた、かける数の小数点の右には1けたなので、積の小数点は、右から3けたのところにうちます。

0.58 …2けた
× 2.3 …1けた
174
116
1.334 …3けた

3 ①100でわると、小数点が左に2つ移ります。
②わる数を整数にしてから計算します。わる数とわられる数の両方に10をかけて、34÷0.2
=340÷2=170
③、④わる数とわられる数の両方に100をかけて、わる数を整数にします。

4 17に1より大きい数をかけると17より大きい答えになり、17を1より小さい数でわると、17より大きい答えになります。

5 ①わる数を整数にするために、わる数とわられる数の小数点を右に1つ移します。商の小数点は、わられる数の移したあとの小数点にそろえてうちます。
②わり算を続けるときは、整数のときと同じように、わられる数に0をつけたしていきます。
③わる数とわられる数の小数点を右に2つ移します。

6 余りの小数点は、わられる数のもとの小数点の位置にそろえてうちます。商の小数点の位置、余りの小数点の位置に注意しましょう。
②わる数とわられる数の小数点を右に1つ移して、わられる数は425になり、商の小数点はこの位置にあわせます。余りの小数点は、わられる数のもとの小数点の位置、42.5の小数点の位置に合わせてうつので、0.5になります。
④余りの小数点は、わられる数15.7の小数点の位置に合わせてうつので、0.1になります。

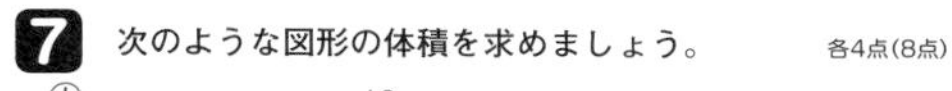

7 次のような図形の体積を求めましょう。　各4点(8点)

①

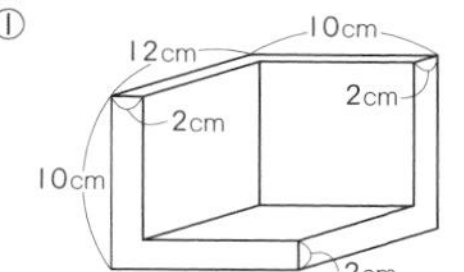

12×10×10＝1200
10×8×8＝640
1200−640＝560

（ 560cm³ ）

②

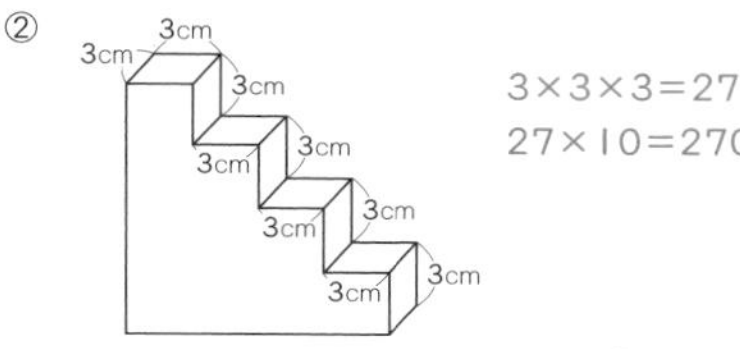

3×3×3＝27
27×10＝270

（ 270cm³ ）

8 たて 30 cm、横 20 cm、高さ 15 cm の直方体があります。　各4点(8点)

① この直方体の体積は何 cm³ ですか。

30×20×15＝9000

（9000cm³）

② この直方体の体積を変えずに、たての長さを 10 cm、横の長さを 25 cm にするとき、高さは何 cm にすればよいですか。

高さを□cm とすると
10×25×□＝9000
□＝9000÷250＝36

（ 36cm ）

9 次の問いに答えましょう。　各4点(8点)

① 4と6と9の最小公倍数はいくつですか。

（ 36 ）

② 18 と 45 の最大公約数はいくつですか。

（ 9 ）

10 公園の中に池とすな場があります。公園の面積は 150 m² で、池の面積は 2.5 m²、すな場の面積は、公園の面積の 0.02 倍です。　各3点(6点)

① すな場の面積は何 m² ですか。

150×0.02＝3

（ 3m² ）

② 公園の面積は池の面積の何倍ですか。

150÷2.5＝60

（ 60 倍 ）

11 次の㋐、㋑の角度を、計算で求めましょう。　各4点(8点)

①

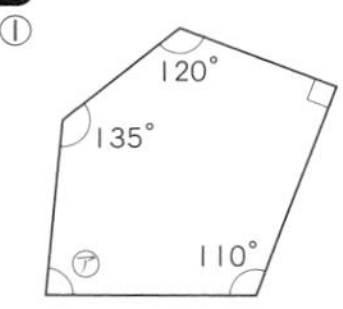

180×3＝540
540−(135＋120＋110＋90)
＝85

（ 85° ）

②

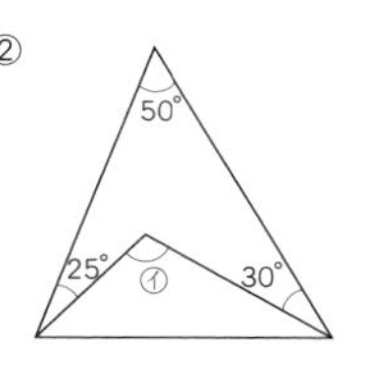

180−(50＋25＋30)
＝75
180−75＝105

（ 105° ）

12 次の□にあてはまる等号や不等号をかきましょう。　各3点(12点)

① $\frac{5}{6}$ ［ ＞ ］ 0.8　② $2\frac{1}{3}$ ［ ＜ ］ $\frac{5}{2}$

③ $\frac{5}{4}$ ［ ＝ ］ 1.25　④ $\frac{3}{5}$ ［ ＞ ］ $\frac{4}{7}$

チャレンジテスト① うら

7 ①たて 12 cm、横 10 cm、高さ 10 cm の直方体の体積から、たて 12−2＝10 で 10 cm、横 10−2＝8 で 8 cm、高さ 10−2＝8 で 8 cm の直方体の体積をひいて求めます。

②1 辺が 3 cm の立方体が、1＋2＋3＋4＝10 で 10 個積まれた図形と考えて、体積を求めます。

8 ①直方体の体積
＝たて×横×高さ

②①で求めた体積、たての長さ、横の長さを使い、高さを□として式を作りましょう。

9 ①9 の倍数は、9、18、27、36、…。6の倍数は、6、12、18、24、30、36、…。4の倍数は4、8、12、16、20、24、28、32、36、…。
よって、4と6と9の最小公倍数は、36。

②18 の約数は、1、2、3、6、9、18。45 の約数は、1、3、5、9、15、45。よって、18 と 45 の最大公約数は、9。

10 ①くらべる量
＝もとにする量×割合

②割合
＝くらべる量÷もとにする量

11 ①五角形は3つの三角形に分けられるので、5つの角の大きさの和は、180°×3＝540°
ここから、㋐の角以外の角の大きさをひいて求めます。

②次の図で、㋒と㋓の角の大きさの和は、
180°−(50°＋25°＋30°)
＝75°
小さい三角形で、
㋑＋㋒＋㋓＝180° だから、
㋑＝180°−75°＝105°

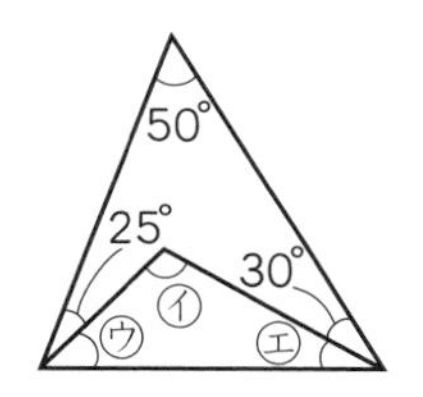

12 ①$\frac{5}{6}$＝5÷6＝0.833…だから、
$\frac{5}{6}$＞0.8

②$2\frac{1}{3}$＝$\frac{7}{3}$＝2.33…、$\frac{5}{2}$＝2.5
だから、$2\frac{1}{3}$＜$\frac{5}{2}$

③$\frac{5}{4}$＝5÷4＝1.25

④$\frac{3}{5}$＝0.6、$\frac{4}{7}$＝0.57…だから、
$\frac{3}{5}$＞$\frac{4}{7}$

5年 チャレンジテスト②

名前　　月　　日

答え44ページ

1 次の計算をしましょう。　各2点(12点)

① $\frac{4}{15}+\frac{9}{10}$
$=\frac{8}{30}+\frac{27}{30}$
$=\frac{35}{30}=\frac{7}{6}\left(1\frac{1}{6}\right)$

② $\frac{15}{4}-\frac{6}{5}$
$=\frac{75}{20}-\frac{24}{20}$
$=\frac{51}{20}\left(2\frac{11}{20}\right)$

③ $1\frac{1}{12}+1\frac{1}{6}$
$=\frac{13}{12}+\frac{7}{6}=\frac{13}{12}+\frac{14}{12}$
$=\frac{27}{12}=\frac{9}{4}\left(2\frac{1}{4}\right)$

④ $4\frac{1}{2}-3\frac{2}{3}$
$=\frac{9}{2}-\frac{11}{3}$
$=\frac{27}{6}-\frac{22}{6}=\frac{5}{6}$

⑤ $1-\frac{3}{8}+\frac{1}{6}$
$=\frac{24}{24}-\frac{9}{24}+\frac{4}{24}=\frac{19}{24}$

⑥ $2\frac{2}{3}-2-\frac{1}{5}$
$=\frac{40}{15}-\frac{30}{15}-\frac{3}{15}=\frac{7}{15}$

2 次の計算をしましょう。　各3点(12点)

① $0.1+\frac{3}{8}=\frac{1}{10}+\frac{3}{8}$
$=\frac{4}{40}+\frac{15}{40}=\frac{19}{40}$

② $1\frac{2}{5}+1.6=\frac{7}{5}+\frac{16}{10}$
$=\frac{14}{10}+\frac{16}{10}=\frac{30}{10}=3$

③ $2.4-\frac{9}{4}=\frac{24}{10}-\frac{9}{4}$
$=\frac{48}{20}-\frac{45}{20}=\frac{3}{20}$

④ $2\frac{1}{6}-1.25=\frac{13}{6}-\frac{5}{4}$
$=\frac{26}{12}-\frac{15}{12}=\frac{11}{12}$

3 次の長方形の色のついた部分の面積を求めましょう。　各3点(6点)

①

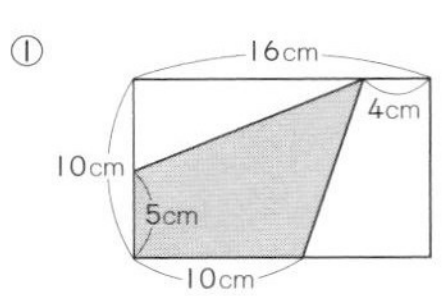

$10\times10\div2+5\times12\div2$
$=50+30=80$

(80cm²)

②

$6\times8=48$
$7.5\times10\div2=37.5$
$48-37.5=10.5$

(10.5cm²)

4 次の長さを求めましょう。　各3点(6点)

① 面積が 66 cm² で、1つの対角線の長さが 12 cm のひし形の、もう1つの対角線の長さ

□×12÷2=66
□=66×2÷12
=11

(11cm)

② 面積が 94.5 cm² で、上底が 12 cm、下底が 15 cm の台形の高さ

(12+15)×□÷2=94.5
□=94.5×2÷27
=7

(7cm)

5 りこさんが漢字テストを4回おこなって、その点数は、7点、6点、8点、9点でした。　各3点(6点)

① 4回の漢字テストの平均点は何点ですか。

(7+6+8+9)÷4
=30÷4
=7.5

(7.5点)

② 5回目の漢字テストをおこなったあと、5回の漢字テストの平均点は8点になりました。5回目の漢字テストは何点でしたか。

8×5=40
40−30=10

(10点)

6 兄は 360 ページある本を 18 日間で、妹は 168 ページある本を 8 日間で読み終えました。　各3点(6点)

① 妹について、1日あたりに読んだページ数を求めましょう。

168÷8=21

(21ページ)

② 兄について、1ページあたりにかかった日数を求めましょう。

18÷360=0.05

(0.05日)

うらにも問題があります。

チャレンジテスト② おもて

1 分母のちがう分数のたし算、ひき算は、通分して、分母を同じにしてから計算します。

③仮分数になおして計算するか、整数と分数に分けて計算します。整数と分数に分けて計算すると、

$1\frac{1}{12}+1\frac{1}{6}$
$=(1+1)+\left(\frac{1}{12}+\frac{1}{6}\right)$
$=2+\frac{1}{12}+\frac{2}{12}$
$=2+\frac{3}{12}=2\frac{1}{4}$

2 小数は分数になおして計算します。

3 ①次の図のように、色のついた部分を、底辺が 10 cm、高さが 10 cm の三角形と、底辺が 5 cm、高さが 16−4=12 で 12 cm の三角形の2つの三角形に分けて計算します。

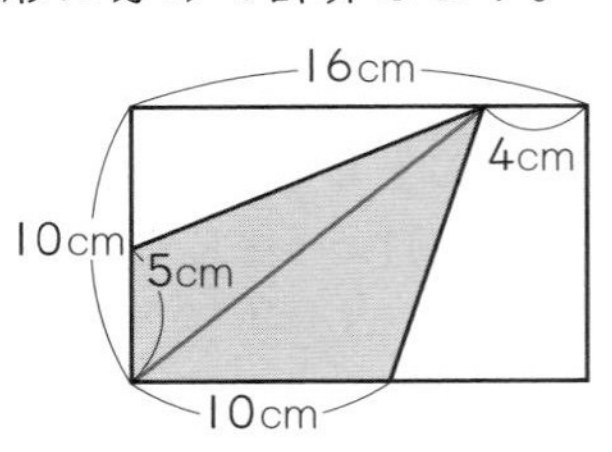

②たて 6 cm、横 8 cm の長方形の面積から、対角線の長さが 7.5 cm、10 cm のひし形の面積をひいて求めます。

4 ①ひし形の面積
＝対角線×対角線÷2
求めたい対角線の長さを□として、面積の公式にあてはめましょう。

②台形の面積
＝(上底＋下底)×高さ÷2
高さを□として、面積の公式にあてはめましょう。

5 ①平均点は、漢字テストの合計の点数を、回数でわって求めます。

②5回の漢字テストの平均点が8点なので、5回の合計点は
8×5=40 で 40 点
4回までの合計点が、①より 30 点なので、5回目の点数は、40−30=10 で 10 点になります。

6 ①1日あたりのページ数を求めるには、全体のページ数を日数でわります。

②1ページあたりにかかった日数を求めるには、日数をページ数でわります。

7 次の表は、3つの公園A、B、Cの面積と、そこで遊んでいる人の人数を表したものです。

	面積(m^2)	人数(人)
公園A	1500	30
公園B	2000	38
公園C	2800	50

3つの公園の中で一番こんでいる公園は、どの公園ですか。(4点)

1 m^2 あたりの人数は
公園A…30÷1500=0.02
公園B…38÷2000=0.019
公園C…50÷2800=0.017…

(公園A)

8 次の□にあてはまる数をかきましょう。 各4点(16点)

① 80Lの75%は 60 Lです。
80×0.75=60

② 5.6kmの25%は 1.4 kmです。
5.6×0.25=1.4

③ 7800円の 80 %は6240円です。
6240÷7800=0.8

④ 900gの 45 %は405gです。
405÷900=0.45

9 ある学校の5年生は、男子が26人、女子が28人、6年生は、男子が27人、女子が30人います。学年の中の女子の割合が大きいのは、5年生と6年生のどちらですか。(3点)

女子の割合は
5年生　28÷(26+28)=0.518…
6年生　30÷(27+30)=0.52…

(6年生)

10 次の長さを求めましょう。 各4点(8点)

① 半径6.5cmの円周
6.5×2×3.14=40.82

(40.82cm)

② 円周94.2cmの円の直径
94.2÷3.14=30

(30cm)

11 次の図形のまわりの長さを求めましょう。 各4点(8点)

①
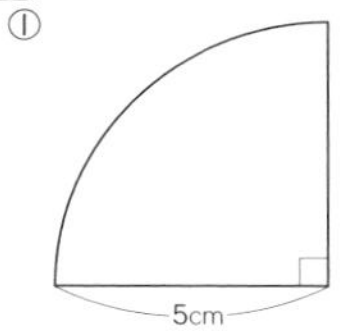

5×2×3.14÷4+5×2
=7.85+10
=17.85

(17.85cm)

②
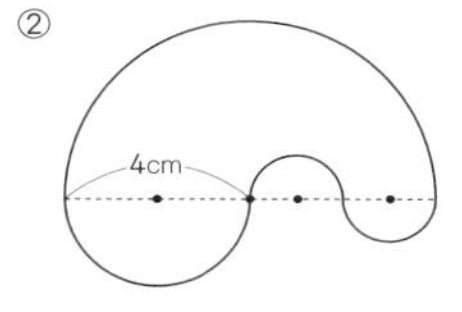

8×3.14÷2
+4×3.14÷2
+2×3.14÷2×2
=12.56+6.28+6.28
=25.12

(25.12cm)

12 次の速さを求めましょう。 各3点(9点)

① 195kmを3時間で走る自動車の時速
195÷3=65

(時速 65km)

② 7200kmを8時間で飛行する飛行機の時速
7200÷8=900

(時速 900km)

③ 3000mを40分で歩く人の分速
3000÷40=75

(分速 75m)

13 秒速20mで走っている電車が、長さ480mのトンネルに入り始めてから出てしまうまでに35秒かかりました。電車の長さは何mですか。(4点)

20×35=700
700−480=220

(220m)

チャレンジテスト② うら

7 1 m^2 あたりの人数が一番多い公園が、一番こんでいるといえます。1 m^2 あたりの人数を求めるには、人数を面積でわります。

8 ①くらべる量
＝もとにする量×割合
割合は75%なので、小数で表すと0.75です。
③割合
＝くらべる量÷もとにする量
割合0.8は、百分率で表すと80%です。

9 割合
＝くらべる量÷もとにする量
5年生、6年生それぞれの、全体に対する女子の割合を求めます。くらべる量は女子の人数、もとにする量は男子と女子の合計の人数になります。

10 ①円周＝直径×3.14
半径が6.5cmなので、直径は6.5×2＝13で13cmです。
②円周＝直径×3.14に、直径を□としてあてはめると、
94.2＝□×3.14なので、
□＝94.2÷3.14＝30

11 ①半径5cmの円を4分の1にした図形なので、曲線部分は、円周の4分の1の長さ、直線部分は半径の2つ分の長さになります。
②求める長さは、直径8cmの円の円周の半分、直径4cmの円の円周の半分、直径2cmの円の円周の和になります。

12 速さ＝道のり÷時間で求めます。単位に注意しましょう。

13 電車がトンネルに入り始めてから出てしまうまでに電車が走った長さは、トンネルの長さと電車の長さの和になります。
秒速20mで35秒走ったときに進む道のりは、
20×35＝700で700mなので、電車の長さは、
700−480＝220で220mになります。

メモ

メモ